数据库 技术丛书

Linkage Oracle

Design Ideas, Architecture Implementation, and AWR reports

联动Oracle

设计思想、架构实现与AWR报告

玉素甫·买买提 编著　　周亮 审

机械工业出版社

CHINA MACHINE PRESS

图书在版编目（CIP）数据

联动 Oracle：设计思想、架构实现与 AWR 报告 / 玉素甫·买买提编著 . —北京：机械工业
出版社，2024.2

（数据库技术丛书）

ISBN 978-7-111-74416-0

Ⅰ. ①联…　Ⅱ. ①玉…　Ⅲ. ①关系数据库系统　Ⅳ. ① TP311.132.3

中国国家版本馆 CIP 数据核字（2023）第 236130 号

机械工业出版社（北京市百万庄大街 22 号　邮政编码：100037）

策划编辑：杨福川　　　　　　　责任编辑：杨福川

责任校对：贾海霞　　张　薇　　责任印制：郜　敏

三河市宏达印刷有限公司印刷

2024 年 2 月第 1 版第 1 次印刷

186mm×240mm · 18.5 印张 · 396 千字

标准书号：ISBN 978-7-111-74416-0

定价：99.00 元

电话服务　　　　　　　　　网络服务

客服电话：010-88361066　机 工 官 网：www.cmpbook.com

　　　　　010-88379833　机 工 官 博：weibo.com/cmp1952

　　　　　010-68326294　金 书 网：www.golden-book.com

封底无防伪标均为盗版　机工教育服务网：www.cmpedu.com

献给我的父亲，他的勤劳潜移默化地影响了我，并时刻提醒我在优越环境下也不能懈怠，要不忘初心。献给我的母亲和爱人，她们默默地给我理解和支持。献给我两个可爱的孩子，他们是我不断努力的动力源泉。

前 言 *Preface*

为什么要写这本书

数据库管理知识，除了数据库本身的基本概念、设计、实现等知识以外，还涉及操作系统、存储、网络等内容。尤其是在对生产业务数据库进行复杂的故障诊断及性能优化时，我们总会发现仅掌握数据库本身的知识并不够。但是作为初中级 DBA（数据库管理员），我们会在某个阶段陷入学习瓶颈，找不到突破的方法。

自从 2008 年接触 Oracle 数据库以来，我看了大量关于 Oracle 的国内外书籍，但对很多内容体会不深，看了没多久就忘了。我曾在 2015 年参加 OCM 认证考试，发现数据库性能优化和故障诊断等方面的能力无法仅凭学习考试涉及的理论知识获取。后来我有幸参加了盖国强、吕海波等专家开展的 DBA 短期培训，收获很大。与这些专家沟通之后，我对 Oracle 数据库的设计思想、架构实现、性能优化等方面有了更深入的理解，并且更进一步探究 UNIX 内核、进程及进程间通信、数据结构（链表、树、哈希表）、Socket 通信等内容。

最终，我有了梳理、总结 Oracle 数据库内核知识，并将之与其他相关的关键技术点串联起来、写作成书的想法。

我把写书的想法及初步整理的素材发给 ACE 总监、Oracle 顾问专家周亮，获得了他的鼓励和帮助。于是，我借着自己 2018 年在武汉大学访学的机会，充分利用了该校图书馆里的图书资源，并结合李石君教授通俗易懂的数据库原理课程，开始了系统性的整理和写作之旅。

有很多读者与我曾经的情况类似，受制于技术瓶颈而徘徊不前，迟迟无法实现进一步提升。而本书是我对自己多年学习和实践 Oracle 数据库的经验总结，能帮助读者节省学习时间，少走弯路，突破数据库的学习瓶颈。

读者对象

本书适合如下读者阅读：

❑ 初中级 DBA
❑ 数据库技术爱好者
❑ 想突破 Oracle 学习瓶颈并拓宽思路的人

本书特色

掌握 Oracle 技术及原理，尤其是学习 Oracle 在并发控制、事务处理、诊断优化手段等方面的解决思路和实现算法，对 DBA 深入理解关系型数据库乃至大数据技术有很大帮助。

本书将 Oracle 相关知识点串联讲解，旨在令读者对该数据库理论融会贯通，以应用于实际工作，提高技术水平。而要达到这样的境界则须理解甚至掌握操作系统、计算机网络、排队论等相关的基础及辅助知识。所以，本书适当引入了超出数据库本身范畴的知识点，尽量强调概念根源和设计思想，同时力求通过梳理将 Oracle 相关知识由庞杂变得简洁有条理，并将其以通俗易懂的语言呈现出来。

如何阅读本书

本书共 11 章，分为三篇，各篇主要内容如下。

第一篇（第 1 ～ 3 章） 宏观掌握 Oracle 基础

本篇介绍了进程管理、内存管理及存储结构等基础知识，并且讲解了 Linux 操作系统性能工具的使用及结果分析方法，旨在帮助读者从宏观视角掌握 Oracle 数据库体系架构和进程组织方案。

第二篇（第 4 ～ 8 章） 微观理解 Oracle 原理

本篇围绕 Oracle 内部运行原理展开讲解。首先，在 Oracle 数据结构的基础上讨论重做和回滚日志。其次，引入了排队论和并发控制的概念，对比讲解了 Oracle 的数据缓冲区和共享池的设计思想及运行原理。

第三篇（第 9 ～ 11 章） 串联 Oracle 运行流程

本篇结合实践案例将从 SQL 提交至最终结果返回的整个运行过程串联起来。首先，总结归纳了 Oracle 算法和数据结构的重要知识点，打通了 Oracle 原理与数据结构之间的桥梁。其次，通过典型案例讲解 AWR（Automatic Workload Repository，自动负载信息库）报告，让读者能够了解完整的 Oracle 诊断思路。再次，介绍了集群技术、Oracle RAC（真正应用集群）及其日志结构。最后，对 Oracle 多租户架构的演变及部分新特性进行了简要讨论及总结。

如果你是一名经验丰富的 DBA，已经理解了 Oracle 的相关基础知识和使用技巧，那么可以直接阅读第三篇。如果你是一名初学者或中级 DBA，那么建议从第一篇开始学习，以便对操作系统及进程等基础概念建立相对深入且正确的认识。

勘误和支持

如果书中出现了错误或者不准确的地方，恳请读者批评指正。为了方便与各位读者交流，我创建了微信公众号（微信号：kuqlan）。欢迎你将书中的错误发给我，或者在遇到 Oracle 相关问题时留言，我将努力解答。此外，本书中的全部代码都将发布在该公众号上。如果你有更多的宝贵意见，也欢迎发送邮件至 819287413@qq.com，很期待听到你的反馈。

致谢

感谢 ACE 总监周亮。在我写作本书的过程中，他不但鼓励我，而且对我的技术疑惑有问必答。没有他的鼓励和支持，就不会有这本书。我认为，在数据库"江湖"中，周亮是故障诊断及处理领域的"小李飞刀"。

感谢吕海波专家。我因 OCM（Oracle Certified Master，Oracle 认证大师）培训认识了他，他的课程及著作帮助我深入理解 Oracle 内核，与他的每次交流都能解决我的许多疑惑。

感谢武汉大学的李石君教授及武大图书馆。李教授的课程进一步巩固了我的数据库管理理论基础；而武大图书馆为我提供了丰富的学习资料，为编写本书，我几乎翻遍了这个图书馆里所有与 Oracle 相关的书籍。

感谢我的家人，他们的理解及默默支持时时刻刻为我灌输着信心和力量！

Contents 目　　录

宏观掌握 Oracle 基础

对于 DBA（数据库管理员）来说，很有必要站在 Oracle 数据库范畴之外，以更高的视角重新理解高并发、可扩展系统所需的基础概念和实现思想。

本篇共包含 3 章，第 1 章简单介绍 UNIX 系统的体系结构，重点介绍进程及其状态、进程切换、进程间通信及上下文等操作系统概念，然后在此基础上讲述 Oracle 的进程设计理念。第 2 章结合虚拟存储管理及集中式磁盘阵列演变过程，从共享存储和进程的组合视角解释 Oracle 数据库和 ASM（Automated Storage Management，自动存储管理）实例的构成及其交互过程，并介绍常用的 Linux 性能分析工具、Oracle 常用动态性能视图、Oracle 常用诊断及调试工具。第 3 章结合 Oracle 数据库在高性能存储和读取方面所采取的各类技术实现，介绍数据文件、日志文件的存储结构及读取数据文件的过程，同时介绍了 ASM 存储结构、ASM 存储设备配置等内容。

为了便于融合串讲 UNIX 操作系统和 Oracle 数据库相关的基础技术，本篇所采取的写作思路为：先讲解全局设计思想和基础概念，然后解释细节及具体实现过程。Oracle 数据库可以看作大型 C 语言程序（核心代码由 C 语言编写），因此本篇首先介绍一个程序从硬盘加载到内存后需要执行哪些具体步骤，并在此基础上分析 Oracle 是怎么做的，为什么要通过引入共享内存的方式来解决进程间的通信问题，以及独立设计一个监听进程的原因等；然后介绍 Oracle 为提升并发读取存储能力而在文件存储结构和存取方法方面所采用的设计思想。

Oracle 概貌及进程

学习 Oracle，只了解 Oracle 本身的内部结构是不够的，尤其是在对 Oracle 运行原理的认识加深之后，我们会发现它涉及的内容会跨越操作系统、存储及网络等多个层面。在大型生产系统中，DBA 对操作系统原理、存储及网络等边界技术的熟悉程度将直接影响故障诊断和排查的时间。数据库存储的是核心业务数据，因此数据库的正常运行和故障后快速恢复能够减少业务不可用带来的隐形损失。

本章以 UNIX 系统的体系结构为出发点，介绍从用户发出请求到收到数据的整个生命周期中，Oracle 进程的状态及切换、通信、组织方案和启动顺序等相关内容，以帮助 DBA 更好地理解进程的概念，同时正确认识进程、会话、连接等之间的关系和区别。

1.1 Oracle 概貌

本节将从宏观的角度讲解在 UNIX 环境下 Oracle 的进程及其状态转换的原理。在优化 Oracle 的过程中，我们可以将 Oracle 数据库的组成抽象成 I/O、CPU 和内存三大组件。其中，I/O 又可以分为存储和网络两个方面。I/O 消耗对应物理读、网络延迟、查询结果数据返回等存储的读写，以及数据传输等；CPU 消耗对应进程切换、SQL 解析和执行、数据处理等；内存则可以看作 CPU 和 I/O 之间的缓冲地带，大量排序操作或内存不足都会导致交换区数据被换出。

对 Oracle 进行故障诊断或性能优化有自底向上和自顶向下两种思路。解决局部性故障的正确思路是自底向上，原因是我们首先要确保 Oracle 数据库运行的基础环境的健壮性，再诊断其上层的应用。如果连底层都确保不了，那么上层就可能会出现各种奇怪的表象。

解决全局性问题（比如全局性的性能问题）时，正确的思路应该是自顶向下，这时需要综合操作系统、存储及网络等方面的知识，从全局的角度来考虑问题。

1.1.1　串联 Oracle 知识体系的挑战

在学习 Oracle 的过程中，想要串联起 Oracle 庞大的知识体系，并在面对数据库问题时灵活应用并非易事。虽然 DBA 的职业前景很好，但大多数 DBA 会卡在串联 Oracle 知识体系这个阶段止步不前，最终疏于对数据库的学习或转到其他技术方向。为什么会这样呢？因为 Oracle 作为系统软件，南向接口（底层）涉及各类存储技术（文件系统、裸设备、ASM、云等）及光纤网络等，北向接口涉及中间件、应用等技术。作为深度"嵌入"操作系统底层的系统软件，Oracle 的横向接口又与操作系统的进程通信、控制和调度密切相关。而且 Oracle 自 10g 版本开始逐渐发展起自己的"操作系统技术"，比如，拥有了自己独立的存储管理和集群文件系统。如果想要串联 Oracle 知识体系，则首先需要对这些相关技术有不同程度的了解或掌握。Oracle 与相关领域技术的关联性很强，仅仅学好 Oracle 数据库本身的知识体系是不够的。

学习 Oracle 的有两个关键点：一个是了解上述系统，另一个是实践。有些知识点仅理解理论不够，还需要通过实践来慢慢领会，积累经验。以索引的创建为例，索引是一把双刃剑，既可以让 SQL 查询操作变快，又会使 SQL DML 操作变慢。如果在运行较稳定的系统中为了优化性能而创建一个索引，那么这个操作也许会让整个系统突然变慢，让人进退两难。另外，如果为了减少表碎片和降低高水位而导出 / 导入表，那么虽然导出可能会很顺利，但导入的时候可能会出现无限等待的情况，使我们根本无法预估导入任务的结束时间，而 DBA 要保证天一亮业务就能正常运行。类似这样的例子还有很多。这些经验虽然能从书本上学到，但没有亲身体会很难深刻领悟，只有切身实践才能牢记在心。

串联 Oracle 技术，不仅需要掌握好内部原理，还要懂得相关技术跨界交互的原理。比如，Oracle 自有的会话和进程与操作系统的进程之间的跨界点，Oracle 用户态进程与内核态进程的跨界转换，存储上 RAID（独立冗余磁盘阵列）技术组合出来的 Lun 与 ASM 磁盘组之间的跨界点，传统 SAN 存储架构至云端存储的跨界点，在 RAC（真正应用集群）中，GI（集群栈）基础环境与其上层应用之间的边界，Oracle 网络与 TCP/IP 网络传输层之间的跨界点，等等。因此，本书除了讲解 Oracle 内部原理之外，还将用大量篇幅介绍与这些跨界点相关的技术。本书的重点和意义更多在于探讨融合及连接 Oracle 内外部边界点的通信原理。

对 Oracle 疑难问题的处理，实际上就是对以上跨界点进行挑战式的融合应用。面对实际难题时，如果个人对这些跨界点的掌握和融合应用能力不足，则需要不同岗位的工作人员协助。假设我们遇到这样一个疑难问题：数据库工程师检查后说数据库没有问题，操作系统工程师检查后说系统没有问题，存储和网络工程师检查后也分别说存储和网络正常，但是问题仍然存在。在这种情况下，如果我们在一定程度上掌握了跨界点的交互通信原理，则至少能够进一步确定解决问题的正确方向，能够与专业人员进行有效沟通。

我们在学习 Oracle 时如果遇到某个瓶颈，突破的办法除了了解跨界知识以外，还需要尝试独立解决疑难问题，因为解决疑难问题的过程就是对挑战式学习成果的融合应用及演练，以及将 Oracle 技术融会贯通的过程。另外的突破方法就是写文章，进行技术分享（或讲课），甚至写书等。这也是笔者尝试写本书的原因——在写作与分享的过程中，可以重新领悟并串联起 Oracle 数据库所涉及的跨界点。在笔者看来，传递知识、分享技术、点亮别人是一个技术爱好者的使命及人生意义。

言归正传，在开始 Oracle 相关技术的融合之旅之前，我们还需要初步理解 Oracle 运行所涉及的 UNIX 系统体系结构，尤其需要了解现代操作系统时分复用（Time-Division Multiplexing，TDM）方式的实现原理，也就是作为程序载体的进程在执行任务时各种状态的变化过程。所以，接下来先简要介绍 UNIX 系统体系结构的核心概念，接着讨论进程在 Oracle 内核与 UNIX 内核之间的通信和状态转换过程。如果不够了解进程及状态的变换过程，那么想要理解进程在 Oracle 内核与 UNIX 内核之间的状态转换过程就会有一定的难度，因此本书也会适当介绍进程相关的知识。

1.1.2 UNIX 体系结构简介

严格意义上，可以将操作系统视为一种软件，它相当于一种控制计算机硬件资源、为程序提供运行环境的软件。我们通常将这种软件称为内核，因为它相对较小，并且位于环境的核心。UNIX 系统的体系结构如图 1-1 所示。

内核的接口通常被称为系统调用（System Call）。公共库函数建立在系统调用接口之上，应用程序既可以使用公共库函数，又可以使用系统调用。Shell 是一个特殊的应用程序，可为运行其他应用程序提供接口。（在不同的 UNIX 环境中，Shell 的语法稍有不同。）

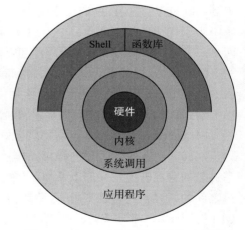

图 1-1 UNIX 系统的体系结构示意图

文件和进程这两类实体是 UNIX 系统模型中的两个重要概念。图 1-2 所示的是 UNIX 系统的内核结构，从中可以看到各种模块及它们之间的相互关系。内核包括两个主要成分：文件子系统和进程控制子系统。

UNIX 系统的内核结构包含 3 个层次：**用户级、内核级**和**硬件级。系统调用接口**与**函数库**体现了图 1-1 中描绘的应用程序与内核间的边界。系统调用看起来类似于 C 程序中普通函数的调用，而函数库则把这些函数调用映射为进入操作系统所需的原语。程序常常使用标准 I/O 库，这样其他的库程序就可以提供对系统调用的更高级的使用方法了。

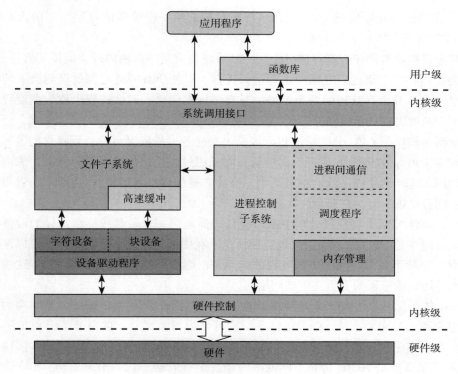

图 1-2　UNIX 系统的内核结构示意图

文件子系统对文件的管理包括分配文件空间、管理空闲空间、控制对文件的存取，以及为用户检索数据等内容。进程通过一个特定的系统调用集合与文件子系统进行交互，比如，通过系统调用 open、close、read、write、stat（查询一个文件的属性）、chown（改变文件的所有者）及 chmod（改变文件的存取许可权）等。

文件子系统使用一个缓冲机制存取文件数据，缓冲机制用于调节内核与二级存储设备之间的数据流。缓冲机制与块 I/O 设备驱动程序进行交互，以便启动往内核去的数据传送及从内核来的数据传送。**设备驱动程序**是用来控制外围设备操作的内核模块。块 I/O 设备是随机存取的存储设备，或者说，设备驱动程序使得它们对于系统的其他部分来说好像是随机存取的存储设备。例如，一个磁带驱动程序可以允许内核把一个磁带装置看作一个随机存取的存储设备。文件子系统还可以在没有缓冲机制干预的情况下直接与"原始"I/O 设备驱动程序交互。原始设备有时也被称为**字符设备**，包括所有不是**块设备**的设备。

进程控制子系统负责进程同步、进程间通信、内存管理和进程调度。当要执行一个文件而把该文件装入存储器时，文件子系统与进程控制子系统会进行交互，进程控制子系统在执行可执行文件之前会把它们先读到主存（即内存）中。

系统调用可用于控制进程，比如通过 fork() 创建新进程，通过 exec() 把程序的映像覆盖到正在运行的进程上，通过 exit() 结束进程的执行，通过 wait() 使进程的执行与先前创建的一个进程的 exit 保持同步，通过 brk() 控制分配给一个进程的存储空间的大小，通过 signal() 控制进程对特别事件的响应，等等。

内存管理模块可用于控制存储分配。一旦系统没有足够多的内存空间供所有进程使用，内核就会在内存与二级缓存之间对进程进行迁移，以便所有的进程都能得到公平的执行机会。这里又会涉及内存管理的两个策略：对换与请求调页。对换进程也称为调度程序，因为它可用于调度进程的存储和分配，并且会影响 CPU 调度程序的操作。

调度程序模块把 CPU 分配给进程，该模块调度各进程依次运行，直到它们因等待资源而自愿放弃 CPU，或者它们最近一次的运行时长超过了设定的时间量，从而造成内核抢占进程的问题（这时调度程序就会将最高优先级的合格进程投入运行）。当原来的进程成为最高优先级的合格进程时，它还会再次运行。

最后，**硬件控制**主要负责处理中断以及与机器通信。像磁盘或终端这样的设备是可以在进程执行时中断 CPU 的。如果出现这种情况，在中断处理完毕之后，内核可以恢复被中断的进程。中断不是由特殊的进程处理的，而是由内核中的特殊函数处理的，这些特殊函数是在当前运行的进程的上下文中被调用的。

Oracle 体系结构与 UNIX 系统体系结构有很多共同点，因为 Oracle 体系结构的很多理念和思想来源于 UNIX 系统。Oracle 体系结构可分为两大部分：进程子系统和文件（存储）子系统。数据库中比较重要的概念之一是事务处理，即通过 DO-UNDO-REDO 协议和两段锁协议来确保事务的 ACID 特性。Oracle 内核在进程管理、内存管理、I/O 等待等方面与 UNIX 内核的实现有不少共同点，因此深入理解 Oracle 离不开对以上概念的理解。

1.1.3 Oracle 进程状态转换

数据库作为系统软件，既依赖操作系统又在很多方面独立于操作系统。在哪些方面独立呢？答案是在数据的并发访问、事务一致性、数据的逻辑读、小颗粒变更（日志）记录的跟踪等方面。这也是将其归类为系统软件而不是应用软件的原因之一。

在图 1-3 中，每个节点（矩形）表示一个进程可以在操作系统中的状态，比如运行或等待。每条边（有向虚线）表示从一种状态到另一种状态的转换。这个简化的进程状态图说明了进程在大多数现代时分操作系统中的主要状态。

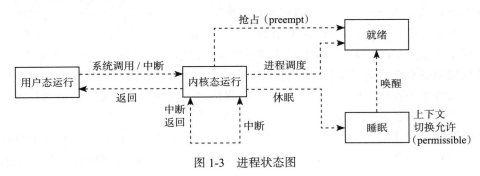

图 1-3 进程状态图

接下来，我们看看 Oracle 内核与操作系统内核之间的进程交互及状态变更过程。Oracle 内核进程更多时候是在用户态模式下运行的。SQL 解析、记录排序、逻辑读、字段类型转换等操作一般是在用户态模式下运行的。有两个事件可以导致进程从用户态模式转换到内核态模式，分别为系统调用和中断。接下来进一步介绍这两个事件。

1. 系统调用转换

当处于用户态模式的进程进行系统调用时，它会转换到内核态模式。读取（read）和查询（select）是两个典型的系统调用。一旦进入内核态模式，进程就被赋予了特殊的权限，能够操作低级硬件组件和内存空间。在内核态模式下，进程可以操作 I/O 设备，例如套接字（socket）和磁盘驱动器。

部分系统调用可能会在设备上等待许多个 CPU 周期。在执行一次物理磁盘 I/O 操作所需的时间（几毫秒）内，CPU 能够执行数百万条指令。在这种情况下，一次读取调用将花费足够执行几百万个 CPU 指令的时间。因此可以允许另一个进程在读取进程的等待时隙内，通过时分复用 CPU 的方式提高执行效率。例如，假设一个 Oracle 内核态进程要执行某种读取系统调用（比如从磁盘获取 Oracle 数据块）的操作，在向预期的"慢"磁盘设备发出请求后，读取系统调用的内核代码将此调用进程转换为睡眠状态，在睡眠状态下，该进程会等待一个中断信号（表明 I/O 操作已完成）。这种复用方式允许另一个处于就绪状态的进程充分利用原读取进程无法使用的 CPU 资源。也就是说，CPU 的主频越快，进程间的切换效率越高。

当 I/O 设备通知处于睡眠状态的原读取进程的 I/O 操作准备好以进行进一步处理时，该进程会被唤醒，也就是说它会转换到就绪状态。当进程处于就绪状态时，它就有资格进行调度了。当调度器再次选择要执行的进程时，该进程会返回到内核态，执行原进程剩余的内核态模式代码，例如把从 I/O 通道获得的内容数据传输到内存中。读取进程中的最后一条指令会将控制权返回给调用程序。也就是说，Oracle 内核进程将转换回用户态，并在这种状态下继续使用 CPU，直到它下一次接收到中断指令或进行系统调用为止。进程退出本身就是一个系统调用过程，即 exit()，因此即使应用程序已完成相关工作，系统调用和中断也是转换用户态的唯一方法。

2. 中断转换

中断是一种机制，I/O 外围设备或系统时钟可以通过这种机制异步中断 CPU。大多数系统是这样配置的：系统时钟每 0.01s 发生一次中断，在接收到时钟中断时，系统中处于用户态的每个进程都会保存其上下文（进程正在执行的环境及数据）并执行操作系统调度程序。调度程序决定是让原进程继续运行还是让其他已就绪的进程抢占原进程的 CPU 资源。

抢占实质上是将一个进程直接从内核态发送到就绪态，这为其他就绪态的进程返回用户态扫清了道路，也是大多数现代操作系统实现时分复用的方式。任何处于就绪态的进程都要接受调度程序的调用并转换到内核态。

在讨论了图 1-3 所示的 4 种过程状态和 7 种转换方式之后，接下来将简要介绍更复杂的进程状态转换图。

1.2　充分理解进程

进程的出现使得计算机世界内部复杂的处理过程和逻辑更加透明。比如，UNIX 或 Linux 操作系统的内核管理可以分为进程的管理和文件的管理两大类。在计算机网络方面，进程隐藏了数据传输层以下的网络层、数据链路层和物理层的一系列处理过程，程序员只需要关心传输层的进程和端口号即可。

从数据库的角度看，Oracle 的优化在某种程度上就是进程（CPU 进程间的调度和切换）的优化、SQL（存取效率）的优化及对象（对象的存储结构）的优化。从数据库大局出发，Oracle 的管理也可以分为进程的管理和存储（内存和外存）的管理两大方面。因此，接下来会对进程的概念进一步说明。

1.2.1　何为进程

为了从宏观上保证多个程序能够同时利用计算机的 CPU、内存等有限资源，提高计算机系统中各种资源的使用效率，现代操作系统采用了多道程序（multi-programming）技术。进程就是正在运行的程序或程序中的某个模块，进程包含了正在运行的程序的所有状态信息。

显然，进程和程序是两个既有联系又有区别的概念，两者不能混为一谈。程序是一个静态的概念，它由两部分组成：代码和数据。进程是一个动态的概念，它除了包含程序文件中的指令数据以外，还会在系统内核中通过某种数据结构来存放进程的相关属性，以便更好地管理和调度进程，从而完成多进程协作的任务。一个程序可能创建多个进程，通过多个进程的交互协作来完成任务，比如 Oracle 程序。

一般来说，Linux 系统下的进程包含以下两个要素：可执行程序和专用的系统堆栈空间。内核中有进程的控制块来描述进程所占用的资源，这样，进程才能接受内核的调度，具有独立的存储空间。

在 Linux 系统里，进程是一个结构体对象；在 Oracle 的内部，库缓存（Library Cache）中的游标（Cursor）实际上是一个与进程类似的对象。进程是操作系统中的程序代码及数据的载体，我们只有理解了 UNIX 系统的进程管理机制，才能深入理解 Oracle 中游标的概念。因此正确理解进程及其所需的内存资源对理解 Oracle 的运行原理非常重要，这也是本章介绍操作系统范畴的进程概念的原因之一。

一个进程是一个独立的实体，是计算机系统资源的使用单位。每个进程都有"自己"的寄存器（如 PC，即 Program Counter，用来指示下一条将要运行的指令）和内部状态，它在运行的时候独立于其他进程，这里的"自己"是指在物理上 CPU 中只有一套寄存器（如物理的 PC 寄存器只有一个），但是每个进程都有属于自己的逻辑上寄存器（如逻辑上的 PC）。要想将程序代码及数据读到内存中，必须提前分配内存空间。在 Linux 系统中，可以通过" cat/proc/< 进程 PID>/maps"命令查看进程占用的内存空间。一个进程所需的内存空间结构如图 1-4 所示。

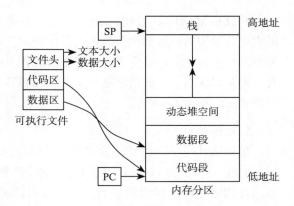

图 1-4　进程内存空间结构示意图

Oracle 数据库管理系统实际上是一个用 C 语言编写的由多个模块组成的大型程序。Oracle 数据库管理系统分为代码和数据两部分。其中，代码部分就是在 Oracle 的安装过程中出现"仅安装软件"选项时所安装的那一部分（代码也包含相关元数据，在此可暂时忽略这一点）；数据部分则是通过 DBCA(DataBase Configuration Assistant，数据库配置助手）创建的某个具体的数据库。当我们安装完软件并创建完数据库时，从静态层面看到的是在操作系统中一系列目录下的程序文件和数据文件。当我们通过 startup 命令运行该程序的时候，操作系统为该程序（进程）分配相应的内存，然后将磁盘中那些静态的程序代码读入 SGA（System Global Area，系统全局区）和 PGA（Program Global Area，程序全局区）中每个相应进程的内存段里，从而完成相关的初始化工作。这时，内存中的这些程序代码及数据就会变为进程。在操作系统中通过 ps 命令可以看到这些进程的信息。

那么，UNIX 系统是怎么管理进程的呢？每个进程在内核进程表中都有一个表项，并且每个进程都会被分配一个所谓的 U 区，U 区包含仅被内核操纵的私有数据，如图 1-5 所示。进程表包含（或指向）一个本进程区表，本进程区表的表项指向系统区表的表项。区是指进程地址空间中连续的区域，如代码区、数据区及栈区等。系统区表登记项用于描述区的属性，例如，它是否包含代码或数据，它是共享的还是私有的，以及区的"数据"位于内存的何处，等等。本进程区表与系统区表是多级链接关系（即多对多的链接关系），这些链接关系允许彼此独立的进程共享系统区表。图 1-5 展示了一个与运行中的进程相关的数据结构：进程表指向本进程区表，本进程区表又指向系统区表，系统区表包含该进程的代码区、数据区或栈区在内存中具体地址的指针。

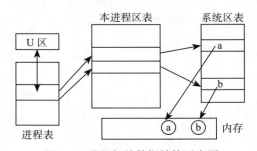

图 1-5　进程相关数据结构示意图

因此，在内存中一个进程实际上是相互指向（或链接）的多个内存区域的组合，而不是一块简单的连续内存空间。UNIX 系统采用这样的设计为进程的灵活性和可扩展性打好了基础。

1.2.2 进程的状态

通过前面的内容可知，CPU 实际上是被多个进程轮流使用的。进程执行时的间断性决定了进程可能具有多种状态。事实上，运行中的进程一般具有 3 种基本状态，即就绪状态、运行状态和等待或阻塞状态，如图 1-6 所示。

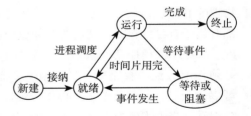

图 1-6 进程在运行中的 3 种基本状态

1. 就绪状态

在就绪状态下，进程已获得除 CPU 以外的所需资源，等待分配 CPU 资源。只要分配到了 CPU 资源，进程就可以被执行。就绪进程可以按优先级划入不同的队列。例如，由于时间片用完而进入就绪状态的进程将排入低优先级队列，因 I/O 操作完成而进入就绪状态的进程就会排入高优先级队列。

2. 运行状态

在运行状态下，进程正在占用 CPU 资源，处于此状态的进程数目小于或等于 CPU 的数目。在没有其他进程可以执行时（如所有进程都处于等待状态），系统的空闲进程通常会自动执行。

3. 等待或阻塞状态

有时进程需要等待某种条件（如 I/O 操作或进程同步），在条件满足之前，即使把 CPU 资源分配给该进程，它也无法继续运行，这时就会进入等待或阻塞状态。

在实际的系统中，进程的状态往往不止这三种，比如，UNIX System V 就为进程设置了 9 种状态：用户态运行、内核态运行、内存中就绪、内存中睡眠、就绪且换出、睡眠且换出、被剥夺状态、创建状态和僵死状态，如图 1-7 所示。

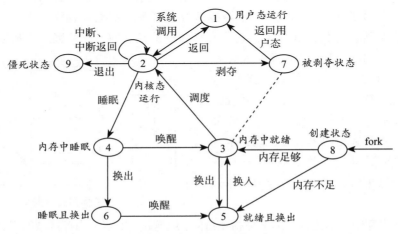

图 1-7 UNIX System V 进程的 9 种状态及转换示意图

　　理解进程的这些状态对于 DBA 在 Linux 数据库服务器环境下进行故障诊断或性能分析有很大的帮助。比如，通过 Linux 系统下的 vmstat 命令工具，我们能够查看进程的 5 种状态（vmstat 的使用将在 2.3 节中详细说明）。

1.2.3　进程切换

　　进程切换就是从正在运行的进程中收回 CPU，然后将其分配给待运行的进程。这里所说的从某个进程中收回 CPU，实质上就是把进程存放在 CPU 寄存器中的中间数据找个地方存起来，从而把 CPU 的寄存器腾出来让其他进程使用。那么被中止运行进程的中间数据应该存在何处呢？答案是进程的私有堆栈中（详情参见第 9 章）。

　　让进程占用 CPU，实质上是把某个进程存放在私有堆栈中的数据（前一次该进程被中止时的中间数据）再恢复到 CPU 的寄存器中去，并把待运行进程的断点送入 CPU 的 PC 寄存器中。于是 CPU 就开始运行该进程，即该进程已经占有 CPU 的使用权了。

　　在切换时，进程存储在 CPU 各寄存器中的中间数据称为进程的上下文，所以进程的切换实质上就是被中止运行进程与待运行进程上下文的切换。在进程未占用 CPU 时，进程的上下文是存储在进程的私有堆栈中的。在性能优化过程中，上下文切换是非常消耗 CPU 资源的，所以应尽量避免。

　　进程的切换可以通过中断技术来实现，即在调度器获得了待运行进程的控制块之后，立即用软中断指令来中止当前进程，并保存当前进程的 PC 寄存器值和 PSW（Program Status Word，程序状态字）寄存器值。其后，使用压栈指令把 CPU 中其他寄存器的值压入进程的私有堆栈中。接着，从待运行进程的进程控制块中取出私有 SP（堆栈指针）的值并存入 CPU 的寄存器 SP 中，至此 SP 就指向了待运行进程的私有堆栈，然后从待运行进程的私有堆栈中弹出上下文进入 CPU。最后，利用中断返回指令实现从待运行进程的私有堆栈中弹出 PSW 寄存器值和 PC 寄存器值的功能。

　　这是一个完整的软中断处理过程，只不过在保护现场和恢复现场的工作中，保护的是被中止运行进程的现场，恢复的是待运行进程的现场，这一切都依赖于 SP 的切换。

1.2.4　进程间通信

　　进程间通信（Inter Process Communication，IPC）机制允许多个进程之间相互交换数据与信息。常用的进程间通信有两种基本模型：共享内存（Shared Memory）模型和消息传递（Message Passing）模型。共享内存模型会建立一块共享内存区域供相互通信的进程使用，进程通过向此共享内存区域读出或写入数据来交换信息。Oracle 的 SGA 本质上是为多进程共享及进行交互通信而创建的区域。消息传递模型通过在进程之间进行消息交换来实现通信。图 1-8 给出了这两种模型的对比。

　　消息传递模型对于交换量较少的数据很有用，因为无须避免冲突，尤其是在分布式系统中，消息传递模型比共享内存模型更易于实现。共享内存模型比消息传递模型速度更快，这是因为消息传递模型通常是采用系统调用的方式实现的，需要消耗更多的时间以便内核介入。与之相反，共享内存模型仅在建立共享内存区域时需要使用系统调用，一旦建立起了共享内存，所有访问都可以作为常规内存访问，无须借助内核。共享内存模型往往与其他通信机制（如信号量）结合使用以实现进程间的同步及互斥。信号量（semaphore）通信机制主要作为进程间或者同一进程不同线程之间的同步手段。不同计算机之间的进程间通信一般采用 Socket 方式实现，这也是常见的进程间通信机制。

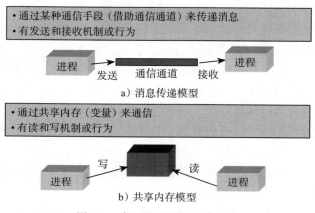

图 1-8　常用的进程间通信方式

在 Oracle 的 SGA 中，进程间通信可以通过 Lock、Latch、Mutex 等方式来实现同步和互斥。相关内容将在第二篇展开说明。

了解了进程的基础概念后，接下来讨论 Oracle 的进程组织方案。

1.3　Oracle 的进程组织方案

在用户通过客户端访问数据的过程中，读取数据的载体是进程。Oracle 中的进程可分为用户进程、服务器进程及后台进程这三类。还有一种特殊类别的进程是监听进程（相关知识将在 9.2 节介绍）。

这里需要注意的一点是，用户进程或应用程序所连接的应用服务器进程不能直接存取 Oracle 数据库中的数据，必须借助 Oracle 服务器进程才能访问并处理数据。根据用户进程、服务器进程及后台进程这三者的关系，Oracle 数据库中的进程组织方案包含如下 3 种：2N 方案、N+M 方案和多线程方案。下面先介绍前两种进程组织方案。

1.3.1　2N 方案：一个数据库服务器进程对应一个用户进程

每个用户进程均有一个数据库服务器进程为之服务，这个进程称为服务器进程。在该方案中，如果有 N 个用户进程需要连接数据库，就要启动 N 个服务器进程，也就是说，一共有 2N 个进程，因此这种方案称为 2N 方案，它对应于 Oracle 的专用服务器模式。在进行数据库性能优化时，这种模式的效率通常很高，相当于一对一专人服务，但同时会消耗更多的操作系统内存及 CPU 资源。2N 方案（Oracle 专用服务器模式）如图 1-9 所示。

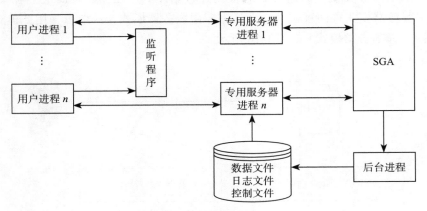

图 1-9   2N 方案

在这种情况下，Oracle 的各个服务器进程都是独立运行的。因此，用户进程与服务器进程之间以及各服务器进程之间都要通信。在这种方案中，Oracle 数据库服务器的主要负载表现在空间和时间两个方面。在空间上，虽然各个服务器进程的代码段可以共享，但数据段和栈段的空间还是各自独立的，再加上操作系统要为多出来的 N 个服务器进程分配进程控制块等诸多内部空间，因此 2N 结构对内存的需求量很大。如果物理内存远远小于各个进程所需空间之和，那么该模式就会出现各进程被操作系统频繁换入换出的问题，系统可能出现颠簸（即性能抖动）。在时间上，由于 2N 方案中进程数目过多（活动进程大于 CPU逻辑核数），因此大量 CPU 时间会白白浪费在进程切换这种会消耗大量资源的工作上。

在这个方案中，增加一个用户的资源开销会很大。在 Oracle 服务器内存配置规划阶段，不仅要为 SGA 和 PGA 保留足够多的空间，还必须为进程控制块保留足够多的空间。一般一个用户的内存量按 3 ～ 5MB 配置较为合适。比如，系统需要 1000 个用户（对应于参数文件中的 server process 参数）链接，那么我们需要为操作至少保留 3 ～ 5GB 的空闲内存空间。

除了每个用户进程需要一个服务器进程之外，Oracle 数据库在全局上还要维护若干个后台服务进程。这些后台进程通过 SGA 完成监控、写数据、写日志、死锁检测和解除等诸多全局工作。频繁的进程通信意味着频繁的进程切换。少数几个后台进程有可能会成为整个系统的瓶颈。此外，数据不在内存中的情况也有可能会造成性能问题和临界资源（lock 和 latch）问题，相关内容将在后续章节中进一步讨论。

把多个服务器进程合并为一个进程，也许可以有效解决以上问题。因此，针对大量用户需要访问且内存有限的 OLTP（On-Line Transaction Processing，联机事务处理）场景，Oracle 提供了 N +M 方案。N +M 方案最主要的优势是节省内存。

1.3.2　N+M方案：M个数据库服务器进程对应N个用户进程

在 N+M 方案中，Oracle 采用 M 个服务器进程为 N 个用户进程提供服务（M < N），这个方案称为共享服务器模式。通过 DBCA 创建数据库时，在创建页面上会有共享服务器模式和专用服务器模式这两种选项，默认为专用服务器模式，一般也选用此模式。Oracle N+M 方案（共享服务器模式）如图 1-10 所示。

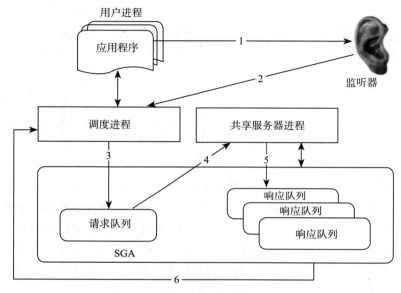

图 1-10　N+M 方案

在该方案中，服务器进程不再负责多任务调度，同时每个用户进程也不再固定地对应于某个服务器进程。用户的数据库请求将会被动态地分配给某个调度器进程。调度器进程的分派由分派程序完成。分派程序还会监测整个数据库的运行状况并根据用户请求队列的情况动态增减共享服务器进程的个数。

如果用户进程增加，则共享服务器进程的个数也会增多，但后者一般小于前者（即 M < N）。这样，我们就不必为 10 000 个数据库连接创建 10 000 个专用服务器进程了，只需要建立很少的一部分进程即可。可想而知，这些进程将由所有用户进程共享，这样 Oracle 就能让更多的用户与数据库连接。

假设让数据库服务器管理 10 000 个进程，如果一个用户进程按 5MB 的进程控制块开销来算，服务器除了 SGA 和 PGA 外还需要为进程管理预留 50GB 的内存空间，这样的内存需求和进程管理负载所带来的压力可想而知，但按共享服务器模式管理 500 个或者 1 000 个进程还是可以的。采用共享服务器模式，通过客户端连接配置也能实现专用服务器模式来连接数据库，两者可以并存，如图 1-11 所示。

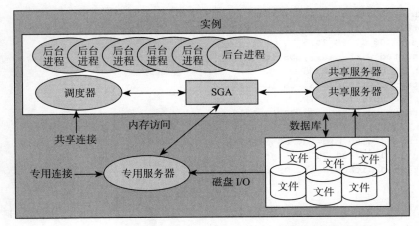

图 1-11 共享服务器模式下采用专用服务器模式进行连接

$N+M$ 方案是 $2N$ 方案的一种改进方案，提高了内存资源的利用率，但没有克服 $2N$ 方案的本质弱点。此外，分派程序对系统增加了额外的开销并可能成为瓶颈，而且共享服务器进程动态增减的开销也很大。

从 Oracle 12c 开始，Oracle 开始采用多线程方案（参见 11.4 节）。

1.4 Oracle 的进程结构

除了 1.3 节介绍的基本分类之外，Oracle 进程在 RAC 环境中也引入了更多与集群相关的进程及 agent（代理）进程，以确保系统的横向可扩展性和高可靠性。为此，本节将对 Oracle 中的常用进程进行简要介绍。这些进程的分类及作用看似简单，但我们在深入理解进程的含义和作用之后，再回头来看这些进程的说明，会将自己对 Oracle 原理的认知提升到一个新的水平。

1.4.1 Oracle 常见进程及简介

启动 Oracle 数据库时，从 Oracle 数据库的警告日志（alert_<SID>.log，其中 SID 为 Oracle 数据库实例的名称）中，可以看到进程的启动顺序如下。

```
Fri Jan 30 03:17:27 2015
PMON started with pid=2, OS id=5903
Fri Jan 30 03:17:27 2015
PSP0 started with pid=3, OS id=5905
Fri Jan 30 03:17:28 2015
VKTM started with pid=4, OS id=5907 at elevated priority
VKTM running at (1)millisec precision with DBRM quantum (100)ms
Fri Jan 30 03:17:28 2015
GEN0 started with pid=5, OS id=5911
```

```
Fri Jan 30 03:17:28 2015
DIAG started with pid=6, OS id=5913
Fri Jan 30 03:17:28 2015
DBRM started with pid=7, OS id=5915
Fri Jan 30 03:17:28 2015
DIA0 started with pid=8, OS id=5917
Fri Jan 30 03:17:28 2015
MMAN started with pid=9, OS id=5919
Fri Jan 30 03:17:28 2015
DBW0 started with pid=10, OS id=5921
Fri Jan 30 03:17:28 2015
DBW1 started with pid=11, OS id=5923
...
```

从"PMON started with pid=2,OS id=5903"可以看出，当 Oracle 数据库启动时，一系列进程开始启动。除了操作系统进程编号（OS id=5903）外，Oracle 内部也会有自己的进程命名规则（PMON started with pid=2）。Oracle 提供了查看 V$process 视图的功能，里面涵盖了当前所有的 Oracle 进程（包括后台进程和服务器进程）。查看 V$process 视图的命令如下：

```
SQL> select pid,program,background from v$process;
```

其中，background 字段值为 1 表示后台进程，其余都是服务器进程。

后台进程为多个服务器进程提供服务，并保证系统正常运行，而服务器进程则为用户进程提供服务。Oracle 中常见的进程结构如图 1-12 所示。

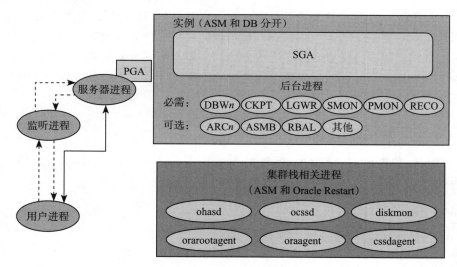

图 1-12　Oracle 中常见的进程结构

从图 1-12 中可以看出，在集群环境下，Oracle 进程也可以分为用户进程、服务器进程、后台进程、监听进程和集群栈相关进程这五大类。其中，集群栈相关进程在 RAC 环境中才存在，在单实例环境中一般只包含前四类。接下来对 Oracle 的常用进程做简要回顾和说明。

1. 用户进程

数据库有两类用户，一类是客户端程序，比如 SQL Plus、SQL Developer 等终端用户，另一类是第三方开发的应用程序。当 Oracle 用户通过终端或应用程序登录数据库时会生成用户进程。该用户进程可通过监听进程转接到合适的服务器进程。

这里需要注意的是，用户进程都有一个用户工作区（User Global Area，UGA）。用户工作区是用户进程与服务器进程交换数据的场所，在 Oracle 专用服务器模式下，用户工作区在 PGA 中。用户只能处理用户工作区中的数据，其数据是 Oracle 根据用户请求存入的。服务器进程在读取到用户进程所需的数据后，会在用户工作区通过进程间通信将数据转给用户进程，最终用户才能得到数据。

用户工作区的缓冲区中有个用户会话数据区，其大小与会话数据单元参数的设置有关，如果系统的网络传输比较频繁，该参数就会对性能产生一定的影响，详细内容将在第 9 章讲解。

2. 服务器进程

服务器进程用于接收客户端发来的用户进程请求（查询、修改等），并代理用户进程监护这类请求在服务器端的执行，比如读取缓冲区中的数据，向客户端（用户进程）返回查询结果，就像是一个代替用户进程完成数据读取任务的代理。

那么，用户进程与服务器进程之间的通信（即进程间通信）是怎么进行的呢？当用户进程与服务器进程在不同的主机上时，一般都是通过 TCP 传输层的 Socket 通信来建立连接的，具体步骤如下。

1）用户进程向监听器发起连接请求。

2）监听器接收到连接请求后验证用户的合法性。（用户名和密码是建立会话的必备参数。）

3）服务器端产生一个服务器进程与用户进程建立连接和会话，并在 PGA 为这个服务器进程分配一段私有内存区域作为工作区。

4）服务器进程根据用户进程请求从磁盘（或 SGA）得到数据后，将数据放到 PGA 的用户工作区中。

5）用户进程通过进程间通信，从用户工作区中读取数据并返回给最终用户。需要注意的是，所有操作都是在用户工作区中进行的。以修改操作为例，首先应把要修改的记录读到用户工作区，用户程序在用户工作区中对其进行修改后，向数据库管理系统发出写记录命令。

3. 后台进程

维护实例的正常运转需要靠后台进程和内存空间，共享内存中的数据向磁盘的写入要靠后台进程。作为 Oracle 中实例的组成和稳定运行的主体，后台进程非常重要，下面就来介绍几种常见的 Oracle 后台进程。

（1）数据写入进程（DBWR）

此进程会将数据缓冲区（data buffer cache）中的脏块（即更改过的数据块）写回到数据文件中，并释放数据缓冲区空间（如图 1-13 所示）。参数 DB_WRITER_PROCESSES 可用于控制进程数量，数据写入进程的数量与 CPU 数量有关，CPU 不足时，不建议将其值设置得过大。通常，在 Oracle 10g 中可以有 20 个进程，在 Oracle 11g 中可以有 36 个进程。因为数据块是从哪里加载的，就要写回到哪里，所以进程可以有多个。发生以下几种情况之一时，数据写入进程将执行写操作。

- ❑ 没有可用的数据缓冲区。
- ❑ 服务进程在扫描了 buffer 个数阈值（由隐藏参数：_db_block_max_scan_pct）后还没找到一块未用的缓存时。
- ❑ 每隔 2s 写一次数据（由检查点进程按照每 3s 一次的频率写入控制文件引起）。
- ❑ 遇到检查点，还有表空间备份、改为离线、改为只读，以及表被删除或截断等条件也会引起写入。

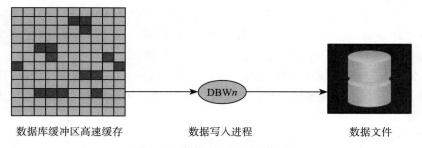

数据库缓冲区高速缓存　　　　数据写入进程　　　　数据文件

图 1-13　数据写入进程示意图

（2）日志写入进程（LGWR）

日志写入进程负责将日志缓冲区中的日志条目写入日志文件（如图 1-14 所示）。有多个日志文件时，该进程以循环的方式将数据依次写入各个文件。发生以下几种情况之一时，日志写入进程将执行写操作。

重做日志缓冲区　　　　日志写入进程　　　　重做日志文件

图 1-14　日志写入进程示意图

❑ 日志每次提交（commit）时。

❑ 重做日志缓冲区（redo log buffer）写满 1/3 时。

❑ 在数据写入进程执行写操作之前先写（即先记日志后写脏块，保证未提交的数据都
能回滚）。

❑ 每隔 2s 写一次日志（由数据写入进程的 3s 传导而来）。

（3）检查点进程（CKPT）

当数据写入进程将最早"脏"的缓冲区
写入磁盘时，检查点进程负责将此刻的 SCN
（System Change Number，系统改变号）同步
到控制文件中和数据文件头上（如图 1-15 所
示）。每超过 3s 就启动一次，在将 SCN 写
到控制文件中时，会记录最早的那条未写盘
的脏块的日志位置，此记录将作为实例恢复
时扫描日志的起点。

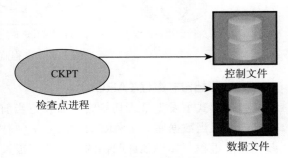

图 1-15　检查点进程示意图

遇到检查点时，Oracle 数据库必须更新
所有数据文件及控制文件的头，以记录该检查点的详细信息，这是由检查点进程完成的工
作。注意，检查点进程不会将脏块写入磁盘，该工作始终由数据写入进程执行。文件头中
记录的 SCN 可保证在该 SCN 之前对数据块进行的所有更改都已写入磁盘。

（4）系统监控进程（SMON）

实例崩溃后，如果数据库缓冲区高速缓
存中的脏块没有写入磁盘，那么下次启动后
需要用 UNDO 数据文件中的数据块（历史
版本）和重做日志进行恢复。这个过程称为
实例恢复，由系统监控进程完成（如图 1-16
所示）。若内存中的临时段长时间没有使用，
也由系统监控进程负责清理。系统监控进程
还负责清除不再使用的临时段。

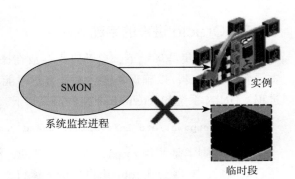

图 1-16　系统监控进程示意图

（5）进程监控进程（PMON）

一个会话意外断开后，其会话信息会残留在系统中成为"垃圾"。进程监控进程会在用
户进程失败时执行进程恢复操作，并清除缓冲区高速缓存和释放该用户进程占用的资源（如
图 1-17 所示）。例如，进程监控进程会重置活动事务处理表的状态，释放锁，并从活动进程
列表中删除该失败进程 ID。

进程监控进程还负责向监听程序告知当前实例的信息（即进程监控进程和监听程序进程
之间的通信），此过程即动态注册。当实例启动以及相关参数变更，或者每 1min 一次的条

件达成时，动态注册会被触发并向监听程序告知当前实例的信息。监听程序只有在知道实例存在的情况下，才能为用户进程建立连接。

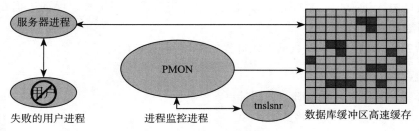

图 1-17 进程监控进程示意图

（6）归档日志进程（ARC*n*）

归档模式下发生日志切换时，需要把当前日志组中的内容写入归档日志中作为历史备份日志。仅当数据库处于 ARCHIVELOG（归档日志）模式且已启用自动归档时，才会存在归档日志进程。如果预计归档的工作负荷很重（例如在成批加载数据期间进行归档），则可以适当增加最大归档进程数。

4. 集群栈相关进程

在 Oracle RAC 集群环境下，除了以上介绍的几种数据库进程（含监听进程）以外，我们还需要了解更多 Oracle GI 进程相关的内容。Oracle 集群相关的进程将在第 11 章介绍，此处不再赘述。

1.4.2 Oracle 进程的启动顺序

在 Oracle 集群环境下，启动脚本存放在操作系统的 /etc/inittab 文件中。该脚本主要负责设置环境变量，以确保每次启动计算机时能在相应的运行级别启动集群守护程序和相关进程。UNIX 系统的 /etc/inittab 文件格式如下。

```
h1:35:respawn:/etc/init.d/init.ohasd run >/dev/null 2>&1 </dev/null
```

由于该脚本是使用 respawn 操作启动的，因此终止后，它会重新启动。在这些守护程序启动以后，有些会在 root 用户身份下运行，而另一些会在 grid 所有者身份下以用户模式运行。这些进程的启动顺序如图 1-18 所示。

在集群环境下，各集群节点的共享配置信息存储在表决磁盘和 OCR（Oracle Cluster Registry，Oracle 集群注册表）中。在 Oracle 11g R2 之前，表决磁盘和 OCR 的配置信息是存储在裸设备上的，因此各节点的 OHASd 进程初始化完后需要先读取这些信息，接着启动 ASM 实例，最后再启动数据库，这个启动顺序比较容易理解。在 Oracle 11g R2 及之后的版本中，ASM 作为 Oracle 的战略存储架构，GI 和 ASM 的位置发生了互换，ASM 包含表决磁盘和 OCR 的信息。因此启动顺序看起来就不那么好理解了，ASM 明明在 GI 之下，但是它又作为一个被管理对象被 GI 管理着。ASM 没有启动时，集群怎么读取 ASM 磁盘文件呢？为此，Oracle 引入了 gnpn 服务来解决此问题。另外，ASM 磁盘组自解释性很强，甚至不启动 ASM 实例也能根据磁盘组的信息读取其内容。Oracle 进程启动的详细步骤将在 11.2 节进一步说明。

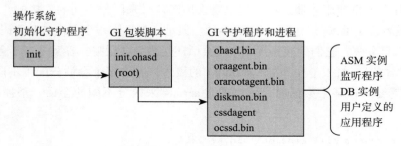

图 1-18 Oracle 进程的启动顺序

1.4.3 进程、连接、会话的区别

关于进程、连接、会话三者的区别，可以参考 MOS（My Oracle Support）上的一篇文章（文档 ID 为 165659.1）。本节将结合上述基础知识对这三者进行进一步解释说明。进程是程序读取到内存中执行后所形成的动态的样子，每个进程在内存中都会占用一定的空间，CPU 借助进程来执行任务。两个进程之间为实现相互通信而形成的逻辑通道称为连接，至少需要两个进程才能组成一个连接或会话。

为了描述连接，这里需要先介绍 Socket 的概念。Socket 实际上就是 IP 地址和端口的组合。两台主机要通信需要知道彼此的 IP 地址，但一台主机上可以运行多个程序，即多个进程，两台主机之间不同的程序需要通信时彼此之间怎么区分呢？为此，我们在 TCP/IP 的传输层引入了端口的概念，并对每个程序分配特定的端口号，比如，Web 应用端口号默认为 80，ssh 连接端口号默认为 22，FTP 的控制通道端口号默认为 21，等等。有了端口的区分之后，多个程序在两个主机之间就能够通过 IP 地址加端口的方式进行独立的信息交换了。

所谓连接，实际上就是两个进程基于 Socket 形成的逻辑通道。从图 1-19 也能看出，连接就是用户进程和服务器进程之间基于 Socket 所形成的逻辑通道。因为 IP 地址（32 位）和端口长度（16 位）加起来一般在 48 位以下，所以这时形成连接的进程所需的内存也很小。

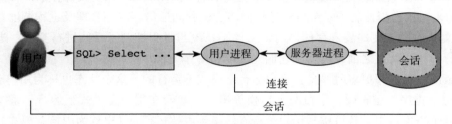

图 1-19 会话和连接的区别

那什么叫会话呢？简单地说，会话就是连接、用户名和密码的组合。因此，连接代表逻辑通道，而会话是在通道上传输 SQL 语句及其数据的子通道。建立连接不需要用户名和密码，但建立会话必须提供用户名和密码。当用户认证通过并形成会话时，Oracle 会为每个会话分配一个会话编号，即 SID。

用户进程和数据库服务器进程之间也是采用端口号来区分不同的连接的，可通过用户名和密码（或者说会话编号）区分不同的会话。但是，如果同一个用户名和密码建立了多个会话又该怎么区分呢？它们到底是代表一个会话还是多个会话呢？答案是多个会话。Oracle 为了区分此类情况，引入了序列号（serial#）的概念，并为多个会话分配了不同的序列号，因此当我们需要杀掉某个会话时，可以通过 serial# 来区分不同的会话。杀掉会话的命令如下。

```
SQL>alter system kill session 'sid,serial#';
```

当会话的状态是 active 的时候，alter system kill session 命令只是将会话标识为 killed 状态，并不会释放该会话所持有的资源，所以在执行完 alter system kill session 命令后，会话还是一直存在的，需要等待 PMON 进程回收资源和释放锁等。（特殊情况下，若 PMON 进程无法完成回收，就需要使用操作系统命令来完成杀掉会话的操作。）

可以说，会话是一种传输 SQL 代码及其数据的带有状态特性的载体，它携带着多条 SQL 代码及相应的数据信息，因此相对于仅仅代表连接状态的进程（还未形成会话连接的进程），会话信息需要存储在更大的内存空间中。

1.5 本章小结

正确理解进程及其常用状态的切换原理，明白进程间的通信机制，对从宏观角度理解 Oracle 进程的组织方案和进程架构起到关键作用。我们在学习数据库时产生的大多数疑惑缘于我们对进程的理解不够深入，所以本章要为此打好基础。

文件和进程是 UNIX 系统模型中的两个重要概念。其中，文件子系统用于管理文件，包括分配文件空间、管理空闲空间、控制对文件的存取以及为用户检索数据等。进程通过一个特定的系统调用集合与文件子系统进行交互，比如通过系统调用 open、close、read、write、stat（查询一个文件属性）、chown（改变文件所有者）及 chmod（改变文件存取许可权）等。

UNIX 系统进程控制子系统负责进程同步、进程间通信、内存管理及进程调度。当要执行一个文件而把该文件装入存储器时，文件子系统与进程控制子系统进行交互：进程子系统在执行可执行文件之前，需要把它们先读取到主存（即内存）中。

Oracle 内核进程更多时候是在用户运行态模式下运行的，这个状态也称为用户态。SQL 解析、记录排序、逻辑读、字段类型转换等操作一般会在用户态模式下运行。系统调用和中断这两个事件可以导致进程从用户运行态转换到内核运行态（也称为内核态模式）。

在 Linux 系统里，进程是一个结构体对象，在 Oracle 的内部，库缓存中的 Cursor 实际上是一个与进程类似的对象。进程是程序代码的载体，独立占用内存空间的数据结构、Cursor 也是 SQL 代码的载体，是独立占用程序全局区空间的数据结构。

Oracle 的 SGA 本质上是为了多进程共享并进行交互通信而创建的一个区域。共享内存系统仅需要在建立共享内存区域时进行系统调用。一旦建立共享内存，所有的访问都可以作为常规的内存访问，无须借助操作系统内核。

连接代表逻辑通道，而会话是在通道上传输 SQL 语句及其数据的子通道。建立连接不需要用户名和密码，但建立会话必须提供用户名和密码。当用户认证通过并形成会话时，Oracle 会为每个会话分配一个会话编号（即 SID）和序列号（即 serial#）。

Chapter 2 第 2 章

Oracle 内存与实例

在多道程序的环境下，一方面内存中存在一些进程占据大量的存储空间，另一方面外存上有许多作业因无法获得空闲内存而不能进入内存中运行，因此引入了交换的概念。

交换是指将内存中暂时不用的程序及数据换到外存中，以腾出足够的内存空间，再将已具备运行条件的进程或进程所需的程序及数据从外存换入内存中。交换空间设置在外存交换区中，交换空间管理的主要目标是提高进程换入 / 换出的速度，并确保应用系统的稳定性。交换技术由操作系统自动完成，不需要用户参与。接下来我们从操作系统和数据库管理系统的数据存储角度，介绍应用访问数据库的过程。

2.1 虚拟存储管理

数据存储在磁盘中，相对于 CPU 的计算速度，磁盘处理数据的速度算是很"慢"的。为了提高磁盘的读写性能，我们常用的措施是减少 I/O 次数或者单次 I/O 的有效数据量。

我们将内存作为缓存，将常用的数据放入内存，从而减少硬盘的 I/O 次数。在内存或磁盘里一切皆为地址，从硬盘中读取数据的过程就是找到数据对应的起始地址后，将一定地址范围的数据复制到内存的过程。而内存空间总是有限的，因此引入了虚拟存储管理技术。

2.1.1 操作系统虚拟内存结构

为了满足速度和容量的需求，现代计算系统通常采取高速缓存（SRAM）、主存（DRAM）、外部存储（NAND Flash）及机械硬盘等存储结构，如图 2-1 所示。越靠近 CPU 的存储器速度越快，但受功耗、散热、芯片面积的制约，其相应的容量也越小。SRAM 的响应时间通常在纳秒级，DRAM 一般为 100ns，NAND Flash（相当于 SSD 固态硬盘）则为 100μs，传统机械硬盘的平均响应时间更长，将近 10ms。当数据在这些存储器间传输时，后级的响应时间及传输带宽都将拖累整体的性能，形成"存储墙"。

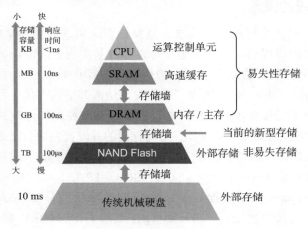

图 2-1 常见存储器读写速度与容量关系

在现代操作系统中，为了避免出现内存（主存储器）不够用的情况，通常采用虚拟页式存储管理技术。CPU 能直接访问的存储器有寄存器、高速缓存和主存（内存）。如果用户编写程序时可以不考虑内存的实际容量，即允许程序中的逻辑地址空间大于内存的绝对地址空间就会更加方便。存储管理利用磁盘作为内存的后援，当一个大型程序要装入内存时，可仅把当前需要的部分装入，并将其余部分暂留在磁盘上。程序执行过程中要用到不在内存中的信息时，再由操作系统将其装入内存。如果内存空间不够，则可由操作系统采用内存交换技术。这样，用户就会认为计算机系统提供了容量极大的内存空间。

实际上，这个容量极大的内存空间不是物理意义上的内存，而是操作系统中的一种存储管理方式，这种方式为用户提供的是一个虚拟的存储器。虚拟存储器比实际内存的容量大，起到了扩充内存空间的作用。

为了保证 CPU 执行指令时可正确访问存储单元，在装入程序时必须进行地址映射，将程序中的逻辑地址转换为物理地址，如图 2-2 所示。

内存通常分为两个区域：一个用于驻留操作系统的内核，通常位于内存低端；一个用于用户进程，通常位于内存高端。用户进程只能在用户模式（用户空间）下执行，而不能直接访问特权模式（系统空间）的数据。从 CPU 的视角来看，进程只有特权模式和用户模式两种，CPU 在产生中断、系统调用、异常时会自动切换模式，这时可以

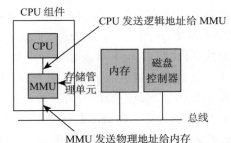

图 2-2 MMU 将逻辑地址转换为物理地址

允许跳转到特权模式，并在内核代码中执行。用户进程只有通过系统调用转入特权模式才能访问 I/O 资源。

2.1.2 共享内存段的概念

共享内存段也是操作系统的一个概念，是操作系统实现数据共享的一种方式，比如，一个进程创建了共享内存段后，另一个进程可以修改共享内存段的内容。在操作系统级别也有类似数据库锁保护机制的共享内存保护措施，但操作系统中最小的保护单位为内存页（page，类似于 buffer 块）。多个进程可以并发地访问共享内存段，但操作系统并不能像 Oracle 一样在行级别实现并发控制，比内存页更小的并发控制和修改只能依赖上层应用实现。就像 Oracle 把 SGA 放到共享内存段，对内存段的并发控制由自己来控制一样。

Oracle 一直在改进内存的管理机制，作为 Oracle 实例组成的一部分和数据库性能的核心，Oracle 内存按照是否共享可分为两大区域：SGA 和 PGA。

Oracle 10g 的 sga_max_size 根据 Oracle 的运行状况动态分配 SGA 各内存块的大小，PGA 在 Oracle 10g 中需要单独设定。Oracle 11g 中新增了 MEMORY_MAX_TARGET 参数，用于设定 Oracle 能占操作系统多大的内存空间，包含两部分内存，一部分是 SGA，另一部分是 PGA。显然，在 Oracle 11g 中可以一起动态管理 PGA 和 SGA。

所谓的 Oracle 实例，实际上是共享内存段、服务器进程及后台进程的组合。当启动 Oracle 时，Oracle 的后台进程和 SGA、PGA 等存在于操作系统的用户空间，因此我们在安装 Oracle 前就必须事先在操作系统层面配置好 Oracle 的内存段空间，这样才能避免在安装 Oracle 时出现诸如 "ORA-27102: out of memory" 等的错误。

2.1.3 共享内存段与内核参数

在 UNIX 和 Linux 系统中，Oracle 的内存结构处在操作系统的用户空间，因此需要配置操作系统相关内核参数来确定共享内存段的大小。在 Linux 系统中，内核参数主要有 Kernel.shmmax、Kernel.shmmin、Kernel.shmall、Kernel.shmmni 等。其中，shmmax 最重要，该参数以字节为单位限制单个共享内存段的最大值。shmall 参数则用于限制共享内存总数（字节或 Page 页）。对于 Oracle 而言，必须保障这个参数的值足够大，建议其值要超过数据库共享内存与其他共享内存的合计大小。

当数据库进入 nomount 状态时，Oracle 会读取参数文件中 SGA 和 PGA 的相关参数，并在操作系统允许的最大内存段范围内创建一个连续的共享内存段。如果 shmmax 的值小于 SGA 的大小，Oracle 会创建多个内存段，在这种情况下，这些共享内存段之间可能是不连续的。就算紧接着连续分配，因已经属于不同共享段原因，其进程通信消耗相对连续整体的共享内存段来说应该更大。因此，需要注意确保内核的参数 shmmax 必须大于 Oracle SGA 和 PGA 的合计值，否则会出现 Linux 系统分配的单个共享内存段在内存空间中不连续的情况。也就是说，各共享段之间出现不连续分段间隙（GAP），出现这种情况意味着，进程之间通信的消耗因跨段通信原因相对于连续分配空间来说会增加，不利于性能调优。

在维护过程中，当需要调大 SGA 时（sga_target 参数）也需要先调整这些内核参数，以免出现共享段间隙。其方法为通过 root 用户身份编辑 /etc/sysctl.conf 增改相关参数。该文件中部分参数是默认提供的，修改默认值即可；而另一部分没有给出的参数则需要进行新增，总的来说应确保有如下内容。

```
Kernel.shmall=
Kernel.shmmax=
Kernel.shmmni=
```

因操作系统和数据库版本不同，更多参数设置一般以相关安装文档为准。编辑完 /etc/sysctl.conf 文件后要让配置生效，要么重启操作系统，要么执行如下命令以免重启。

```
$sysctl -p
```

2.1.4　查看共享内存段

查看共享内存段常用的工具有 oradebug 和操作系统 ipcs 命令。oradebug 查看方法如下。

```
$sqlplus
SQL > oradebug  setmypid
SQL> oradebug  ipc
SQL> oradebug  TRACEFILE_NAME
```

然后通过 cat 或 more 命令查看 trace 文件即可。

操作系统级别常用 ipcs 命令。在内存为 16GB、sga_max_size= 6464MB 的系统中，使用 ipcs 命令的结果如下。

```
[root@db1 ~]# ipcs -m
------ Shared Memory Segments --------
key         shmid      owner      perms      bytes      nattch      status
0x12625564  425984     oracle     660        4096       0
```

说明只有一个连续的共享内存段。

通过如下命令可以查看内核参数所对应的情况。

```
[oracle@cmms-db1 ~]$ ipcs -m -l
------ Shared Memory Limits --------
max number of segments = 4096
max seg size (kbytes) = 8214970
max total shared memory (kbytes) = 17179869184
min seg size (bytes) = 1
```

通过如下命令可以查看内存段的使用情况。

```
[oracle@db1 ~]$ ipcs -m -u
------ Shared Memory Status --------
```

```
segments allocated 1
pages allocated 1
pages resident 1
pages swapped  0
Swap performance: 0 attempts    0 successes
```

接下来看看另一个内存为 32GB、SGA 分配为 21GB 的系统的共享内存段分配情况。

```
[oracle@db2 ~]$ ipcs -m
------ Shared Memory Segments --------
key         shmid      owner    perms    bytes         nattch      status
0x00000000  3014668    oracle   640      201326592     321
0x00000000  3047437    oracle   640      21877489664   321
0xde430dfc  3080206    oracle   640      2097152       321
```

从以上信息可以看出，SGA 在操作系统层面分了两个共享内存段，其中 key 值相同的
代表一个共享内存段，不一样的代表另一个独立的共享内存段。其中 nattch 所对应的就是
连接的进程数，可通过如下命令查看。

```
[oracle@db2 ~]$ lsof |egrep '3080206'|wc -l
lsof: WARNING: can't stat() fuse.gvfs-fuse-daemon file system /root/.gvfs
      Output information may be incomplete.
321
```

2.1.5 共享内存段与进程

通过如下命令可以查看共享内存段进程的信息。

```
[oracle@db2 ~]$ ipcs -m -p
------ Shared Memory Creator/Last-op --------
shmid      owner    cpid     lpid
3014668    oracle   51367    73931
3047437    oracle   51367    73931
3080206    oracle   51367    73931
```

具体是哪些进程被"绑架"（natch）到共享段，可以用如下命令进行查看。

```
$lsof |egrep 'shmid', 如:lsof |egrep '3080206'
```

具体如图 2-3 所示。

如上所述，在 Oracle 实例启动的情况下，查看 Linux 系统共享内存段分配给 Oracle 共
享段的情况可以通过 ipcs -m 命令来查看，那我们试一下当关闭 Oracle 实例后，该共享内存
段是否存在呢？

```
SYS@db2>shutdown abort;
ORACLE instance shut down.
SYS@db2>!ipcs -m
------ Shared Memory Segments --------
```

```
key        shmid      owner      perms      bytes      nattch     status
SYS@db2>exit
```

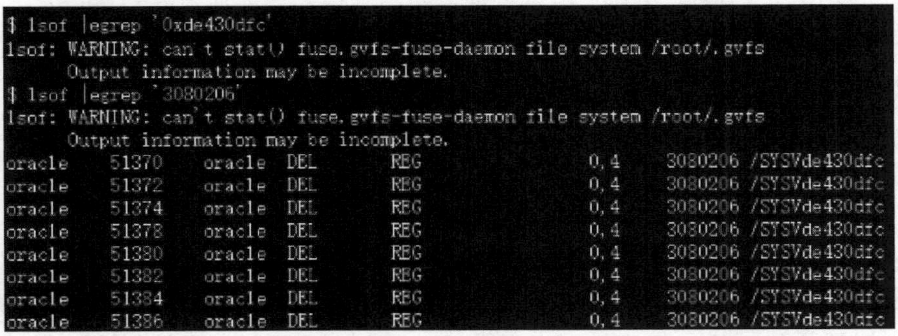

```
$ lsof |egrep '0xde430dfc'
lsof: WARNING: can't stat() fuse.gvfs-fuse-daemon file system /root/.gvfs
      Output information may be incomplete.
$ lsof |egrep '3080206'
lsof: WARNING: can't stat() fuse.gvfs-fuse-daemon file system /root/.gvfs
      Output information may be incomplete.
oracle    51370      oracle  DEL       REG             0,4    3080206 /SYSVde430dfc
oracle    51372      oracle  DEL       REG             0,4    3080206 /SYSVde430dfc
oracle    51374      oracle  DEL       REG             0,4    3080206 /SYSVde430dfc
oracle    51378      oracle  DEL       REG             0,4    3080206 /SYSVde430dfc
oracle    51380      oracle  DEL       REG             0,4    3080206 /SYSVde430dfc
oracle    51382      oracle  DEL       REG             0,4    3080206 /SYSVde430dfc
oracle    51384      oracle  DEL       REG             0,4    3080206 /SYSVde430dfc
oracle    51386      oracle  DEL       REG             0,4    3080206 /SYSVde430dfc
```

图 2-3 查看哪些进程被"绑架"到共享段

某些情况下，数据库异常关闭之后（如 kill -9 smon 进程），共享内存段无法释放，导致数据库重启失败。

2.1.6 内存交换与 HugePage

随着内存条价格的降低，服务器上配置的物理内存变得越来越大，一般标配就是 64GB 至 128GB，在这样的情况下，对于 Oracle 专用数据库服务器，你可能会想有没有办法避免 SGA 出现交换，以提高性能和稳定性。办法还是有的，那就是操作系统层面的 HugePage 配置。

在 Linux 64 位系统里面，默认内存是以 4KB 的页面（page）来管理的，当系统有非常多的内存的时候，管理这些内存的消耗就比较大。而 HugePage 使用 2MB 的页面来减小内存管理开销。HugePage 管理的内存并不能被交换，这就避免了因交换而引发的数据库性能问题。所以，如果系统经常碰到因为交换而引发的性能问题，那么可以考虑启用 HugePage。另外，操作系统配置内存非常大的系统也需要启用 HugePage 功能。

根据相关书籍上的经验，使用 HugePage 能够提高数据库 10% 到 20% 的性能。当然，HugePage 也有些小缺点，比如，它需要额外配置，但是这完全是可以忽略的；另外，如果使用了 HugePage，Oracle 11g 新特性 AMM（Automatic Memory Management，内存自动管理）就不能使用，但是 ASMM（Automatic Shared Memory Management）仍然可以继续使用。

2.1.7 内存文件系统

内存文件系统（In-Memory File System）是基于物理内存设计的文件系统，是 Linux 操作系统层面的概念。Oracle 11g 形成了新的内存管理模式。内存文件系统中的数据是临时的，当数据库服务器重启后，内存文件系统中的数据将会丢失。那么内存文件系统对 Oracle 有什么意义呢？

在 Oracle 11g 之前，Oracle 将 SGA 存放在共享内存段中。但 PGA 和 SGA 之间是分离的，就算在 SGA 中有多余的空闲空间，PGA 也是没法使用的。Oracle 11g 提出了内存自动管理特性，将 SGA 和 PGA 放到了内存文件系统中。这个特性使得 SGA 和 PGA 之间能够进行多余空闲内存空间的交换，从而提高了整体物理内存的利用率。关于内存文件系统的具体配置在此不再赘述，感兴趣的读者可以查阅相关参考文献。

2.2　Oracle 实例

具备了上述章节的进程和内存相关基础知识后，接下来我们将迈进 Oracle 数据库的大门。Oracle 数据库作为支持高并发的关系型数据库管理系统，也需要解决在大量并发用户下的一致性访问问题。Oracle 在共享内存段 SGA 中通过自己的并发控制机制来实现高并发环境下数据的一致性读写。在这种架构下，应用无法直接访问数据库数据文件，而必须通过一种被称为实例（Instance）的共享内存段和一系列进程组合去访问数据库的数据文件。

因此，实例启动和数据库启动是有区别的。在单实例的环境下，实例的启动和数据库的启动虽然概念有所区别，但是实际上都是一样的结果。在 Oracle RAC 环境下，由于一个数据库可以被多个节点的多个实例同时打开，实例的启动和数据库的启动还是有明显区别的。正确理解这种关系有助于更好地理解实例和数据库的关系。

2.2.1　数据库实例的构成

实例和数据库组成了一个完整的 Oracle 数据库管理系统，实例和数据库既是我们走向 DBA 的必修之路。如果 DBA 没有足够实践来实际体会 Oracle RAC 和 ASM 管理环境，就会对 Oracle 实例的理解不彻底，进一步学习也会遇到困难。那么什么是实例呢？如果进一步细化实例结构，那么我们可以结合图 2-4 将数据库管理系统划分为 3 个部分：左边是用户进程、监听进程、服务器进程及 PGA 区，右边虚线下面的是物理数据文件部分，右边虚线上面的是实例部分等。

实例部分由内存中的连续的地址空间（SGA）和一组后台进程（PMON、SMON、DBWR、LGWR、CKPT 等）组成。由图 2-4 可以看出，SGA 也由共享池（Shared pool）、数据库缓冲区高速缓存、重做日志缓冲区（log buffer）等一系列独立的内存空间组成，最终 SGA 和后台进程组合起来才能构建一个实例。

图 2-4 中虚线下面的部分是物理数据，存在于独立存储介质上。数据库物理文件通常放到 ASM、文件系统、裸设备等存储介质上。我们把这部分的各种物理文件组合在一起称之为数据库，而实例和数据库就是所谓的数据库通称，实际上他们是两个独立的概念。

Oracle 数据库的实例必须依赖于某个特定的 ORACLE_HOME，启动实例需要的所有的程序和相关的文件（除数据库数据文件外）都包含在 $ORACLE_HOME 中。除此之外，每个实例都有自己独立的实例名（SID）。服务器进程是监听器（LISTENER）产生的子进

程，而映像文件 $ORACLE_HOME/bin/oracle 可以通过 s 属性将子进程的属性转为 Oracle
用户。因此，有时候 Oracle 连接不上，也需要看看该 Oracle 映像文件的属性是否被篡改
了。$ORACLE_HOME/bin/oracle 的权限中一定要有 s 属性，比如 6751（-rwsr-s--x.），两个
节点的 oracle 和 grid 权限的值是一样的。在 Linux 环境下，可用 chmod 6751 $ORACLE_
HOME/bin/oracle 命令更改 $ORACLE_HOME/bin/oracle 权限。

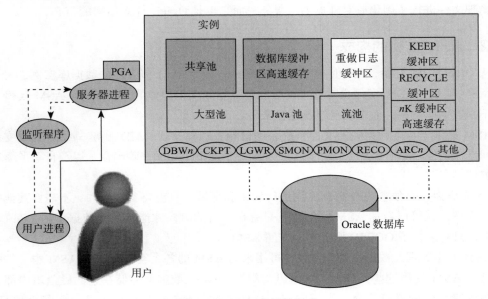

图 2-4 Oracle 实例的组成

实例启动时首先会装载参数文件，根据参数文件中定义的内存相关参数创建共享内存
和信号灯，然后将参数文件装载到共享内存中被称为 ksppi 的内存区域，同时将当前实例的
参数装载到一个独立的区域——ksppsv。根据参数文件，启动进程完成 SGA 中内存结构的
初始化工作，校验操作系统内存的有效性，启动相关的后台进程。这个过程完成后，数据
库实例启动的第一步 nomount 就完成了。

实例启动到 nomount 后，所有的共享内存和后台进程就都已经装载完毕了。于是，系
统根据参数文件中控制文件的位置，打开控制文件，并对控制文件进行校验。如果这个步
骤没有问题，就完成了 mount 步骤。

数据库实例 mount 完成后，对控制文件、日志文件、数据文件头等进行比对分析后，
可以发现数据库状态是一致的，数据库实例就可以打开数据库。数据库打开后，数据库实
例就可以对外提供服务。也就是说，数据库实例打开后，应用程序就可以通过数据库实例
来访问数据库。

在 Oracle 里我们将经常使用的实例分为两种，一种用于数据库管理，即数据库实例，
而另一种用于存储的管理，即 ASM 实例。正确理解其中任何一个的原理后，另一个理解起

来也容易。我们经常觉得 ASM 实例陌生和神秘，因为 ASM 直接涉及底层存储，因而很少碰它（关于 ASM 实例，2.2.2 节会进一步介绍）。

总的来说，数据库实例是正常访问数据库的唯一途径，一个实例只能打开一个数据库，而一个数据库可以被多个实例访问（比如，在 RAC 环境下，两个或更多的实例同时访问一个数据库可以提高数据库可靠性）。实例由内存结构和一组后台进程组成，数据库实例是数据库物理文件进行实例化后对外提供的服务，而它也是 Oracle 体系结构的核心。

2.2.2 ASM 实例的构成

从 Oracle 10g 开始，Oracle 有了两种实例，一种为 2.2.1 节介绍的数据库实例，另一种就是 ASM 实例。ASM 实例也有共享内存和与数据库实例相似的后台进程。ASM 实例加载的并不是数据库文件，而是磁盘组及磁盘文件。

ASM 提供了与平台无关的文件系统、逻辑卷管理以及软 RAID 服务。ASM 可以支持条带化和磁盘镜像，从而实现了在数据库被加载的情况下添加或移除磁盘，以及自动平衡 I/O，以消散"热点"。

ASM 作为一个独立的 Oracle 实例进行实施和部署。只需要参数文件，不需要其他的任何物理文件，就可以启动 ASM 实例。它只有在运行的时候才能被其他数据访问。在 Linux 平台上，只有运行了 OCSSD 服务才能访问 ASM。

ASM 实例管理元数据，这些元数据可用来向 ASM 的各个客户端提供 ASM 中文件的分布信息。ASM 使用这些元数据来管理磁盘组。ASM 元数据就存储在它的磁盘组内部，主要包含磁盘组中的磁盘信息、可用空间、文件名称、数据文件区的位置、元数据块日志、ADVM 卷信息等。

当打开或者创建一个文件时，ASM 实例会向 RDBMS 实例或者其他客户端提供该文件的区地图（extent map，实际上就是该文件在 ASM 磁盘组中的详细分布情况）。RDBMS 接下来就能够基于区地图直接对磁盘进行 I/O 读写操作。数据库中的实例直接访问 ASM 文件的内容，它与 ASM 实例通信只是为了获取这些文件的分布情况。实例是内存和后台进程的组合，ASM 实例结构如图 2-5 所示。

ASM 实例的内存结构主要包括以下 4 个部分。

❑ 共享池：用于元数据信息。

❑ 大型池：用于并行操作 ASM。

❑ ASM 高速缓存：用于重新平衡操作期间读取和写入块。

❑ 空闲内存：可用的未分配内存。

就像所有 Oracle 数据库实例进程以 ora 开头一样，所有 ASM 进程的名字以 asm 开头。在 UNIX /Linux 环境下，可以使用如下命令查看 ASM 进程名称。

```
$ps —ef |grep asm
```

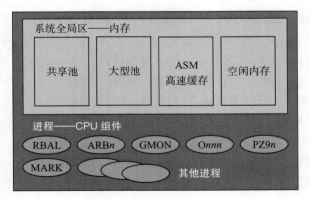

图 2-5　ASM 实例结构

ASM 的主要进程包括以下 4 个部分。

❑ RBAL：在搜索过程中打开所有设备文件并协调重新平衡活动。

❑ ARBn：一个或多个从属过程，用于执行重新平衡活动。

❑ GMON：负责管理磁盘活动，例如删除或脱机以及提高 ASM 磁盘兼容性。

❑ MARK：根据需要将 ASM 分配单元标记为过时。

此外，ASM 实例还包括 ARCn、CKPT、DBWn、DIAG、Jnnn、LGWR、PMON、SMON、PSP0、QMNn、RECO、VKTM 等进程，在此不一一解释。

如果 ASM 是以集群方式建立的，则将在 ASM 实例中运行与集群管理相关的附加进程，其中一些进程如下。

❑ LMON：全局入队服务监视器进程。

❑ LMDn：全局入队服务守护进程。

❑ LMSn：全局高速缓存服务进程。

❑ LCKn：锁定进程。

2.2.3　ASM 启动与参数文件

在集群环境下，原来 ASM 的参数文件 SPFILE 存储在裸设备的存储空间中，从 Oracle 11g R2 开始，ASM 的参数文件 SPFILE 就可以存放在 ASM 磁盘组中了。因为 ASM 参数文件 SPFILE 是存储在 ASM 中的，而 ASM 又需要 SPFILE 来启动，这就造成"鸡和蛋"的问题。因此 Oracle 引入 GPnP 服务及配置文件来解决 ASM 初始化时发现的 ASM SPFILE 的难题。GPnP 配置文件存储在 $CRS_HOME/gpnp/profiles/peer/profile.xml 中。ASM 磁盘字符串也位于该文件中。初始化参数文件的位置在 GPnP profile.xml 文件中指定。profile.xml 文件中截取的部分内容如下。

```
<orcl:ASM-Profile id="asm" DiscoveryString="/dev/asm*,AFD:*" SPFile="+DATA/db-
    cluster/ASMPARAMETERFILE/registry.253.1026403917" Mode
="remote" Extended="false"/>
```

在启动阶段，ASM 通过解析 GPnP 配置文件获取到 ASM 磁盘字符串。而磁盘头信息将会显示该磁盘中是否包含 SPFILE 以及哪一个分配单元是 SPFILE。ASM 通过读取磁盘头信息来找到存储 SPFILE 区的磁盘并将该区的信息读入内存。SPFILE 很小，因此可以被存储在一个分配单元（AU）中，然后 ASM 读取 SPFILE 并启动实例。如果在 GPnP 的配置文件中没有设置 SPFILE 的位置，则搜索 SPFILE 位置的过程如下。

- 在 Oracle ASM 实例的 HOME 目录中查找 SPFILE，在 Linux 系统中，SPFILE 在 Oracle Gird 环境的 HOME 目录下有默认路径。
- 如果以上位置找不到，则在 $ORACLE_HOME/dbs/spfile+ASM.ora 目录中查找。
- 如果以上位置也查不到，则在 Oracle ASM 实例的 HOME 目录中查找 pfile 文件。

2.2.4 数据库实例与 ASM 实例的交互

数据库实例可以直接访问 ASM 文件的内容，它与 ASM 实例通信只是为了获取这些文件的分布情况。下面以一个数据文件的创建为例，说明数据库实例与 ASM 实例的交互过程，具体如图 2-6 所示。

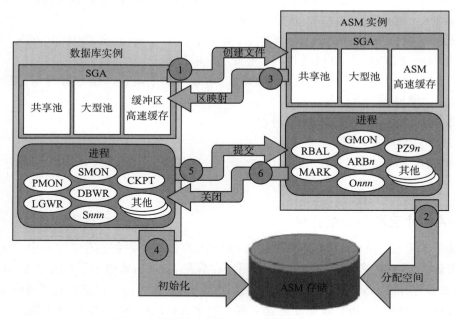

图 2-6 数据库实例与 ASM 实例的交互过程

1）用户在数据库实例发出 create file 命令，数据库实例会发起一个与 ASM 实例的连接。这个连接在数据库端是 ASMB 后台进程，而在 ASM 端则是个前台进程。接着，创建文件的指令通过这个连接提交给 ASM 实例。

2）ASM 根据创建文件的指令，从磁盘中分配 AU。ASM 会根据指定的模板（template）

或磁盘组默认的模板来决定文件的冗余、条带策略。

3）AU 分配完成后，ASM 就把文件的区地图发送给数据库实例。

4）数据库实例发起 I/O 操作，初始化（格式化）这个 ASM 文件。

5）初始化完成后，数据库实例向 ASM 发送 commit 请求，ASM 把相应的分配表（allocation table）、文件目录（file directory）、别名目录（alias directory）异步写回磁盘。

6）提交确认会隐式关闭该文件。将来发生 I/O 时，数据库实例需要重新打开该文件。

值得注意的是，用户在读写数据时，除第 4 步不同外，其他步骤均相同。

当数据库实例使用 ASM 作为存储时，只需要在文件名中加上磁盘组名即可，然而在数据库中并没有 ASM 相关的静态配置，那又是怎么找到 ASM 磁盘组的呢？

其实 ASM 实例挂载磁盘组后，ASM 会把磁盘组、ASM 实例名、Oracle 主目录等信息注册到 CSS（集群同步服务），当数据库实例打开或创建名字以 "＋" 开头的文件时，它会通过 CSS 来查看磁盘组并加载该磁盘组的 ASM 实例的信息，再通过 CSS 中的这些信息构造连接字符串来连接 ASM 实例。关于 ASM 存储结构更详细的内容将在第 3 章进行讨论。

2.3　Linux 性能分析工具

尽管从 Oracle 层面进行检查能帮助我们解决大部分问题，有时也需要登录数据库主机运行一些 Linux 性能分析工具。接下来将结合以上基础知识，介绍怎么有效利用 Linux 命令行工具来执行一次服务器性能检查。

运行如图 2-7 所示的几条命令，可以获得系统资源利用率和进程运行情况的整体状况，查看是否存在异常、资源分配不平衡或存在性能瓶颈。这些命令易于理解，可用性强。

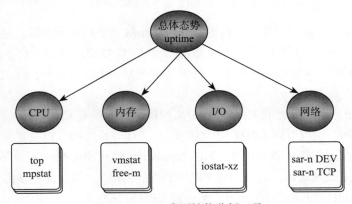

图 2-7　Linux 常用性能分析工具

这些命令需要安装 sysstat 包。这些命令输出的指标将帮助我们掌握一些有效寻找性能瓶颈的方法。同时，当我们检查或排除一些资源的时候，需要根据指标数据指引，逐步缩小目标范围。

2.3.1 查看进程队列及系统负载

在 Linux 系统中，为了诊断系统负载，需要查看等待 CPU 运行的进程数，来判断系统最近 CPU 的运行情况。相关命令工具如下。

（1）uptime

uptime 命令展示了系统资源负载的整体情况，是一种快速查看系统整体负载压力的方法。如下命令输出结果中，load average 之后的 3 个数字依次表示最近 1min、5min 和 15min 内等待 CPU 的进程排队数。这三个数字能告诉我们负载在时间线上是如何变化的。

```
[root@oradb ~]# uptime
 11:17:30 up 291 days, 17:43,  1 user,  load average: 82.72, 82.52, 82.66
```

（2）vmstat 1

vmstat 运行的时候有一个参数 1，用于输出 1s 的概要数据。第一行输出显示的是命令启动之后的平均值，用以替代之前的 1s 数据。其中 procs 段的 r 值、b 值和 cpu 字段的 id 值是需要重点关注的信息。如图 2-8 为 vmstat 1 命令的输出结果，取消可以按 Ctrl+C 组合键。

procs		----------memory----------				---swap---		----io----		--system--		-----cpu-----				
r	b	swpd	free	buff	cache	si	so	bi	bo	in	cs	us	sy	id	wa	st
81	0	214400	6310268	285832	98639680	0	0	2	18	0	79	6	15	0	0
85	0	214400	5855960	285832	98639696	0	0	0	688	64963	17316	90	7	3	0	0
89	0	214400	5238468	285832	98639696	0	0	0	552	64719	17529	89	8	3	0	0
83	0	214400	5588900	285832	98639696	0	0	0	508	64548	17398	89	8	3	0	0
84	0	214400	5324308	285832	98639696	0	0	0	600	64879	17393	90	7	3	0	0
85	0	214400	5089944	285832	98639696	0	0	0	532	64831	17553	89	8	3	0	0
86	0	214400	5965560	285832	98639696	0	0	0	360	65291	17650	90	8	3	0	0
86	0	214400	5904328	285832	98639696	0	0	0	708	64635	17387	91	6	3	0	0

图 2-8　vmstat 1 命令的输出示例

❑ r：正在 CPU 上运行或等待运行的进程数。相对于平均负载来说，这提供了一个更好的、用于查明 CPU 饱和度的指标，r 值大于 CPU 数即是饱和，它不包括 I/O 负载。

❑ b：处于不可中断状态的进程数，常见的情况是由 I/O 引起的，代表着队列 I/O 的阻塞程度。

❑ us、sy、id、wa、st：它们是 CPU 分类时间，针对所有 CPU 的平均访问时间，分别是用户时间、系统时间（内核）、空闲状态、I/O 等待时间，以及被偷走的时间。进程的这 5 种状态与第 1 章介绍的 UNIX System V 的 9 种状态一致。等待 I/O 的情形多数指向的是磁盘瓶颈，这个时候 CPU 通常是空闲的，因为任务被阻塞以等待分配磁盘 I/O。此时可以将等待 I/O 当作另一种 CPU 空闲状态。

从上面的例子可以看出，等待 CPU 运行的进程数为 85 左右，这与 uptime 命令输出结果中的平均负载基本一致。只有 3% 左右的空闲 CPU，说明 CPU 正繁忙地工作着。wa 值为 0 代表没有 I/O 方面的等待。图 2-9 是从另一个数据库服务器上获得的结果，从中可以看到等待 CPU 运行的进程数为 3 左右，CPU 基本处于空闲状态，同时 I/O 也存在少量的等待。

```
[oracle@test-db ~]$ vmstat 1
procs -----------memory---------- ---swap-- -----io---- --system-- -----cpu-----
 r  b   swpd   free    buff   cache   si   so    bi    bo    in    cs  us sy id wa st
 5  2 15382704 926972  76288 22193728   1    0   926    58     0    0  12  1 84  2  0
 4  3 15382704 934576  76296 22193768   0    0     0  7752  5962 3504   5  0 91  4  0
 3  0 15382704 939776  76296 22193912   0    0     8  7192  4696 3422   4  0 93  3  0
 2  3 15382704 949080  76296 22193948   0    0     0  5712  4715 3369   3  0 92  4  0
 2  2 15382704 974188  76296 22194016   0    0     0  8596  4598 3683   3  0 93  3  0
 3  1 15382704 971868  76304 22194028   0    0     0  7512  4780 3307   3  0 94  2  0
 4  3 15382704 954580  76320 22194072   0    0     0 11164  5438 3406   4  0 93  3  0
 4  1 15382704 953424  76320 22194100   0    0     4  6272  5319 3558   4  0 93  3  0
 3  3 15382704 963696  76328 22194176   0    0     4  9200  6391 3628   6  0 91  4  0
 2  2 15382704 957324  76328 22194204   0    0     4  9680  5836 3578   4  0 93  3  0
```

图 2-9　vmstat 命令的输出示例

（3）mpstat -P ALL 1

这个命令可以按时间线打印每个 CPU 的消耗，一般用于检查不均衡的问题。如果只有一个繁忙的 CPU，则可以判断它属于单进程的应用程序。具体如图 2-10 所示，该服务器有 64 核 CPU，因此将会显示从 0 至 63 共 64 行数据，每行代表一核 CPU，其中 all 为平均值。从图 2-10 中可以看出不存在单核 CPU 繁忙的情况，负载平均分摊到了每核 CPU 上，没有 I/O 等待。

```
[root@bboradb ~]# mpstat -P ALL 1
Linux 2.6.32-431.el6.x86_64 (bboradb)   05/17/2020    _x86_64_        (64 CPU)

11:53:58 AM  CPU    %usr   %nice    %sys %iowait    %irq   %soft  %steal  %guest   %idle
11:53:59 AM  all   89.68    0.00    7.76    0.02    0.00    0.03    0.00    0.00    2.51
11:53:59 AM    0   91.09    0.00    7.92    0.00    0.00    0.00    0.00    0.00    0.99
11:53:59 AM    1   91.92    0.00    8.08    0.00    0.00    0.00    0.00    0.00    0.00
11:53:59 AM    2   93.00    0.00    4.00    0.00    0.00    0.00    0.00    0.00    3.00
...
11:53:59 AM   62   91.09    0.00    7.92    0.00    0.00    0.00    0.00    0.00    0.99
11:53:59 AM   63   91.09    0.00    2.97    0.00    0.00    0.00    0.00    0.00    5.94
```

图 2-10　mpstat 命令输出示例（1）

相对于图 2-10，图 2-11 显示的数据说明系统 CPU 基本处于空闲率 91% 以上的状态，有少量的 I/O 等待。

```
[oracle@test-db ~]$ mpstat -P ALL 1
Linux 2.6.32-431.el6.x86_64 (kt-db2)   2020年05月17日  _x86_64_        (64 CPU)

12时40分00秒  CPU    %usr   %nice    %sys %iowait    %irq   %soft  %steal  %guest   %idle
12时40分01秒  all    6.85    0.00    0.22    1.42    0.00    0.00    0.00    0.00   91.51
12时40分01秒    0   35.35    0.00    2.02    6.06    0.00    0.00    0.00    0.00   56.57
12时40分01秒    1    0.00    0.00    0.00    9.09    0.00    0.00    0.00    0.00   90.91
...
12时40分01秒   63    0.00    0.00    0.00    0.00    0.00    0.00    0.00    0.00  100.00
```

图 2-11　mpstat 命令输出示例（2）

（4）ps –ef |grep ora |wc

查看连接到数据库服务器的 Oracle 进程数量。一个数据库服务器平时的连接数基本上是固定的，因为数据库初始化参数文件中 process 值决定着数据库能接收的最大进程连接数（通过 v$process 可查看具体进程信息）。在操作系统层面，可以通过如下命令查看数据库服务器接收的所有非本地连接的进程数。

```
[oracle@test-db ~]$ ps -ef |grep LOCAL=NO|wc -l
399
```

（5）top 命令

top 命令包含了许多之前已经介绍过的指标。如图 2-12 所示，top 命令提供滚动输出。如果输出的动作不够快，那么屏幕将被清除（或覆盖），间歇性问题的证据也会丢失。因此，我们可以用 Ctrl + S 暂停、Ctrl + Q 继续的方式进行观察分析。top 命令也有其他个性化显示选项，在此不一一介绍。

```
[root@bboradb ~]# top
top - 11:18:01 up 291 days, 17:43,  1 user,  load average: 82.60, 82.50, 82
Tasks: 1272 total,  87 running, 1185 sleeping,  0 stopped,  0 zombie
Cpu(s): 90.6%us,  6.4%sy,  0.0%ni,  3.0%id,  0.0%wa,  0.0%hi,  0.0%si,  0.0
Mem:  132119744k total, 125631816k used,  6487928k free,   285832k buffers
Swap: 67108856k total,   214400k used, 66894456k free, 98633248k cached

    PID USER      PR  NI  VIRT  RES  SHR S %CPU %MEM    TIME+  COMMAND
  15932 oracle    20   0 57.0g 905m 901m R 46.4  0.7  0:56.00 oracle
  16158 oracle    20   0 57.0g 878m 874m S 44.5  0.7  0:26.24 oracle
  16062 oracle    20   0 57.0g 883m 879m S 43.2  0.7  0:43.45 oracle
```

图 2-12　top 命令输出示例

图 2-12 中的 PID 对应进程唯一的编号，即进程 ID。S 代表进程状态，其中 R 代表运行状态，即 running，S 代表睡眠状态，即 sleeping，一般关注 R 状态的进程即可。最后 command 代表该进程所属的程序名称。

2.3.2　查看 I/O

I/O 是计算机系统运行中常见的主要系统瓶颈。数据库作为 I/O 密集型系统软件，所以在数据库服务器上查看并分析系统 I/O 尤为重要，也是 DBA 必备的技能。

（1）iostat -xz 1

这是一个理解块设备（磁盘）运行情况的工具，其结果可以用于负载评估或者作为性能测试成绩。如图 2-13 所示，其中有如下几点需要重点关注。

```
[oracle@kt-db2 ~]$ iostat -xz 1
Linux 2.6.32-431.el6.x86_64 (kt-db2)    2020年05月17日  _x86_64_    (64 CPU)
avg-cpu:  %user   %nice %system %iowait  %steal   %idle
           3.99    0.00    0.31    2.66    0.00   93.04

Device:     rrqm/s   wrqm/s     r/s     w/s    rsec/s    wsec/s avgrq-sz avgqu-sz   await  svctm  %util
sda           0.00  2774.00   16.00  223.00    128.00  23496.00    98.85     4.24   17.69   3.90  93.20
dm-2          0.00     0.00   16.00 3001.00    128.00  24008.00     8.00    53.23   17.56   0.31  93.20
```

图 2-13　iostat -xz 1 命令输出示例

❑ await：I/O 平均时间（ms），应用程序所需要的时间，包括排队以及运行的时间。远远大于预期的平均时间可以作为设备饱和或者设备存在问题的指标。

❑ %util：设备利用率，这是一个实时更新的百分比值，显示设备每秒钟正在进行的工作。它的值取决于设备的利用情况，值接近 100% 通常表示设备饱和，值大于 60%则属于典型的性能不足（可以从 await 处查看）。需要注意的是，磁盘 I/O 性能低并不一定是应用程序问题。许多技术一贯使用异步 I/O，所以应用程序并不会阻塞或者遭受直接的延迟（如提前加载、缓冲写入）。Linux 异步 I/O 是 Linux 2.6 版本内核的一个标准特性。

（2）sar -n DEV 1

该命令用来检查网络接口吞吐量：rxkB/s 和 txkB/s。作为负载的一种度量方式，吞吐量也可以用来检查是否已经达到某种瓶颈，如图 2-14 所示。

```
[oracle@kt-db2 ~]$ sar -n DEV 1
Linux 2.6.32-431.el6.x86_64 (kt-db2)    2020年05月17日  _x86_64_        (64 CPU)

13时35分07秒     IFACE   rxpck/s   txpck/s   rxkB/s   txkB/s   rxcmp/s   txcmp/s   rxmcst/s
13时35分08秒     lo       7.22      7.22     1.32     1.32     0.00      0.00      0.00
13时35分08秒     em1    257.73    179.38    69.65    38.66     0.00      0.00      7.22
```

图 2-14　sar -n DEV 1 命令输出示例

（3）sar -n TCP 1

这些本地初始化和远程初始化的计数器常常作为服务负载的一种粗略度量方式，主要指标是新收到的连接数（针对远程初始化的情况，即 passive/s），以及下行流量的连接数（针对本地初始化的情况，即 active/s）。图 2-15 中显示了每秒钟仅有 2 个新的 TCP 连接。

```
[oracle@kt-db2 ~]$ sar -n TCP 1
Linux 2.6.32-431.el6.x86_64 (test-db)    2020年05月17日  _x86_64_        (64 CPU)
13时41分54秒   active/s  passive/s   iseg/s   oseg/s
13时41分55秒     0.00      2.06     264.95   182.47
13时41分56秒     0.00      2.00     270.00   191.00
13时41分57秒     2.04      1.02     243.88   205.10
```

图 2-15　sar -n TCP 1 命令输出示例

其中关键的 TCP 指标有如下几个。

❑ active/s：每秒本地初始化的 TCP 连接数（例如，通过 connect()）。

❑ passive/s：每秒远程初始化的 TCP 连接数（例如，通过 accept()）。

❑ retrans/s：每秒 TCP 重发数。

通过 sar -n ETCP 1 命令可以查看 retrans/s 的值。重发数是网络或服务器问题的一个标志，它的出现也许是因为不可靠的网络（如公共互联网），也许是由于一台服务器已经超负荷，发生了数据丢包问题。

通过操作系统的这些命令工具，我们能够从操作系统和进程层面观察并诊断系统状况。Oracle 作为系统软件程序，与操作系统深度融合，操作系统环境对 Oracle 的高效稳定运行有直接影响。因此，熟悉这些命令能在故障诊断或性能优化过程中对确定问题的范围和方向起到关键作用。性能调优的原则也可以理解为先解决重大问题或现象,再解决剩余问题中的突出问题。也就是说,解决了前面的瓶颈后,下一个瓶颈才能露出水面。

2.4 Oracle 常用视图及跟踪工具

无论操作系统还是数据库,都离不开进程的话题。复杂故障的诊断最终需要通过跟踪进程或会话才能查明根源。在操作系统层面观察完进程及资源的情况后,接下来就是登录数据库检查资源分配情况及会话(可看作进程在数据库里的化身)运行状态了。

2.4.1 常用动态性能视图

关于数据库的性能问题,对外的表象为慢,内部则可能经历了某种等待。就像操作系统提供了丰富的性能分析工具一样,Oracle 数据库也提供了相关视图以便快速查询和发现问题的原因。其中首要查看的两个视图分别为 v$session 和 v$session_wait,如下所示。

```
$col event for a30
SQL> select sid,seq#,event,state from v$session where wait_class<>'idle' order
    by event;
或
SQL>select sid,event,p1,p1text from v$session_wait order by event;
```

但有些难题需要跨越 Oracle 边界在操作系统的进程层面进行进一步诊断。这个时候需要关联分析数据库会话和操作系统进程的等待活动或资源占用情况。具体方法就是查看 Oracle 的 v$PROCESS 视图。对于 Oracle 会话与操作系统进程之间的对应关系可用如下 SQL 语句查询。

```
select a.sid,a.serial#,a.username,b.pid,b.spid from v$session a ,v$process b
where a.PADDR = b.addr and a.username is not null;
```

其中,v$PROCESS.SPID 字段可理解为服务器进程编号(Server Process ID),即进程的 PID。这样的跨界关联分析有很多好处。假设通过 2.3 节介绍的操作系统性能查看工具 top 命令发现某系统有个进程占用了 CPU 多数资源,导致 CPU 使用率非常高(90% 以上),那么现在知道了该进程 PID,接下来就需要明确该进程在 Oracle 中具体对应哪个会话,并且该会话正在做什么,等等。这时可以通过操作系统中的进程 PID 来定位数据库中对应的会话 SID,具体 SQL 语句如下所示。

```
SQL>select ses.sid from v$session ses,v$process pro
where  ses.paddr=pro.addr and pro.spid ='&pid';
```

也可以根据数据库中的会话 SID 来定位操作系统上的进程 PID,具体 SQL 语句如下。该查询用于当数据库出现死锁时,根据死锁会话 SID 在操作系统层面"杀掉"(kill -9 PID)死锁会话所对应的进程 PID。

```
SQL>select pro.spid from v$session ses,v$process pro
where  ses.paddr=pro.addr and ses.sid='&sid';
```

当数据库出现瓶颈时，通常可以从 v$SESSION_WAIT 中找到那些正在等待资源的会话。通过会话 SID，联合 v$SESSION 和 v$SQLTEXT 视图就可以捕获这些会话正在执行的 SQL 语句。

```
SELECT    sql_text
   FROM v$sqltext a
  WHERE a.hash_value = (SELECT sql_hash_value
                          FROM v$session b
                         WHERE b.SID = '&sid')
ORDER BY piece ASC
```

幸运的是，Oracle 从 10g 开始将更多信息置于 v$SESSION 视图中以方便查询。如果数据库遇到了故障，除了警告日志 alert_SID.log 文件，还需要关注等待事件。而对于性能问题，等待事件是判断问题的最佳入口。既然会话是进程在 Oracle 内部的化身，那么类似进程的转储文件和跟踪文件也将成为调查故障的最佳入口。本节我们先讨论等待事件的相关视图，下文将进一步讨论关于转储和跟踪文件的相关内容。

在 Oracle 数据库里，除了 v$session、v$session_wait、v$process、v$sqltext，还提供了很多以 v$ 开头的视图，可以帮助我们及时了解数据库的运行状态。以下几个常用的视图是作为 DBA 必须要理解并掌握的重要视图。

（1）v$sysstat 视图

AWR 中的许多信息其实都来自 v$sysstat，比如报告的系统负载（Load Profile）中的逻辑读次数、物理读次数、执行次数、解析次数等。除了系统负载信息，实例活动信息（Instance Activity Statistics）中的多数信息也是来自 v$sysstat 中。关于这些指标第 10 章将会进行详细说明，在此不再赘述。

（2）v$system_event 视图

v$session 记录的是动态信息，与会话的生命周期相关，而并不记录历史信息，所以 ORACLE 提供视图 v$system_event 来记录数据库自启动以来所有等待事件的汇总信息。通过这个视图，用户可以迅速获得数据库运行的总体概况。

（3）v$resources 视图

Oracle 中有许多资源，为了提供一种统一的方式来处理不同类型的资源，Oracle 在 SGA 中保存了一个数组，数组中的每个元素表示一个资源。这个数组对应的视图就是 v$resources 视图，其底层表为 x$ksqrs。

一旦我们在内存中拥有了一个表示特定资源的对象，就可以附加一些内容上去，表示哪个会话想要使用该资源，以及在它们的使用过程中想要对该资源做什么样的限制。

Oracle 使用若干数组结构来实现这些操作。最常用的结构有 x$ksqeq（常规排队）、x$ktqdm（表 /DML 锁）和 x$xsktcxb（事务）。这些数组有一个共同的核心元素，遵循一致的命名约定。它们原来在 x$ 结构中有 KSOLKMOD、KSOLKREO、KSQLKCTIM、KSOLKLBLK 等共同列名，分别对应于 v$lock 视图的 lmod、request、ctime 和 block 等列。每个结构中还有一列 ksqlkses，它是正在锁定资源的会话的地址，间接表现为 v$lock 的 sid 列。还有一列 ksqlkres，它是正在锁定的资源地址，间接表现为 v$lock 的 type、id1 和 id2 列。

（4）v$lock 视图

该视图列出 Oracle 服务器当前拥有的锁以及未完成的锁请求。如果你猜测会话处于等待事件队列当中，就可以检查视图 v$lock。该视图是基表下 x$ksqrs（资源）和 x$ksqeq（排队）还有其他类似性质的基表关联后形成的视图。可以通过 v$lock 视图查询数据库是否存在锁等待。

```
select sid, type, id1, id2, lmode, request, ctime, block from v$lock
where type ='TM' and id1=82772
select inst_id,sid, username, event, blocking_session,seconds_in_wait, wait_time
from gv$session where state in ('WAITING')
and wait_class != 'Idle';
```

在 Oracle 中锁的实现原理也比较直观，如果想要保护一项资源，就要从 x$ksqrs 中获取一行，并且把该行标记成该资源。然后从 x$ksqeq（或与此相当的其他基表）中获取一行，设置锁模式，再链接到 x$sksqrs 中的那一行。

（5）v$latch 与 v$latch_children 视图

在数据库内部，Oracle 可通过 v$latch 视图记录不同类型 Latch 的统计数据。按不同的获取和等待方式进行分类，Latch 请求的类型可分为 willing-to-wait 和 immediate 两类。v$latch 展现的是统计信息的汇总，v$latch_children 展现的是统计信息的明细。

（6）v$sys_time_model 视图

AWR 报告中首要的 5 个等待事件查询来源于 v$sys_time_model 与 v$system_event 这两个视图。具体 SQL 语句如下所示。

```
SELECT    event, total_waits,
          ROUND (time_waited_micro / 1000000) AS time_waited_secs,
          ROUND (time_waited_micro * 100 /
            SUM (time_waited_micro) OVER (),2) AS pct_time
    FROM (SELECT event, total_waits, time_waited_micro
           FROM v$system_event
          WHERE wait_class <> 'Idle'
         UNION
         SELECT stat_name, NULL, VALUE
           FROM v$sys_time_model
          WHERE stat_name IN ('DB CPU', 'background cpu time'))
ORDER BY 3 DESC;
```

可见，这两个视图主要从系统等待事件和时间模型角度显示相关指标。在接下来的相关内容中，我们将逐步介绍以上常用视图所包含的内容细节以及它们在性能诊断中的作用。

2.4.2 查看 SQL 执行计划

Oracle 也提供了故障诊断及跟踪调试工具，如 Oracle SQL*Plus 的 Autotrace 功能、SQL_TRACE 及 10046 事件、Oradebug 等。下面对这些工具的常用功能进行简要介绍。

1. Autotrace 查看执行计划

SQL Plus 的 Autotrace 是用于分析 SQL 的执行计划，是一个非常简单方便的收集统计信息的工具，经常被用于 SQL 优化。从 Oracle 10g R2 开始，Autotrace 功能得到了强化，不需要创建 PLAN_TABLE 了。Oracle 默认增加一个数据字典表 PLAN_TABLE$，然后根据 PLAN_TABLE$ 创建公用同义词供用户使用。

在 SQL Plus 中输入相关 Autotrace 命令，输入想要优化的 SQL 语句，即可得到 SQL 的执行计划和执行状态信息。SQL Plus 的一个好处是很容易发现底层基础表（如图 2-16 所示），具体如下。

```
SQL> set autotrace on explain
SQL> select * from plan_table;
```

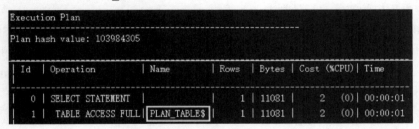

图 2-16　SQL Plus 中查看底层基础表

用法: SET AUTOT[RACE] {OFF | ON | TRACE[ONLY]} [EXP[LAIN]] [STAT[ISTICS]]。举例如下。

❑ SET AUTOT[RACE] OFF 用于停止 Autotrace。

❑ SET AUTOT[RACE] ON 用于开启 Autotrace，显示 Autotrace 信息和 SQL 执行结果。

❑ SET AUTOT[RACE] TRACEONLY 用于开启 Autotrace，仅显示 Autotrace 信息。

❑ SET AUTOT[RACE] ON EXPLAIN 用于开启 Autotrace，仅显示 Autotrace 的 EXPLAIN 信息。

❑ SET AUTOT[RACE] ON STATISTICS 用于开启 Autotrace，仅显示 Autotrace 的 STATISTICS 信息。

可以通过设置 timing 参数来得到执行 SQL 所用的时间，但不能把这个时间当作 SQL 执行效率的唯一度量。这个时间会包括进行 Autotrace 的一些时间消耗，所以这个时间并不仅仅是 SQL 执行的时间，它会与 SQL 执行时间有一定的误差，并且该误差在 SQL 比较简单的时候尤为明显。

2. DISPLAY_CURSOR 查看实际执行计划

这里只介绍 DBMS_XPLAN 包的 DISPLAY_CURSOR 函数，它用于显示存储在库缓存中的实际执行计划。

（1）查看 SQL 语句的实际执行计划

查询某个 SQL 语句的实际执行计划的前提是这个 SQL 的执行计划还在库缓存中。如果它已经被刷出库缓存，就无法获取其实际执行计划（通过 display_awr 函数获取）。以下为 DBMS_XPLAN 各个函数的简单例子，具体详情请参考官方文档。

```
SELECT * FROM TABLE(DBMS_XPLAN.DISPLAY_CURSOR('dgv2ydkr5gdyt',0))
```

v$session_longops 命令可用于查看正在执行且执行时间较长（一般为 6 秒以上）的会话。在定位问题会话之后，根据会话 SID 可以查看该会话所执行 SQL 的相关信息。

```
SELECT sql_id,sql_address,sql_hash_value FROM V$SESSION_LONGOPS t WHERE sofar<>
    totalwork;
SELECT SQL_ID,CHILD_NUMBER  FROM V$SQL  WHERE SQL_ID='dgv2ydkr5gdyt';
```

（2）查看历史的实际执行计划

调用 dbms_xplan 包中 DISPLAY_AWR 函数，可以从 AWR 数据中查看到 SQL 语句的历史执行计划。但是，DISPLAY_AWR 函数的可传入参数只有四种，分别为 sql_id、plan_hash_value、db_id 和 format，缺少与时间范围相关的参数，也没有 instance_number 相关的参数。使用 dbms_xplan.display_awr 的简单方式如下。

```
select * from table(dbms_xplan.display_awr('sql_id'));
```

这样查询结果有可能出现多个执行计划，原因是在当前保留的 AWR 数据中存在多种执行计划（比如，SQL 执行计划突变）。要确认某个 SQL_ID 的语句使用的到底是哪个执行计划，需要结合性能出现问题的时间段，即 snap_id 来确认。根据时间段找到 snap_id 的 SQL 语句如下。

```
select dbid,snap_id,instance_number,begin_interval_time,end_interval_time
from  dba_hist_snapshot where
begin_interval_time >=to_date('2018-08-05 09:00:00', 'yyyy-mm-dd hh24:mi:ss')
and end_interval_time <=to_date('2018-08-05 09:31:00','yyyy-mm-dd hh24:mi:ss')
```

通过以上查询语句确定 snap_id 后，再通过如下 SQL 语句来定位故障时间段的执行计划。

```
select a.* from (select distinct dbid,sql_id, plan_hash_value from dba_hist_
    sqlstat
wheresql_id = '&SQL_ID'
and snap_id = &SNAP_ID
and instance_number = 2) b,    table(dbms_xplan.display_awr(sql_id=> b.sql_
    id,plan_hash_value=> b.plan_hash_value)) a;
```

3. SQL_TRACE 输出跟踪文件

SQL_TRACE 命令会将执行的整个过程输出到一个跟踪文件中,可以通过阅读该跟踪文件来了解 SQL 在执行过程中究竟做了哪些事情、经历了哪些等待。从会话级别启动有两种方式,第一种方式是跟踪当前的会话,第二种方式是跟踪其他的会话,我们只需要确定被跟踪会话的 SID 和 serial# 的值即可。

(1)启用当前会话的跟踪

可通过如下命令启用当前会话的跟踪。

```
SQL> alter session set sql_trace=true;
```

此时的 SQL 操作将被跟踪,命令如下。

```
SQL> select count(*) from dba_users;
```

结束跟踪语法,命令如下。

```
SQL> alter session set sql_trace=false;
```

sql trace 跟踪文件的固定格式如下。

```
<user_dump_dest>/<instance_name>_ora_<backgroudProcessID>.trc
```

上述代码中,要获得 <backgroudProcessID> 的值需要首先获取会话的 SID,然后根据 SID 的值查询 v$session 中进程的地址,最后根据进程地址找到 processID。在 Oracle 11g 以前,可以通过下面这个语句获取当前会话的 sql_trace 文件的路径。

```
SQL> select a.value || '/' || b.instance_name || '_ora_' || c.spid || '.trc'
    trace_file
from (select value from v$parameter where name= 'user_dump_dest') a,
(select instance_name from v$instance) b,
  (select spid from v$process where addr=(select paddr from v$session where
    sid=(select distinct sid from v$mystat))) c;
```

在 Oracle 11g 以后,v$process 视图里面的 tracefile 字段直接给出了这个值,因此不需要再写像上面那么长的查询语句。

```
SQL> select tracefile from v$process where addr=(select paddr from v$session
    where sid=(select distinct sid from v$mystat));
```

(2)针对其他会话启用跟踪

可用如下语句捕获其他 SQL 信息并启动跟踪。

```
exec dbms_system.set_sql_trace_in_session(sid,serial#,true)
SQL> exec dbms_system.set_sql_trace_in_session(9,437,true)
```

等候跟踪 SQL 预估执行完成的时间,停止跟踪。

```
SQL> exec dbms_system.set_sql_trace_in_session(9,437,false)
```

可以通过 tkprof 工具查看跟踪文件汇总信息。tkprof 工具是 Oracle 自带的一个工具，用于处理原始的跟踪文件，简单使用示例如下。

```
$tkprof RBKSAFARI_ora_1302.trc new.txt
```

也可以不通过 tkprof 根据直接查看跟踪文件的内容，判断其中等待时间过长的具体环节。

如果要对其他用户的更多参数进行设置，则需要用到 dmbs_system 包中的另外一个过程，具体如下。

```
SQL> begin
sys.dbms_system.set_bool_param_in_session(18, 1605, 'timed_statistics', true);
sys.dbms_system.set_int_param_in_session(18, 1605, 'max_dump_file_size',
    2147483647);
sys.dbms_system.set_sql_trace_in_session(18, 1605, true);
end;
/
PL/SQL procedure successfully completed
```

2.4.3　常用诊断和调试工具

1. 10046 事件

10046 事件是 Oracle 提供的内部事件，是对 SQL_TRACE 的增强。10046 事件可以设置以下 4 个级别。

❑ Level 1：等同于 sql_trace 跟踪的功能。

❑ Level 4：在 Level 1 的基础上收集绑定变量的信息。

❑ level 8：在 Level 4 的基础上增加了等待事件的信息。

❑ level 12：等同于 Level 4 + Level 8，即同时收集绑定变量和等待事件的信息。

在当前会话的 4 个级别启动和停止 10046 事件，具体如下。

```
SQL> alter session set events '10046 trace name context forever,level 4';
```

结束跟踪语句如下。

```
SQL> alter session set events '10046 trace name context off';
```

对其他用户的会话设置，可通过 DBMS_SYSTEM.SET_EV 系统包来实现，例如启用对其他会话的跟踪。

```
SQL> exec dbms_system.set_ev(sid,serial#,10046,8,'kuqlan');
```

结束对其他会话的跟踪。

```
SQL> exec dbms_system.set_ev(sid,serial#,10046,0,'kuqlan');
```

获取跟踪文件路径的语句如下。

```
SQL> select tracefile from v$process where addr=(select paddr from v$session
    where sid=(select distinct sid from v$mystat));
```

另外，启用 10046 事件会受下面两个参数的影响。在 Oracle 10g 之后的版本中，这两个参数保持默认值即可。

```
SQL> show parameter timed_statistics
NAME                    TYPE            VALUE
------------------      -------------   ----------------------------
timed_statistics        boolean         TRUE
SQL> show parameter max_dump_file_size;
NAME                    TYPE            VALUE
------------------      -----------     ----------------
max_dump_file_size      string          unlimited
```

2. 调试工具 oradebug

oradebug 的前身是 Oracle 7 中的 ORADBX。oradebug 可以启动或停止跟踪任何会话，转储 SGA 和其他内存结构，唤醒 Oracle 进程（如 SMON、PMON 进程），也可以通过进程号使进程挂起和恢复等，还有很多其他功能。当系统暂停或未响应时，DBA 用 oradebug 做分析快捷又方便，下面就对其中常用的几个命令及方法进行简要介绍。

1）利用 oradebug 常用命令列表。以 sysdba 身份登录数据库，通过 oradebug help 命令可以看到 oradebug 的常用命令。

```
sqlplus / as sysdba
oradebug help
oradebug listdump
```

2）跟踪当前会话信息，命令如下。

```
oradebug setmypid           跟踪当前会话
oradebug setospid           跟踪系统进程
oradebug setorapid          跟踪 Oracle 进程
oradebug unlimit            取消跟踪文件大小限制
oradebug tracefile_name     查看跟踪文件名及位置
```

3）用 oradebug 进行会话级 10046 事件跟踪。启用会话级 10046 事件的示例代码如下。

```
oradebug setmypid
oradebug unlimit
oradebug session_event 10046 trace name context forever ,level 4
```

4）关闭 10046 事件。

```
oradebug event 10046 trace name context off
oradebug tracefile_name          查看 tracefile 文件的位置及文件名
```

5）用 oradebug 实现 Oracle 进程级 10046 事件。

```
oradebug setorapid
oradebug unlimit
oradebug event 10046 trace name context forever ,level 4
oradebug event 10046 trace name context off
oradebug tracefile_name
```

6）进行 oradebug 系统挂起原因分析。如果系统挂起，只要 sys 用户可以登录，那么用 oradebug 做原因分析就会非常有用：

```
oradebug setmypid
oradebug unlimit
oradebug setinst all                    在 RAC 环境下使用
oradebug hanganalyze 3                  一般级别指定为 3 就足够了
oradebug -g def dump systemstate 10     在 RAC 环境下使用
oradebug tracefile_name
```

7）获取某个进程的状态信息。

```
oradebug setospid 22180
oradebug dump processsstate 10
oradebug tracefile_name
```

8）获取进程的错误信息。

```
oradebug setospid 22180
oradebug dump errorstack 3
```

9）追踪造成错误信息的原因，如 ORA-04031。

```
oradebug event 4031 trace name errorstack level 3
```

10）查看和改变内存地址。例如：oradebug poke 通过推进 scn、修改 scn base 及 scn wrap 等方式来修改内存内容。

```
oradebug peek help    查看内存内容,查帮助手册
oradebug poke help    修改内存内容,查帮助手册
```

从以上的分析工具可以看出，Oracle 最终的性能优化或故障诊断归根结底会涉及进程和会话的跟踪。只有对进程有较深入的理解才能更好地理解并掌握 Oracle 数据库原理，这也是前两章主要讲述进程和内存结构等基础知识的原因。

使用这些工具并不复杂，理解和分析通过这些工具抓出来的跟踪文件的内容才是关键。这样的诊断分析能力最终决定对 Oracle 数据库原理的掌握程度。Oracle 作为 Linux 系统中的大型 C 程序，在操作系统层面我们也可以通过 gdb 等调试工具跟踪调试各类等待事件背后的相关函数。在 Oracle 内部，可以通过 oradebug 的调试工具分析疑难故障。因此，DBA 既需要深入了解 Oracle 原理，又需要善用这些工具，才能在加深理解的基础上快速处理实际问题或排除性能隐患。

2.5 本章小结

由于系统内存容量有限，而用户程序对内存的需求越来越大，这样导致了各用户对内存的要求超过实际内存容量。而物理上扩充内存受到经济或技术的限制，因此需要采用逻辑上扩充内存的方法，即虚拟内存技术。虚拟内存技术使外存空间成为内存空间的延伸，增加了运行程序可用的存储容量，使计算机系统似乎有一个比实际内存容量大得多的内存空间。本章对 Oracle 共享内存段、内存交换及 HugePage、内存文件系统等概念进行了简要介绍。为读者更好地理解 Oracle 共享内存段 SGA 和私有内存段 PGA 打好了基础。

存储管理就是对计算机内存的分配、保护和扩充进行协调和管理，随时掌握内存的使用情况，根据用户（或进程）的不同请求，按照一定的策略对存储资源进行分配和回收，同时保证内存中不同程序和数据之间彼此隔离，互不干扰，并保证数据不被破坏和丢失。Oracle 通过实例在共享内存段 SGA 中通过自己的并发控制机制来实现高并发环境下的数据一致性读写。

Oracle 必须通过实例的共享内存段和一系列进程组合去访问数据库的数据文件。在 Oracle 中实例分为两种，分别为数据库实例和 ASM 实例。数据库实例服务对象为用户进程和数据文件，而 ASM 实例则服务于数据库实例，会向数据库实例提供数据库文件的区地图。区地图实际上就是数据库文件在 ASM 磁盘组中的详细分布情况，数据库实例能够基于区地图直接对磁盘进行读写操作。本章对数据库实例与 ASM 实例之间的交互过程也进行了介绍。

作为 DBA，我们需要随时查看或掌握内存的使用情况，而这些需要操作系统性能分析工具和 Oracle 中的动态性能视图来辅助实现。因此，本章对这些工具也进行了一定讨论。

在一条 SQL 语句到达实例并经过解析阶段后需要制定执行计划，接着按照计划去执行 SQL 语句。因此，本章对查看 SQL 执行计划的 autotrace、Display_cursor、SQL_Trace 等工具或查询方法进行了简要总结。为了深入了解 SQL 执行步骤，本章也对 10046 事件和 Oradebug 进行了简要说明。

Chapter 3 第 3 章

Oracle 存储结构

在讨论完进程、内存、实例等概念后，本章开始讨论 Oracle 存储结构，即数据库文件组织方式。一个数据文件往往包含成千上万个记录。这些记录在磁盘存储器上如何存放、怎样安排，是文件组织方式的问题；而对于某种组织的文件，怎样去找到所要的记录，又怎样把一个新的记录存放进去，是文件存取方法的问题。不同文件的组织方式和存取方法也不一样，并且不同方法的存取效率往往差别极大。关于文件组织，可以从逻辑结构和物理结构两个方面进行研究。本章将介绍 Oracle 的数据文件和日志文件的存储结构、ASM 技术等。

本章最后还会对 Oracle RAC 集群安装过程中涉及的 ASM 磁盘发现、多路径和 UDEV 配置等关键环节结合案例进行说明。这些内容虽然属于存储领域，但是数据库与存储的连接点，也是安装配置过程中 DBA 必须掌握的要点。

3.1 存储体系结构

数据库刚安装完毕时，在没有配置数据备份及数据同步的情况下，Oracle 里存放用户真实数据的文件有 3 种，分别为数据文件、重做 / 归档日志文件及闪回日志文件。数据文件保证了数据库的持久性，是保存数据修改结果的地方。重做 / 归档日志文件确保"小粒度"的可恢复性，是保存数据修改操作过程（包括对数据文件、回滚段的修改）的地方。闪回日志文件是指开启闪回数据库后，由 rvwr 进程取用 undo 表空间中的前镜像写入闪回日志所形成的文件。

数据库中的另一个核心文件就是控制文件。控制文件的作用是确定数据文件和重做日志文件的路径、数据库字符集、数据库当前状态（SCN 和 SEQ）、检查点信息、保存文件头部的部分信息、备份信息资料库，等。因此，控制文件可谓连接 Oracle 数据库各组件的枢纽，Oracle 存储体系结构如图 3-1 所示。

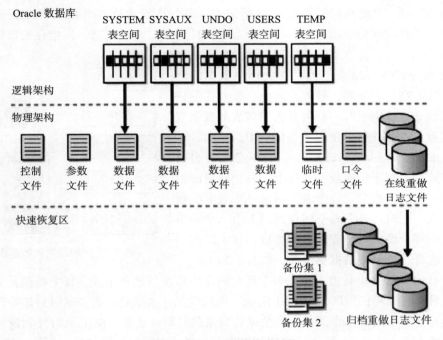

图 3-1　Oracle 存储体系结构

如图 3-1 所示，构成 Oracle 数据库的文件可划分为以下类别。

❑ 控制文件：包含与数据库本身相关的数据，即数据库物理结构信息。控制文件还可以包含与备份相关的元数据。

❑ 数据文件：包含数据库的用户或应用程序数据，以及元数据和数据字典。

❑ 在线重做日志文件：用于进行数据库的实例恢复。如果数据库服务器发生崩溃，但未丢失任何数据文件，实例便可使用这些文件中的信息恢复数据库。

❑ 参数文件：用于定义实例启动时的配置。

❑ 口令文件：允许用户使用 sysdba、sysoper 和 sysasm 角色远程连接实例并执行管理任务。

❑ 备份文件：用于数据库恢复。因介质出现故障或用户操作错误而损坏 / 删除原始文件时，通常会还原备份文件。

❑ 归档重做日志文件：当包含实例的数据发生更改时产生的重做日志的历史记录。使用这些文件和数据库备份可以恢复丢失的数据文件。也就是说，可以使用归档日志还原数据文件。

3.1.1　逻辑存储结构

数据文件后缀一般以 .dbf 来结尾，但以其他方式命名或不用后缀也是可以的，Oracle 的实例照样能对该数据文件进行数据存取。按数据块常用的 8KB 大小为单位，一个数据文件最大有 32GB，因此我们需要多个数据文件。要怎么管理这些数据文件才更有效呢？Oracle 引入了表空间的逻辑概念。将多个数据文件归到一个表空间，根据存放数据的用途或性质的不同，可以建立多个表空间。例如，存放系统数据的称为 SYSTEM 表空间，存放用户数据的称为用户（USERS）表空间，等等。因此，我们在创建一个表或建立一个索引时一般需要指明该表的数据应放到哪类数据文件（哪个逻辑表空间）中。比如，对于 create table abc tablespace users，就不必关心表数据实际存放到了哪个物理数据文件上。每个数据库由一个或多个表空间组成，每个表空间由一个或多个数据文件组成。同时，每个表空间在逻辑上由一个或多个段组成，每个段由一个或多个区组成，每个区由一个或多个连续的 Oracle 数据块组成，如图 3-2 所示。

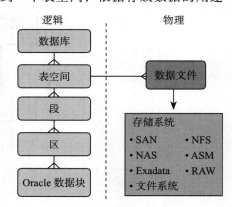

图 3-2　逻辑和物理数据库结构

每个 Oracle 数据块是由一个或多个连续的操作系统数据页组成，每个数据页由一个或多个磁盘最小存储单位扇区（sector）组成，因此性能成本估算、表和索引扫描等都离不开对每次读写所需要的最小存储单位的数据块数量的计算。比如，SQL 执行计划统计中出现的一致性读（即 consistent reads，也叫逻辑读，是指从内存中读取作为数据块缓存的 buffer 计数）和物理读（physical reads，是指从磁盘中读取数据块计数）等。

3.1.2　段和表的区别

在 Oracle 里，一部分数据库对象（例如表和索引）以段的形式存储在表空间中。如果在某个表空间中创建一个表，哪怕只插入一行，这个表至少也会占用一个区。因此，段只代表存储空间，每个段都包含一个或多个区。可以通过 DBA_EXTENTS 数据字典视图查看表段所覆盖的区，查询的 SQL 语句如下。

```
select  extent_id, file_id, block_id, blocks  from dba_extents
where segment_name='TableName'  order by extent_id;
```

例如，通过 create table test as select * from dba_users; 语句创建 TEST 表后结果如下。

```
SQL> select   extent_id, file_id, block_id, blocks   from  dba_extents where
    segment_name='TEST';
 EXTENT_ID      FILE_ID       BLOCK_ID       BLOCKS
 ----------     ----------    ----------     ----------
     0              4           2124448           8
```

而所谓表，逻辑上是指由行和列组成的二维表格形式，每个列都有自己的类型、长度等属性。这些属性作为元数据的一部分属于表描述信息。

Oracle 中每个对象都有一个 ID 值，表有表的 ID，段有段的 ID。在 DBA_OBJECTS 数据字典视图中，object_id 列代表了表的 ID，data_object_id 列是段 ID。可以通过 SQL 查询语句查看特定对象的 ID。例如，查询 TEST 表的信息，命令如下。

```
SQL> select object_id, data_object_id from dba_objects where object_name='TEST';
 OBJECT_ID        DATA_OBJECT_ID
----------        --------------
    92920            92920
```

表的 ID 一旦创建后就不会再改变，但段的 ID 是会发生变化的。比如，截断（truncate）某个表时，Oracle 会删除表原来的段，再为表新建一个段。也就是说，释放表原来的存储空间，再分配新的区。这个过程完毕后，表就换了一个段。示例代码如下。

```
SQL> truncate table test;
Table truncated.
SQL> select object_id, data_object_id from dba_objects where object_name='TEST';
 OBJECT_ID        DATA_OBJECT_ID
----------        --------------
    92920            92921
```

一般每截断一次，段 ID 会加 1。除了截断，通过移动（move）的方法来改动表的存储位置时，段 ID 也会增加 1，无论是移到原来的表空间还是移到别的表空间，段 ID 都会增加，示例代码如下。

```
SQL> alter table  test move tablespace system;
Table altered.
SQL> select object_id, data_object_id from dba_objects where object_name='TEST';
 OBJECT_ID        DATA_OBJECT_ID
----------        --------------
    92920          92922
SQL> alter table  test move tablespace system;
Table altered.
SQL> select object_id, data_object_id from dba_objects where object_name='TEST';
 OBJECT_ID        DATA_OBJECT_ID
----------        --------------
    92920          92923
SQL> alter table  test move tablespace users;
Table altered.
SQL> select object_id, data_object_id from dba_objects where object_name='TEST';
 OBJECT_ID        DATA_OBJECT_ID
----------        --------------
    92920          92924
```

对于区的上一级存储单位的"段"而言，一个段是为某个逻辑结构（表或索引等）分配的一组区。比如，平时我们常说的数据段和索引段要分离的原则，是指将应用的表数据和索引数据分散存放不同表空间上，并且尽量把不同类型的表空间存放在不同磁盘上，这样就消除了表数据和索引数据的磁盘竞争。下面就对 Oracle 常用的段进行简要说明。

- 数据段：每个非集群的、不按索引组织的表都有一个数据段。外部表、全局临时表等除外，这些表中的每个表都有一个或多个段。表中的所有数据都存储在相应数据段的区中。对于分区表，每个分区都有一个数据段。每个集群也都有一个数据段，集群中每个表的数据都存储在集群的数据段中。
- 索引段：每个索引都有一个索引段，用于存储其所有数据。对于分区索引，每个分区都有一个索引段。
- 回滚段：系统会为每个数据库实例创建一个回滚表空间。该表空间包含大量的用于临时存储回滚信息的回滚段。回滚段中的信息用于生成读一致性数据库信息，以便在数据库恢复过程中回退用户未提交的事务。
- 临时段：临时段是当 SQL 语句需要临时工作区来执行任务时由 Oracle 创建的。执行完语句后，临时段的区将返回到实例以备将来使用。可以为每个用户指定一个默认临时表空间，或者指定一个在数据库范围内使用的默认临时表空间。

此外，还有一些模式（schema）对象，如视图、程序包和触发器等，虽然它们是数据库对象，但不被视为段。段拥有独立的磁盘空间分配，其他对象则以行的形式存储在系统元数据段中。例如，如果我们想根据部分 SQL 内容查找包含该代码的存储过程或包，则可以采用如下语句。

```
select object_name, object_type from dba_objects where object_name like upper(所需查找代码内容%');
```

笔者在优化某个数据库的过程中，在 AWR 报告中曾经遇到过如下的 TOP SQL。

```
begin
p_updatedeviceallparam_for7400.updateallparam(:1, :2, :3, :4, :5, :6, );
end;
```

为了确定该部分代码所属的包，采用如下语句进行查询并定位具体的包。

```
SQL> select object_name, object_type from dba_objects where object_name like
    upper('p_updatedeviceallparam_for7400%');
OBJECT_NAME                                OBJECT_TYPE
---------------------------------------    --------------------
P_UPDATEDEVICEALLPARAM_FOR7400             PACKAGE
P_UPDATEDEVICEALLPARAM_FOR7400             PACKAGE BODY
```

Oracle 对存储空间进行动态分配，如果段中的现有区已满，Oracle 会再增加一些区。区是根据需要来分配的，因此段中的区在磁盘上可能是相邻的，也可能是不相邻的，它们可以来自同一个表空间的不同数据文件。

3.1.3　数据块结构

为了确保高并发场景下的数据一致性和并发锁控制灵活性，Oracle 在数据块头部设置了缓存层及事务槽等，具体如图 3-3 所示。

从图 3-3 可以看到，数据块主要由 3 个逻辑层组成：缓存层、事务槽层和数据层。如果再细化，数据层又可进一步细分为表目录（table directory）、行目录（row directory）、空闲空间（free space）、行数据（row data）等子层。

缓存层是数据块头部的第一部分，占用 20 字节。用于检查数据的正确性，即被读的块是否断裂或损坏。它包含如下结构。

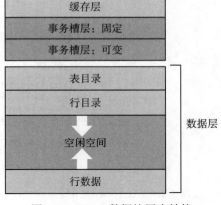

图 3-3　Oracle 数据块层次结构

- ❑ 数据块地址（DBA）。
- ❑ 块类型（例如，Table/Index、Rollback Segment、Temporary 等）。
- ❑ 块格式（4k:0x82 8k:0xa2 16k:0xc2、logfile 0x22 512 字节）。
- ❑ 系统改变号（SCN）。

事务槽层存储数据块里的事务信息，主要包含两部分信息。一部分是固定区域，包含关于数据块的类型、数据块的最新清理时间、ITL（Interested Transcation List）的数量、空闲列表的链接，还有空闲空间等。另一部分是可变区域，包含一个进程在一个块里要编辑行所需要的 ITL。ITL 的多少是通过存储参数 INITRANS 来设置的，若设置较大的值则会减少行数据的可用空间。这个参数是可以动态修改的，但只会影响新的块，对已经存在的块没有作用（已有块可以用 imp/exp、move 等方法进行调整）。

数据层包含数据头部（data header）结构 KDBH（Kernel Data Block Header）和行数据。其中数据头部包含表的目录（即 table directory）、行的目录（数据块中 Slot 条目的总目录，即 row directory）、第一个空闲行的条目（即 Slot 中没有存储行地址的空闲行，已存储行地址信息则是已有数据的行），以及指向空闲区域的开始和结束的偏移量。数据行是从数据块的底部开始插入数据的。伴随插入和删除操作，行数据是随机存储的。

在 Oracle 中数据块是按行方式存储的，sybaseIQ 等数据库的数据块也有按列方式存储的，两者之间的区别如图 3-4 所示。

按行存储的方式适合于 OLTP 系统，按列存储的方式更适合于 OLAP 系统，在查询语句中多数情况下是按列进行汇总的，因此若有 10 000 行记录，假设每行的平均大小按 200 字节计算，则至少需要 2 000 000/8 192 ≈ 244 个数据块。假设数据汇总列长度为浮点（float）类型，需要 8 字节，因此按列存储的方式只需要 10 000 × 8=80 000 字节，即 80 000/8 192 ≈ 10 个数据块。

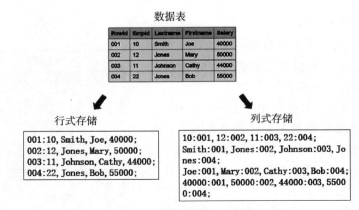

图 3-4 行式存储和列式存储的区别

在 OLAP 生产系统中，一个表包含几千万甚至几个亿行都属于很常见的情况，此时数据文件的组织方式会直接影响存取的效率，尤其是进入大数据时代，文件组织方式和存取方法的重要性正变得越来越重要，甚至成了决定扩展性和性能的关键性因素。比如，大数据管理产品 Parquet，充分利用了行式和列式存储的优缺点，实现了混合式存储格式，在同样的硬件条件下实现了性能和扩展性最大化的目标。

3.1.4　Rowid 结构

Rowid 是 Oracle 中用于定位数据库中一条记录的一个相对唯一的地址值。它并不实际存在于表中，而是 Oracle 在读取表中的数据行时，根据每一行数据的物理地址信息编码而成的一个伪列。所以，根据一行数据的 Rowid 能够找到一行数据的物理地址信息，从而快速定位到数据行。数据库的大多数操作都是通过 Rowid 来完成的，而且使用 Rowid 来进行单记录定位的速度也是最快的。

B-Tree 索引的每个索引条目都有两个字段。第一个字段表示索引的键值，对于单列索引来说是一个值，而对于多列索引来说则是多个值组合在一起。第二个字段表示键值所对应的记录行的 Rowid。所以 B-Tree 索引在表中的记录无论存储在什么地方，根据记录的 Rowid 都能加快查询的速度。在表和索引分离存储的情况下，一个记录根据索引的查询过程如下。

索引值→ Rowid →将 Rowid 换算成一行数据的物理地址→得到一行数据。

接下来简要介绍 Rowid 的格式，如图 3-5 所示。

第一部分的 6 位表示该行数据所在数据对象的 data_object_id，即对应段的识别信息。

第二部分的 3 位表示该行数据所在的数据文件的相对文件编号，即对应表空间的相对文件号，而不是数据文件的绝对文件编号。

第三部分的 6 位表示该数据行所在的数据块编号。

第四部分的 3 位表示该行数据的行编号，即行的 Slot 号。

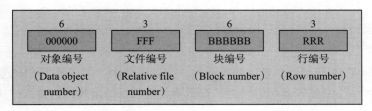

图 3-5 Rowid 的格式

这里需要强调的是，Slot 中所存储的也只不过是各个行的位置而已，我们从中无法得知行的其他信息。也就是说，Rowid 并不是用来显示行的具体位置信息的，而只是用来显示这一行的 Slot 号的，而 Slot 号里才存储着行的具体位置信息。假设一个数据块能存 40 行数据，则在数据块头部有与之对应的 40 个 Slot，而数据块中每个行的位置（地址）都在 Slot 里存放而不在 Rowid 里，Rowid 只是指向数据块头部的 Slot 号而已。所以，无论数据块中行的位置如何发生变化，Rowid 的值也不会发生任何变化。关于数据块编号和行编号将在下一节进行更详细的介绍。

Rowid 采用六十四进制编码，编码方法：A~Z 表示 0 到 25；a~z 表示 26 到 51；0~9 表示 52 到 61；+ 表示 62；/ 表示 63。刚好 64 个字符。

关于 object_id 与 data_object_id 的区别，上文已经解释清楚了。相对文件编号和绝对文件编号的区别：相对文件编号是相对于表空间的，在表空间是唯一的；绝对文件编号是相对于全局数据库的数据文件而言的，全局唯一。查询语句如下。

```
select file_name, file_id, relative_fno from dba_data_files;
```

Oracle 也提供了如下的存储过程来计算 Rowid 的值，具体采用的查询语句如下。

```
select
dbms_rowid.rowid_object (ROWID) data_object_id,
dbms_rowid.rowid_relative_fno (ROWID) relative_fno,
dbms_rowid.rowid_block_number (ROWID) block_no,
dbms_rowid.rowid_row_number (ROWID) row_no
FROM    Table_name;
```

下面就来举例说明。创建一个名为 test 的表并插入数据。

```
SQL> insert into test select * from dba_users;
33 rows created.
```

查询结果如下。

```
DATA_OBJECT_ID RELATIVE_FNO   BLOCK_NO    ROW_NO
-------------- ------------   ----------  ----------
         92924            4   2124454              0
         92924            4   2124454              1
         92924            4   2124454              2
         92924            4   2124454              3
```

```
            ...
            92924            4      2124454          32
33 rows selected.
```

因为该表只有 33 行记录，且这些行都在一个数据块中，所以除了 Slot 号，其余的对象编号、文件编号、块编号等都相等。为了看到第 2 块数据的出现，再插入一次数据。

```
SQL> insert into test select * from dba_users;
33 rows created.
```

这次，查询结果出现了第 2 块的编号 2124455。为缩短篇幅，下面只显示部分内容。

```
DATA_OBJECT_ID RELATIVE_FNO      BLOCK_NO        ROW_NO
-------------- ------------   ----------      ----------
         92924            4      2124454          57
         92924            4      2124454          58
         92924            4      2124454          59
         92924            4      2124455           0
         92924            4      2124455           1
         92924            4      2124455           2
         92924            4      2124455           3
```

接下来对 Rowid 与行迁移的关系进行简要描述。当一行的数据过长而不能插入到单个数据块中时，可能会发生以下两种情况：行链接或行迁移。当第一次插入行时，如果行太长而不能容纳在一个数据块中，就会发生行链接。在这种情况下，Oracle 会使用与该块链接的一块或多块数据块来容纳该行的数据。行链接经常在插入比较大的行时才会发生。当修改不属于行链接的行时，若修改后的行长度大于修改前的行长度，并且该数据块中的空闲空间已经比较小而不能完全容纳该行的数据时，就会发生行迁移。在这种情况下，Oracle 会将整行的数据迁移到一个新的数据块上，而该行原先的空间只存放一个指针，指向该行数据的新位置，并且该行原空间的剩余空间不再被数据库使用，这就是产生表碎片的主要原因。

即使发生了行迁移，发生了行迁移的行的 Rowid 也不会变化，这也是行迁移会引起数据库 I/O 性能降低的原因。因为当读到数据行的 Rowid 时，它会告诉数据库在指定文件的指定数据块的指定 Slot 上可以找到需要的数据。但是因为发生了行迁移，此处只会存放一个指向数据的指针，而不是真正的数据，所以数据库又需要根据该指针（类似 Rowid）到指定文件的指定数据块的指定 Slot 上去找寻真正的数据。重复上面的过程，直到找到真正的数据为止。

增加 Pctfree 能够帮助避免行链接，也可以对那些有较高删除率的表采用重新组织或重建表索引的方法来避免行链接与行迁移。如果表上的某些行被频繁地删除，则数据块上会有更多的空闲空间。ALTER TABLE…MOVE 命令既允许将一个未分区或已分区的表上的数据重新分配到一个新的段，也可以将之分配到一个有配额的不同的表空间。

3.1.5 索引结构及索引范围扫描

索引与表一样，也属于段的一种，里面存放了数据（键值和 Rowid），并且也需要占用磁盘空间。只不过，索引里的数据存放形式与表里的数据存放形式不一样。从物理结构上说，索引通常可以分为分区和非分区索引、常规 B-tree 索引、位图索引、翻转索引等。其中，B-tree 索引是一种非常常见的索引，其中 B-tree 的含义是"平衡树"，表示左右两个分支相对平衡的结构。本节主要对 B-tree 索引进行介绍，下文只要说到索引都是指 B-tree 索引。

B-tree 索引是一个典型的树结构，具体如图 3-6 所示，主要包含以下组件。

1）叶子节点（Leaf node）：包含的条目直接指向表里的数据行。

2）分支节点（Branch node）：包含的条目直接指向索引里其他的分支节点或叶子节点。

3）根节点（Root node）：一个 B-tree 索引只有一个根节点，它实际上就是位于树的最顶端的分支节点。

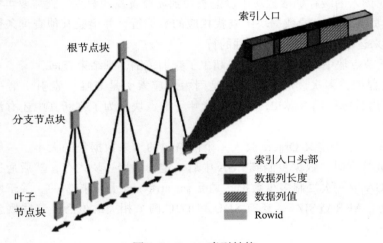

图 3-6　B-tree 索引结构

B-tree 索引的上半部分（分支节点块）包含索引数据，并指向低一级的索引块。最低级别的索引块（叶子节点块）包含每个已索引的数据值和用于定位真实行的相应 Rowid。叶子节点块是双向链接的（双向链表）。叶子节点块会存放索引入口（Index entry），每个索引入口对应一条记录。索引入口的组成部分如下。

❑ 索引入口头部（Index entry header），存放一些控制信息。

❑ 数据值长度（Key column length），某一数据值的长度。

❑ 数据值（Key column value），某一个数据的具体值。

❑ Rowid 指针，具体指向于某一个数据行。

对于唯一索引，每个数据值存在一个唯一 Rowid。对于非唯一索引，Rowid 按顺序被包含在键中，因此，非唯一索引按索引键和 Rowid 排序。除了聚簇索引，不允许索引包含 Null 的键值。

一个索引范围扫描的过程如下所述。

1）索引按照索引列和 Rowid 进行排序，Rowid 中记录着物理文件的信息，存储行的数据块地址以及行的 Slot 号码。

2）根据查询范围中的第一个索引行来读取分支节点块，根据分支节点块中的信息读取相应的叶子节点块，再根据叶子节点块中存储的 Rowid 读取数据块。读取数据块时，首先在 SGA 中进行查找，如果没有找到，就需要从磁盘中读取相应的数据块。

3）将从磁盘上读取的数据块信息存储在 PGA 相应的 SQL 缓存中。

4）在 PGA 中查找读取的索引块的内容（即 Rowid 对应的行记录），并检验其他查询条件，根据运输行的 ARRAYSIZE 参数来运输满足全部查询条件的行，这里的 ARRAYSIZE 为运输单位大小。

5）如果在读入的缓存的数据块中没能查找到需要查找的数据，就需要再次从磁盘上读取数据块，然后在新读入的数据块中查找相应的数据行，并检验其他查询条件，最后根据运输单位大小来运输满足全部查询条件的行。

6）从叶子节点块中读取的行数如果超出了查询范围，则结束查询。

在以上过程中，多次读叶子节点块是因为对应索引是非唯一索引。第一次读叶子节点块是为了取出目标行的 Rowid，第二次读叶子节点块是为了判断其中还有没有满足条件的行。

ARRAYSIZE 用于定义 Oracle 放入一个网络包的结果数据集的大小。一般来说，通过 select 语句查询数据时，数据复制到 PGA 中后一定会占用一块内存，然后通过网络传输给客户端。从 PGA 中一次复制多少数据，是受 set arraysize 语句控制的。关于网络传输包大小的配置，除了 ARRAYSIZE，还有 SDU 和 TDU 两个相关的概念，这些概念将在第 9 章进一步介绍。

3.2　数据文件存储结构

存储结构是数据结构在计算机中的表示，又称为数据的物理结构。通常由以下 4 种基本存储方法来实现。

❑ 顺序存储方式。数据元素顺序存放，每个存储节点只包含一个元素。存储位置可反映数据元素间的逻辑关系。这种方式存储的数据的存储密度大，但有些操作（如动态插入、删除）的工作效率较低。

❑ 数据元素间的逻辑关系。这种方式不要求存储空间连续，以便于动态操作（如插入、删除等），但数据的存储空间开销大（用于指针），另外不能折半查找。

❑ 索引存储方式。除数据元素存储在一组地址连续的存储空间外，还需要建立一个索引表，表中的索引指示存储节点的存储位置（下标）或存储区间端点（下标）。
- 散列存储方式。通过散列函数和解决冲突的方法，将关键字散列在连续的有限的地址空间内，并将散列函数的值解释成关键字所在元素的存储地址。此存储方式的特点是数据存取速度快，但只能按关键字随机存取，不能顺序存取，也不能折半存取。

接下来我们看看 Oracle 在数据文件中如何巧妙地解决数据高并发查询与快速变更（插入、删除或修改）的问题。

3.2.1　数据文件物理存储结构

如果堆表上没有创建索引，那么怎么进行全表扫描呢？我们从一个数据文件的物理存储结构开始进行讨论，Oracle 中数据文件的物理结构如图 3-7 所示。

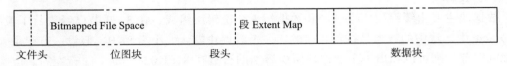

图 3-7　Oracle 中数据文件的物理结构

（1）文件头

每个文件的前 128 块都是文件头，被 Oracle 留用。在 Oracle 10g 中是 0 ～ 8 号块被 Oracle 留用，从 Oracle 11g R2 开始是 128 个块被留用。在 Oracle 11g 中文件头又可分为两个部分：0 号和 1 号块是真正的文件头；2 ～ 127 号块是位图块。而在 Oracle 10g 中 2 ～ 8 号块是位图块。

（2）位图块

位图块用来记录表空间中区的分配情况。位图块中每个二进制位对应一个区是否被分配给某个表或某个索引等对象，如果其值为 0 则说明表空间中的对应区未分配，如果为 1 则说明已分配。位图块又可分为两个部分，其中第一个位图块（即第 2 号块）被当作位图段头，从第 2 个位图块（即第 3 号块）开始是真正的位图数据。

（3）段头

段本质上只代表存储空间，一段中至少包含一个区。而段头中存放的主要信息为 Oracle 的自动段空间管理（ASSM）结构中的 L3 块的信息，段头中除了 L3 的信息还有 Extend Map，即段区地图。ASSM 的整体结构是"3 层位图块 + 数据块"，即 4 层的树形结构。自顶向下，第一层位图块称为 L3 块，一个 L3 块中可以存放多个 L2 块地址，一个 L2 块中可以存放多个 L1 块地址，一个 L1 块中可以存放多个数据块地址，如图 3-8 所示。

（4）段区地图

段区地图就是记录一个段中所有区都在哪儿的地图。全表扫描操作就是按区地图逐个读取所有区。

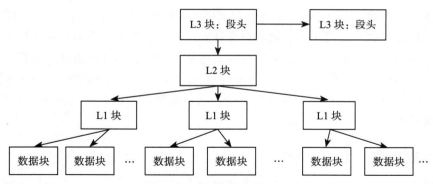

图 3-8 自动段空间管理层次结构

（5）数据块

数据块主要由缓存层、事务槽和数据层 3 个逻辑层组成，在 3.1.3 节已经进行了说明。在 Oracle 中，块中的数据是按行存储的。一个数据块默认大小为 8KB，假设一行记录大小为 200 字节，则可以算出一个数据块所能容纳的行数在 $8 \times 1\,024/200 \approx 41$ 行左右。但实际上，数据块除了数据，还有其他相关管理数据。

3.2.2　Oracle 数据文件读取

下面以 Oracle 全表扫描过程为例，对数据读取过程进行简要介绍。服务器进程收到用户请求后会到共享池中的字典缓存中先后查找 obj\$、tab\$、ind\$、col\$ 等基表并确定用户请求的 SQL 语句中对象的相关信息，在此基础上查找 seg\$ 基表相关的行（seg\$ 表实际上对应 dba_segments 数据字典视图所对应的底层表）。如果没有找到，再到缓冲区缓存中读取 seg\$ 相关的块，如果还没有找到，就到磁盘上 SYSTEM 表空间中读取 seg\$ 表段。数据库启动时，会将 seg\$ 段头位置写到字典缓存中。当 Oracle 读取所要查询的表所对应的段头位置时，会读取其中的段区地图信息，并根据区地图和辅助地图（auxillary map）中的信息顺序读取每一个区。

Oracle 全表扫描操作会读取表中的所有行，并过滤掉不符合查询条件的行。在全表扫描操作中，Oracle 使用多块读提高查询效率，多块读的效率由 DB_FILE_MULTIBLOCK_READ_COUNT 参数决定。因此，根据系统类型，有必要合理配置 DB_FILE_MULTIBLOCK_READ_COUNT 参数。

全表扫描先读取段头块，再逐个区读取多块数据块。多块读不能跨区，也就是说全表扫描的显示顺序就是区地图中区的顺序，实际上就是 dba_extents 中区的顺序。用 SQL 语句表达如下。

```
select  extent_id, file_id, block_id, blocks  from dba_extents
where segment_name='TableName'  order by extent_id;
```

接下来列举一个具体的例子来说明对 seg\$ 表、区地图、辅助地图及数据块的关联查找过程。为此，需要创建一个名称为 EXTENT_TEST 的表，并在该表基础上进行如下实验。

```
SQL> create table extent_test tablespace users
  2  as select * from dba_objects;
```

查看该段所包含的区和块的信息。

```
SQL> select  extent_id, file_id, block_id, blocks  from dba_extents
  2  where segment_name='EXTENT_TEST' order by extent_id;
  EXTENT_ID    FILE_ID    BLOCK_ID      BLOCKS
---------- ---------- ---------- ----------
         0          4    2124456           8
         1          4    2124464           8
         2          4    2124472           8
       ...
        15          4    2648512           8
        16          4    3262720         128
        17          4    3262848         128
        18          4    3262976         128
        19          4    3263104         128
        20          4    3263232         128
        21          4    3263360         128
        22          4    3263488         128
        23          4    3263616         128
        24          4    3263744         128
25 rows selected.
```

可以看出，该段由 25 个区组成，第 0 号至第 15 号的每个区包含 8 个数据块，而第 16号至第 24 号的每个区包含 128 个数据块。接下来要查找段头块的信息，以便进行转储。

```
SQL> select header_file, header_block  from dba_segments where segment_
     name='EXTENT_TEST';
HEADER_FILE HEADER_BLOCK
----------- ------------
          4      2124458
$ sqlplus / as sysdba
SQL> alter system dump datafile 4 block 2124458;
System altered.
SQL> exit
```

通过如上代码，我们找到了 EXTENT_TEST 表所对应段的段头块，然后对其进行了转储。以下为转储的跟踪文件的部分内容。

```
  Extent Map
-----------------------------------------------------------------
  0x01206aa8  length: 8
  0x01206ab0  length: 8
  0x01206ab8  length: 8
  ...
  0x012869c0  length: 8
```

```
0x0131c900   length: 128
0x0131c980   length: 128
0x0131ca00   length: 128
0x0131ca80   length: 128
0x0131cb00   length: 128
0x0131cb80   length: 128
0x0131cc00   length: 128
0x0131cc80   length: 128
0x0131cd00   length: 128


Auxillary Map
-----------------------------------------------------------
Extent 0     :  L1 dba:   0x01206aa8 Data dba:   0x01206aab
Extent 1     :  L1 dba:   0x01206aa8 Data dba:   0x01206ab0
Extent 2     :  L1 dba:   0x01206ab8 Data dba:   0x01206ab9
...
Extent 15    :  L1 dba:   0x012869b8 Data dba:   0x012869c0
...
Extent 23    :  L1 dba:   0x0131cc80 Data dba:   0x0131cc82
Extent 24    :  L1 dba:   0x0131cd00 Data dba:   0x0131cd02
-----------------------------------------------------------
  Second Level Bitmap block DBAs
-----------------------------------------------------------
DBA 1:    0x01206aa9
End dump data blocks tsn: 4 file#: 4 minblk 2124458 maxblk 2124458
```

对比以上查询和转储结构可以发现，第一个区从 0x01206aa8 处开始。

```
SQL> select to_number('01206aa8', 'xxxxxxxxx') from dual;
TO_NUMBER('01206AA8','XXXXXXXXX')
---------------------------------
                         18901672
SQL> select   dbms_utility.DATA_BLOCK_ADDRESS_FILE(18901672) file#,dbms_utility.
    DATA_BLOCK_ADDRESS_block(18901672) block# from dual;
     FILE#      BLOCK#
---------- ----------
         4    2124456
```

以上结果与上述 EXTENT_TEST 表所对应的段中的区以及块信息查询中的文件号和块号是相对应的。而第二块数据块地址（DATA BLOCK ADDRESS）为 0x01206ab0，最后一块数据块地址为 0x0131cd00，以此类推。

```
SQL> select to_number('01206ab0', 'xxxxxxxxx') from dual;
TO_NUMBER('01206AB0', 'XXXXXXXXX')
---------------------------------
                         18901680
SQL> select   dbms_utility.DATA_BLOCK_ADDRESS_FILE(18901680) file#,dbms_utility.
    DATA_BLOCK_ADDRESS_block(18901680) block# from dual;
     FILE#      BLOCK#
---------- ----------
```

```
        4    2124464
SQL> select to_number('0131cd00', 'xxxxxxxxx') from dual;

TO_NUMBER('0131CD00', 'XXXXXXXXX')
----------------------------------
                          20040960
SQL> select   dbms_utility.DATA_BLOCK_ADDRESS_FILE(20040960) file#,dbms_utility.
    DATA_BLOCK_ADDRESS_block(20040960) block# from dual;
     FILE#     BLOCK#
---------- ----------
        4    3263744
```

以上实验在 Oracle 19c 中进行测试时也得到了类似的结果。需要注意的细节是，Oracle 19c 的数据日志目录采用的是自动诊断存储库（ADR）的方式，转储的跟踪文件不在 user_dump_dest 对应的目录下，而是在 Diag Trace 对应目录下，具体由 V$DIAG_INFO.VALUE 值来决定。关于诊断文件分布的相关信息，第 11 章将进一步介绍。

在讲解索引扫描时我们介绍了索引扫描过程，但没有说明 Oracle 是怎么找到索引段根节点块的。与表段不一样的是，索引段的根块在段头的下一个块处。所以，在数据字典表中找到段头位置，块号加 1 即可找到根块，接着就是根据根块内容找到分支节点块，再根据分支节点块的内容找到叶子节点块。

3.3　日志文件存储结构

重做日志可分为在线重做日志和归档重做日志两种。重做日志中记载的数据叫作重做记录，它不仅使数据库具备了恢复的能力，还使 Oracle 具备了高可用特性。实际上还有一种日志文件，即附加日志，它是重做记录中的变更矢量的补充信息，增加了变更矢量记载的记录量。附加日志主要为 DML SQL 操作服务，它的目的就是还原真实的 DML SQL 命令。Oracle 的 LogMiner、GoldenGate 等功能在启用附加日志的条件下才能正常地或更好地工作。接下来让我们一起讨论重做记录的存储结构。

3.3.1　重做记录存储结构

一个数据库状态的变更对应一条重做记录。重做记录包含一个或多个变更矢量，变更矢量记载了对一个数据块进行的原子操作。所以变更矢量的作用是在 Oracle 的数据里保证数据块修改前后的一致性，而作为其容器的重做记录则保证了数据库修改前后的一致性。

在进一步讨论重做记录的存储格式之前，我们需要先理解 SCN（系统变更号）、数据块版本号（SCN+SEQ）和 RBA（重做字节地址）等 3 个概念。这些内容将在第 4 章进行详细说明。

日志文件的块大小不同于数据文件的块大小，一般默认值为 512 字节，具体值可以通过查看 v$log.BLOCKSIZE 字段来确定。

```
SQL> select blocksize from v$log;
 BLOCKSIZE
----------
     512
```

每次的变更按 512 字节大小的块（磁盘最小存储单位）来顺序写进磁盘中，因此其写入速度比数据块的写入速度快。在线重做日志是数据库启动时一定要被打开的文件，而归档重做日志则不必。当 LGWR 将一个日志组写满后就会切换到下一个日志组，直到将所有的日志组写满，再回到第一组继续写入，如图 3-9 所示。

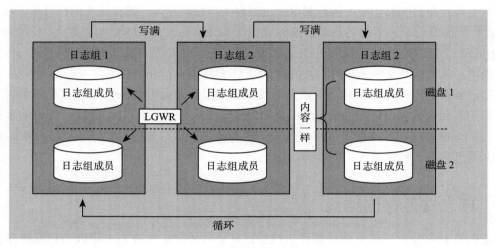

图 3-9　日志组及其切换过程

因为该过程是循环写入的，为了避免第一组在线重做日志文件所对应的数据脏块（数据块在内存中的映像 buffer）因未写入磁盘或未完成归档而被覆盖，Oracle 为每个在线重做日志文件设定了三种状态，分别为 INACTIVE、ACTIVE 和 CURRENT。其中 ACTIVE、CURRENT 状态的在线重做日志不能被覆盖，而 INACTIVE 状态的可以被覆盖。要进一步理解这三种状态，需要先理解 Oracle 的另一个同步机制概念——检查点。

3.3.2　检查点

重做记录在日志缓冲区中产生，经过 LGWR 进程被高频率地写入在线重做日志文件中，最后在线重做日志再由 ARC*n* 进程备份为归档日志文件。数据库系统为了更好地匹配内存和磁盘读写速度，一般采用写日志优先的设计方案。因此数据文件和日志文件的存储格式也有差异，日志文件更偏向于快速写入的顺序存取方法，也就是说先确保将内存中的日志缓存写入磁盘上的在线重做日志文件中。对于内存中已被修改的数据块，可以积累到某个范围时再一次性写入磁盘的数据文件中。

被修改的数据块会成为脏数据块。相对于日志文件的高频写入，后台进程 DBWn 是以较慢的频率将脏数据块写入数据文件中（因为变更后的记录需要查找定位原数据块，相对于日志记录的顺序写入，该方式的写入成本更高）。在 LGWR 进程未把内存中重做记录写入磁盘上的在线重做日志的情况下，Oracle 不允许 DBWn 进程把内存中的脏数据块写入磁盘上的数据文件中，就算 DBWn 进程空闲并先向 CPU 发出请求，也必须等到 LGWR 从日志缓冲区中清空该脏数据块相关的重做记录以后。因此，数据文件的内容永远没有在线重做日志的内容更新得快。也就是说，在数据库打开并发生事务的情况下，相对于在线重做日志文件，数据文件总是处于更"旧"或更"老"的状态。

为了缩小数据文件和在线重做日志文件之间的新旧差距，更精确地识别数据文件"旧"到了什么程度，Oracle 引入了"检查点"这个概念。检查点是一系列操作的集合，其最终目的是将检查点目标写入数据文件头部和控制文件中。检查点的目标是识别缓冲区缓存中的脏数据写到哪一个时刻了，以及识别其头部中的 RBA 及 SCN 标识。

参与检查点的进程主要包括 LGWR、DBWn 和 CKPT，检查点分为完全检查点和增量检查点两种。发起一次完全检查点的操作主要包括以下步骤。

1）在日志缓冲区中确定当前的（即最新的）重做记录，提取其 RBA 与 SCN 作为检查点的目标，将其挂起到检查点队列里（双向链表）。

2）LGWR 进程将重做记录写入在线日志文件，这时这部分缓存空间就可以被覆盖了。

3）DBWn 进程从检查点队列（双向链表）将检查点目标（RBA 与 SCN）产生的及之前产生的脏数据块按 RBA 的顺序写入数据文件。

4）CPKP 进程将检查点目标写入数据文件头部和控制文件中。

此时，数据文件头部的检查点进程写入的 SCN 和 RBA 便能实现以下两个功能。

1）读取其中的 SCN，与在线日志中的重做记录 SCN 相比较，就可以确定该数据文件是否需要恢复。检点目标的 SCN 称为检查点 SCN。

2）如果该数据文件需要恢复，RBA 就用来表示从哪个日志中的哪一项重做记录开始恢复。检查点目标中该 RBA 简称为检查点 RBA。

查看 v$datafiel_header.CHECKPOINT_CHANGE# 字段，可以得到最后一次已完成的完全检查点 SCN，如下所示。

```
select CHECKPOINT_CHANGE# from v$datafile_header;
```

接下来介绍增量检查点，一次增量检查点操作主要包括以下步骤。

1）检查点进程从上次增量检查的下一个重做记录中提取其 RBA 和 SCN 作为检查点目标，计算该 RBA 与当前最新重做记录的 RBA 的距离，如果超过一定的计算距离，则发起 LGWR 写入。

2）LGWR 将重做记录写入在线日志中。

3）DBWn 将检查点目标产生的及检查点目标之前产生的脏数据块按 RBA 的顺序写入

数据文件中。

4）最后，CKPT 进程将检查点目标（RBA 与 SCN）写入控制文件中。

3.3.3 控制文件

控制文件可以说是 Oracle 多个进程之间实现异步通信的协调控制中心，也是 Oracle 数据库的核心控制中心。多个 Oracle 进程将控制文件用作信息注册、数据文件级别的一致性校验和信息交换的中心，以便最终确保 Oracle 实例能够正常工作、打开和关闭。为了确保核心文件的可用性，该文件通常会具有多个在线镜像副本，这些路径由初始化参数 CONTROL_FILES 指定。

只要数据库处于打开（OPEN）状态，就会有多个进程对控制文件进行读写操作。比如 CKPT（读写）、LGWR（读写）、ARC*n*（读写）、DBW*n*（读）、MMON 及其奴隶进程（读）、CJQ0（读）等后台进程。有时还有服务器进程，比如在启动实例或在创建、删除表空间时，服务器进程均会对控制文件有读写操作。在访问控制文件的这些进程中，CKPT 进程对控制文件的访问非常频繁，CKPT 进程将增量检查点目标位置以每 3s 一次的频率更新到控制文件中。这 3s 每次的更新频率和增量检查点的增量频率不能混为一谈，是两个完全独立的概念。在发生完全检查点操作时，CKPT 进程除了更新数据文件头部的检查点位置，还会把所有数据文件头部的检查点位置更新到控制文件中。

多个进程同时访问意味着控制文件也需要并发访问的保护机制，也会出现等待事件。一个单节点并使用本地磁盘的数据库环境曾经出现过如图 3-10 所示的等待事件。

Top 5 Timed Foreground Events

Event	Waits	Time(s)	Avg wait (ms)	% DB time	Wait Class
control file sequential read	1,347,558	456	0	57.98	System I/O
DB CPU		120		15.24	
log file sync	7,898	110	14	14.00	Commit
db file sequential read	14,477	66	5	8.40	User I/O
db file scattered read	1,903	14	8	1.82	User I/O

图 3-10 首要的 5 个等待事件

关于这个等待事件，Oracle MOS 文档 ID 2277867.1 有较详细的说明，在此不再赘述。

控制文件实际上就是其他文件头部信息的副本，其作用是在打开数据库时与其他文件头部进行交叉校验以确保数据库物理结构的一致性。只有通过此校验（检查控制文件序列号和控制文件检查点 SCN），数据库才可证明控制文件是当前的，而不是从备份中还原出来的。这点很重要，如果控制文件是"旧"的，要么就需要走介质恢复的流程，要么就从已有数据文件头部重造一个控制文件，才能打开数据库。

控制文件主要是用来管理数据库的状态和描述数据的物理结构。控制文件的内容也是从另一个角度了解 Oracle 的途径，对于其中出现的每一项，DBA 都有必要深入理解和掌握。

一个控制文件至少包含以下信息。

- ❑ 数据库名。
- ❑ 数据库标识符（DBID）。
- ❑ 数据库创建时间戳。
- ❑ 数据库字符集。
- ❑ 数据文件信息。
- ❑ 临时文件信息。
- ❑ 在线重做日志信息。
- ❑ 近期的归档日志信息。
- ❑ 表空间信息。
- ❑ RMAN备份文件（备份集与镜像复制）信息，即RMAN资料库。
- ❑ 检查点信息。
- ❑ 损坏的数据块注册表。
- ❑ 还原点信息。
- ❑ 重做日志SCN。
- ❑ 脏数据块的数据。

可以参考其他资料了解这些信息的具体含义。

查看控制文件内容的简单方法就是对控制文件以trace方式进行备份后再查看。具体备份命令如下。

```
alter database backup controlfile to trace as '/opt/oracle/backups/control.txt';
```

通过如上方式备份后，备份文件将包含NORESETLOGS和RESETLOGS场景下的恢复脚本。以下为NORESETLOGS的内容。

```
--      Set #1. NORESETLOGS case
STARTUP NOMOUNT
CREATE CONTROLFILE REUSE DATABASE "KUQLANDB" NORESETLOGS  ARCHIVELOG
    MAXLOGFILES 16
    MAXLOGMEMBERS 3
    MAXDATAFILES 100
    MAXINSTANCES 8
    MAXLOGHISTORY 292
LOGFILE
  GROUP 1 '/data/oradata/kuqlandb/redo01.log'  SIZE 500M BLOCKSIZE 512,
  GROUP 2 '/data/oradata/kuqlandb/redo02.log'  SIZE 500M BLOCKSIZE 512,
  GROUP 3 '/data/oradata/kuqlandb/redo03.log'  SIZE 500M BLOCKSIZE 512
DATAFILE
  '/data/oradata/kuqlandb/system01.dbf',
  '/data/oradata/kuqlandb/sysaux01.dbf',
  '/data/oradata/kuqlandb/undotbs01.dbf',
  '/data/oradata/kuqlandb/users01.dbf',
```

```
            '/data/oradata/kuqlandb/IOC.DBF',
            '/data/oradata/kuqlandb/NMS_XJUSER.DBF'
CHARACTER SET ZHS16GBK;
RECOVER DATABASE
ALTER SYSTEM ARCHIVE LOG ALL;
ALTER DATABASE OPEN;
ALTER TABLESPACE TEMP ADD TEMPFILE '/data/oradata/kuqlandb/temp01.dbf'
SIZE 549453824   REUSE AUTOEXTEND ON NEXT 655360   MAXSIZE 32767M;
-- End of tempfile additions.
```

数据库在 nomount 阶段会从初始化参数文件中读取内存配置参数、进程参数及控制文件的路径。startup nomount 就是以上脚本的第一句,假设现在数据库进入 mount 阶段所需的控制文件已经丢失或损坏了,而其他所有文件都正常,此时数据库可以通过以上脚本中列出的数据库物理结构信息,重新还原出原本通过控制文件才能获得的信息。执行 RECOVER DATABASE 命令后,数据库将根据这些文件头部已存在的上述 15 条信息(并不限于 15 条)还原数据库(重建控制文件)并顺利进入 mount 状态。因为除了控制文件,数据库的其他文件并没有损坏,所以数据库物理结构信息和状态信息可以同步到控制文件中。在数据库的 open 阶段是各文件的头部信息与控制文件进行交叉验证的过程,所以校验成功后就能顺利打开数据库了。

3.4 ASM 存储结构

ASM 是为数据库自动化管理文件存储空间而出现的,ASM 可以将一组磁盘转换成一个可伸缩的高性能文件系统 / 卷管理器。ASM 磁盘组可以直接作为原始设备来访问这个空间,提高了文件系统的便利性和灵活性。

ASM 不会代替数据库去实施 I/O 读写,多数初学者认为数据库发送 I/O 请求给 ASM,ASM 去执行 I/O,这样的想法是错误的。ASM 只负责将存储空间地址返回给数据库,真正的 I/O 还是会由数据库进程完成,这就跟过去既不用 ASM 也不用文件系统而直接用裸设备的情况一样,因此 ASM 不是 I/O 的中间层。

3.4.1 ASM 磁盘组与磁盘

ASM 的主要组件就是磁盘组,每个磁盘组由一个或多个磁盘构成,ASM 将其作为一个整体进行管理。一个磁盘组既可以存放来自多个 Oracle 数据库的文件,也可以将一个数据库的多个文件存放到由一个 ASM 实例进行管理的多个磁盘组中。但一个数据文件只能是一个磁盘组的一部分。

ASM 磁盘组内部具有自动化的文件级别的条带化和镜像功能。在 ASM 磁盘组中创建一个数据库文件时,该文件会被自动分布到该磁盘组中的所有磁盘上,从而能够提供均衡的 I/O 负载能力。

磁盘组有 3 种冗余类型：external 冗余、normal 冗余和 high 冗余。冗余类型决定了默认的镜像级别。例如，在传统的 SAN 存储架构中常用的 external 冗余的磁盘组表明文件的条带化将由 ASM 完成，但镜像功能则由存储阵列在 ASM 之外通过 RAID 等技术处理并进行管理。有人可能会问，磁盘阵列在做 RAID 的时候也有 ASM 之外的条带功能，那 ASM 的条带和存储的条带有冲突吗？答案是没有，ASM 的条带是 SAN 存储条带的补充。

ASM 磁盘是磁盘组的永久存储形式，一块磁盘既可以添加到一个磁盘组中，也可以被磁盘组删除。当将磁盘添加到磁盘组中时，该磁盘将被赋予磁盘名称，无论是自动的还是管理员手动进行的。ASM 通过标准的操作系统接口来访问磁盘，该接口也被 Oracle 用来访问文件（除 ASMLib 方式外）。

由图 3-11 可以看出，一般操作系统的 I/O 操作要经历虚拟文件系统层、通用块设备层和 I/O 调度层才能到达块设备驱动层。但 Oracle 的 ASM 不一样，它不是文件系统，它直接使用 /dev 下的设备。

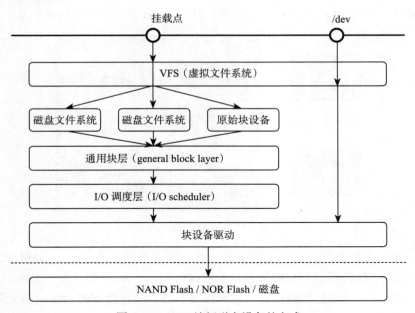

图 3-11 ASM 访问磁盘设备的方式

搭建 ASM 存储的第一项工作就是发现并定位将由 ASM 进行管理的磁盘。这里所说的磁盘实际上是 LUN（Logical Unit Number，逻辑单元号），在操作系统上，这些 LUN 就表现为逻辑磁盘。除了本地文件系统，这里的磁盘（LUN）既可以是单一的物理磁盘，也可以是一个外部存储阵列提供的虚拟 LUN，具体说就是在 Linux 环境下通过 fdisk 命令或在 Solaris 环境下通过 format 命令所能看到的磁盘列表。

虽然在操作系统层面通过 fdisk 或 format 命令能够看到磁盘信息，但最终让 ASM 识别这些磁盘也需要经过几个配置步骤。当对存储相关的 RAID、卷、LUN、映射等概念不太熟悉的时候，这几个步骤也能成为 DBA 不易理解的疑难点。

一般，若通过 fdisk 或 format 命令识别磁盘列表所属的权限为 root 用户级别，则对这些磁盘设备直接进行权限变更也无法成功执行。例如，在 Solaris 环境下需要先映射到 /dev 下的某个磁盘文件，然后才能对其进行变更；在 Linux 环境下一般通过 UDEV 配置或 mknod 命令来为这些特殊文件生成别名，之后才能实现权限属性的变更。只有这些磁盘的所有者（owner）属性变为 grid 或 oracle 时才能在 ASM 中被识别。一旦成功识别磁盘，v$ASM_DISK 视图就能够展现相关的磁盘信息。对 v$ASM_DISK 或者 v$ASM_DISKGROUP 进行查询，ASM 将会读取发现的所有磁盘头来计算出视图中所包含的内容。

3.4.2 ASM 文件

ASM 文件不会妨碍任何现有的数据库功能。现有的数据库能像在传统文件系统上一样工作。新文件可以被创建为 ASM 文件，而现有文件既可以按原有的方式进行管理，也可以移植至 ASM 中。图 3-12 说明了 Oracle 数据文件与 ASM 存储组件之间的关系。

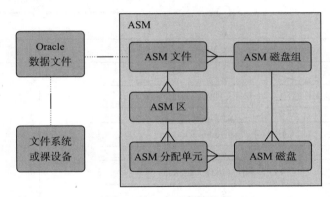

图 3-12 ASM 存储组件

Oracle ASM 磁盘组作为一个逻辑单元，管理着一个或多个 Oracle ASM 磁盘的集合。磁盘组中的数据结构使用部分空间来满足元数据的需求。ASM 磁盘是为 Oracle ASM 磁盘组预配的存储设备，可以是物理磁盘，也可以是分区、存储阵列中的逻辑单元号、逻辑卷或连接到网络的文件。每个 ASM 磁盘被分成许多 ASM 分配单元，该单元是 ASM 可以分配的最小相邻磁盘空间量。在创建 ASM 磁盘组时，可以将 ASM 分配单元的大小设置为 1MB、2MB、4MB、8MB、16MB、32MB 或 64MB，具体设置取决于磁盘组的兼容级别。一个或多个 ASM 分配单元即可形成一个 ASM 区。Oracle ASM 区是存放 ASM 文件内容的裸存储。Oracle ASM 文件由一个或多个文件区组成。为了支持非常大的 ASM 文件，可以使用可变大小区，区大小可等于分配单元大小的 1 倍、4 倍和 16 倍等。

作为数据库的一款集卷管理和文件系统为一体的存储管理系统，ASM 的文件分为两大类：元数据文件和数据文件。元数据文件是保存 ASM 各种配置和状态数据的文件。这里所谓的数据文件包含 Oracle 数据文件、控制文件、重做日志文件和归档日志文件等。

　　每个文件在 ASM 中都有一个编号，编号是从 1 开始的，其中 1 ～ 255 号文件都是元数据文件，256 号之后的是其他各种数据文件。1 号文件包含了所有文件的磁盘占用信息，包括元文件信息，每个文件在它里面至少占用一个块（4KB）的空间。

　　从 256 号文件开始就是数据库的各类文件。ASM 的 1 号文件总是在磁盘组 0 号磁盘的 2 号分配单元处开始，即 0 号磁盘 2 号分配单元是 1 号文件的第一个分配单元，其中共有 256 个元数据块，这些元数据块从 0 号开始直到 255 号。0 号块留用，1 ～ 255 号块分别保存了从 1 号文件自身至 255 号文件的分配单元的分布信息。因此，在 1 号文件的第二个分配单元中也有 256 个块，其中第一个块保存第 256 号文件的分配单元分布信息，而第二个块则保存第 257 号文件的分配单元分布信息，以此类推。如图 3-13 所示。

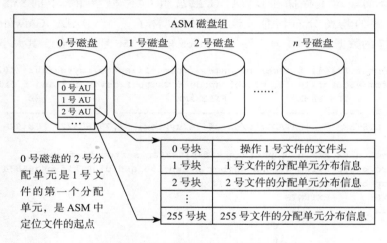

图 3-13　磁盘组初始分配单元的分布情况

　　因此，0 号磁盘的 2 号分配单元是 1 号文件的第一个分配单元，是在 ASM 中定位文件起点。在没有手动删除 0 号磁盘的情况下，这个位置不会改变。这个分配单元中的 256 个块全是元数据文件的信息，也就是说该分配单元保存了全部元数据文件的空间分布信息。每次从 ASM 中读数据时，Oracle 要先读取 1 号文件，从中找出要读取的目标文件在磁盘上的分布位置，再去读取相应文件的数据。

3.4.3　ASM 空间分配

　　接下来进一步介绍 ASM 如何在磁盘组中分配空间，以及 RDBMS 作为客户端如何使用这些已分配的空间。如上所述，ASM 中多个分配单元组成一个区，当在 ASM 磁盘组中创建数据库文件时，该文件其实就是 ASM 区的集合，并且这些区在磁盘组中的所有磁盘之间均衡分布。ASM 磁盘上的每一个区都包含固定个数的分配单元，区中包含的分配单元数量与文件的大小相关，并随之不断变化。

```
SYS@dw1>select group_number, name, total_mb, free_mb from v$asm_diskgroup;
GROUP_NUMBER NAME                                       TOTAL_MB    FREE_MB
------------ ------------------------------------ ---------- ----------
           1    CRS_DG                                        29299       28373
    ...
           4    DATADG                                      3145725      152832
           5    FRADG                                       2217980     1795153
SYS@dw1>select name, total_mb, free_mb from v$asm_disk where group_number=4;
NAME                               TOTAL_MB    FREE_MB
-------------                      ----------  ----------
ORA_DATA1                           1048575    50933
ORA_DATA2                           1048575    50957
ORA_DATA3                           1048575    50942
```

　　如下的查询显示了存储在 DATADG 磁盘组（4 号磁盘组）中的 SYSTEM 表空间对应的 ASM 区的均衡分布信息，该表空间包含了一个 +DATADG/dw/datafile/system. 259.797605277 的数据文件（1 号文件从 number_kffxp=256 号块开始），其大小为 8 192MB。

```
SQL> select f.file#, t.name tbs_name, f.name filename, bytes/1024/1024 MB
  2  from v$datafile  f, v$tablespace t where f.ts#=t.ts# and f.file#=1;
FILE#       TBS_NAME          FILENAME                                       MB
----        ----------        ------------------------------------       --------
1           SYSTEM            +DATADG/dw/datafile/system.259.797605277   8192

SQL> select disk_kffxp, count(pxn_kffxp) extents from x$kffxp
  2  where group_kffxp=4  and number_kffxp=256 and disk_kffxp<>65534
  3  group by number_kffxp, disk_kffxp;
DISK_KFFXP      EXTENTS
----------      ----------
         0           67
         1           67
         2           67
```

　　在不加条件进行以上查询时，出来的结果有 438 条，从如下的结果中也能看出 ASM 的区在以下的 3 个磁盘中基本上是均匀分布的。文件的区均匀分布到 ASM 磁盘有助于提高 I/O 带宽，如下所示。

```
SQL> select disk_kffxp, count(pxn_kffxp) extents from x$kffxp
  2  where group_kffxp=4 group by number_kffxp, disk_kffxp;

DISK_KFFXP      EXTENTS
----------      ----------
         0           1
         2           1
         1           1
         0           28
         1           28
         2           29
    ...
```

```
    0        10923
    1        10923
    2        10923
438 rows selected.
```

接下来我们谈谈 ASM 文件条带化。在 ASM 中有两种类型的条带化，分别为粗粒度条带化和细粒度条带化。粗粒度条带化设置是指每个文件区中都包含一个分配单元，也就是说在粗粒度条带化中分配单元就是条带，条带就是分配单元，所以条带宽度为 1，大小等于分配单元的大小。细粒度条带化设置是指将每个文件区拆分为 8 个 128KB 大小的分配单元，也就是说条带宽度为 8，大小为 128KB。由于使用了不同磁盘上的分配单元，每个条带往往是分布存储在不同的磁盘上的。其实，细粒度条带和粗粒度条带的区别就在于数据是否以 128KB 为单位进行分割存储。这对于一些非常小的文件（例如控制文件和日志文件）来说也是极为有用的，因为能够保证这些小文件是分布在磁盘组中的多块磁盘上的。一般来说，如果一次顺序 I/O 操作处理的数据量超过了一个分配单元，那么对于这样的操作（例如全表扫描）使用细粒度条带化并不太好。在 Oracle 11g R2 中，创建磁盘组时，默认只有控制文件使用了细粒度条带化设置。用户可以为指定的文件类型修改模板，从而改变这些默认设置。

正如在前面已经讨论过的，每一个存储在 ASM 中的文件都需要元数据信息来描述该文件中区的分布情况。一旦文件的大小开始增长，则与该文件相关的元数据也会开始增多，用来存储这些文件中区的分布信息的缓存空间自然也会开始增大。Oracle 11g 中引入了"可变大小区"的特性，以降低这种元数据增长负载。引入该特性主要是为了在文件增长时可以使用更大的区来降低文件对元数据的需求。同时，这种方式能够支持更大的数据文件（文件最大可以达到 140PB）。例如，一个数据文件初始时的大小只有 1GB，则使用的区大小都是 1 个分配单元的大小，随着文件大小的增长，将会有更大的区被使用，直到一个区中最多可以包含 16 个分配单元。这里有两个容量阈值：20 000 个区，20GB 的数据量，每个分配单元的大小为 1MB；40 000 个区，100GB 的数据量，其中 20GB 的区中包含 1 个分配单元，另外 20 000 个区中包含 4 个分配单元，每个分配单元的大小同样为 1MB，最后，超过 40 000 的区将会包含 16 个分配单元。因此，不同的区的大小分别包含 1、4 和 16 个分配单元（也就是 1MB、4MB 和 16MB）。当文件增长至需要使用多个分配单元区时，文件就会按照 1 个分配单元进行条带化处理，以维护文件的粗粒度条带化设置，ASM 会自动处理它们。对于可变大小区的这一特性，就其行为而言，它与 RDBMS 中的自动区分配功能极为相似。

对于超大型数据库来说，修改默认的分配单元大小可能更好一些，可以带来以下结果。
❑ 减小了 RDBMS 实例中用于管理区地图的 SGA 的大小。
❑ 增加了文件的容量限制。
❑ 缩减了数据库的打开时间，因为超大型数据库通常都有很多大数据文件。

增加分配单元的大小可以增加打开大数据库的时间，也就能够减小区地图所消耗的共享池的大小。查看 AU_SIZE 的大小可使用如下 SQL 语句。

```
SQL> select name, allocation_unit_size/1024/1024||'M' from v$asm_diskgroup;
```

对于 Oracle 11g 的 ASM 系统来说，在执行 CREATE DISKGROUP 时就可以设置合适的分配单元大小，示例如下。

```
SQL > CREATE DISKGROUP data NORMAL REDUNDANCY
      FAILGROUP controller1 DISK
      '/devices/diska1' NAME diska1,
      '/devices/diska2' NAME diska2,
      '/devices/diska3' NAME diska3,
      FAILGROUP controller2 DISK
      '/devices/diskb1' NAME diskb1,
      '/devices/diskb2' NAME diskb2,
      '/devices/diskb3' NAME diskb3,
      ATTRIBUTE  'au_size'='4M',
      'compatible.asm' =  '11.2',
      'compatible.rdbms' =  '11.2',
```

3.5 ASM 存储设备配置

在安装 Oracle RAC 时，虽然操作系统识别磁盘后在 ASM 层面识别磁盘的任务在原则上由系统管理员来完成，但是在大多数实际安装环境中，这一般是由 DBA 来完成的。因此，DBA 有必要掌握相关的概念及操作方法。接下来以 Linux 系统为例，对磁盘权限的修改和映射的配置环节进行进一步讨论。

3.5.1 ASM 磁盘发现

当主机操作系统安装完成并连接存储设备后，一旦磁盘对操作系统可见，在 ASM 中发现的这些磁盘设备便可使用。这就需要将这些磁盘设备（UNIX 文件名）的所有者权限从 root 转换到 GI 软件所有者身上，一般设为 grid:asmadmin。也就是说，若要将存储划分给操作系统的逻辑卷，它在 UNIX 系统上的文件权限需要改为 grid:asmadmin 才行。如果直接通过 chown 命令来尝试对磁盘文件进行修改则会失败，而需要先通过 ASMLib、UDEV、mknod、链接等方式来对磁盘文件起别名才可实现权限变更。虽然这些权限变更工作原则上是由系统管理员来完成的，但很多实际情况并不是这样的，这也是很多初级 DBA 安装 Oracle RAC 时常被卡住的环节。

在发现 ASM 磁盘的过程中，另外需要注意就是 ASM_init.ora 配置文件中的 asm_diskstring 参数。该参数位置会因为系统类型和多路径文件配置中的别名等原因而各不相同，根据实际情况进行配置即可，如下所示。

```
*.asm_diskstring='/dev/mapper/hdisk*'      #Linux 系统示例
或
*.asm_diskstring='/dev/rdsk/c1t1d*s4'      #Solaris 系统示例
```

除了在 Solaris 环境中通过连接方式或通过 Linux 的 mknod 方式实现别名，还可以将连接文件映射在 /dev/asmdis 目录中，这个时候配置参数应该如下。

```
*.asm_diskstring='/dev/asmdis/*'
```

虽然在 /dev 目录下可以对文件随意起名，但最好不要采用 /dev/asm 目录。因为该目录主要用来存储 ACFS 的配置文件和 ADVM 卷。在 Oracle 11g R2 的集群软件安装或升级过程中，root.sh 或 rootupgrade.sh 脚本可能会移除并重建 /dev/asm 目录，这将导致原有的 mknod 设备被移除。因此，为了今后的安全起见最好使用除 /dev/asm 之外的其他目录。

ASM 只会扫描匹配 ASM 字符串参数（asm_diskstring）的磁盘，有 shallow 和 deep 两种方式。在采用 shallow 方式的磁盘发现过程中，ASM 只是简单地扫描那些有资格被打开的磁盘，这相当于在所有具有合适的访问权限的磁盘设备上执行 "ls -1" 命令。在采用 deep 方式的磁盘发现过程中，ASM 则会打开所有具备相应资格的磁盘设备。在绝大多数情况下，ASM 的发现方式都是 deep 方式。

对于集群环境中的 ASM 而言，并不要求一个设备的路径名、主编码和次要编码在所有节点上都相同。例如，在节点 nodel 上，可以通过 /dev /rdsk/c3tld4s4 访问一块磁盘，而在节点 node2 上，则可以使用 /dev/rdsk/c4tld4s4 访问同一块磁盘。尽管 ASM 并不要求同一块磁盘在所有节点上必须具有相同的名称，但是同一块磁盘必须让所有的 ASM 实例都能通过自身的磁盘发现字符串（asm_diskstring）访问。如果在不同的 ASM 节点上的同一磁盘的路径名称不一样，则只需要修改 asm_diskstring 参数的值来匹配对应的查找路径。

在 Linux 系统上，如果使用了 ASMLib 就不会存在这样的问题。ASMLib 能够自己处理磁盘查找和进程扫描，虽然相比于 UDEV，ASMLib 配置起来要更烦琐一些。

ASM 磁盘发现完成之后，登录 ASM 实例，通过 v$ASM_DISK 视图就能够看到相关的磁盘信息。具体查询语句如下。

```
SQL>  select name, path, group_number from v$asm_disk order by group_number;
NAME              PATH                          GROUP_NUMBER
----------        ------------------------      ------------
                  /dev/mapper/hdisk1            0
                  /dev/mapper/hdisk2            0
FRA_0000          /dev/mapper/hdisk16           1
FRA_0001          /dev/mapper/hdisk17           1
OCR1_0001         /dev/mapper/hdisk14           2
OCR1_0002         /dev/mapper/hdisk7            2
ORADATA02_0001    /dev/mapper/hdisk24           3
ORADATA02_0002    /dev/mapper/hdisk25           3
```

在上例中，我们是根据 ASM 参数文件中的 "asm_diskstring='/dev/mapper/* 参数路径" 发现的磁盘列表。你会发现其中 hdisk1 和 hdisk2 对应的 NAME 列和 GROUP_NUMBER 列的值为空，这是因为虽然这些磁盘已经被发现，但还未用来创建磁盘组，因此名称和磁盘组对应的编号是空白的。

只要 ASM 中的磁盘被看到，那么接下来的工作就是通过 ASM 指令创建磁盘组等。对于这些步骤，读者可以参考官方文档或其他资料，此处不再赘述。在安装 Oracle RAC 或扩容磁盘空间时，DBA 在操作系统中除了要识别磁盘还要配置多路径软件和 UDEV 等，因此接下来对多路径软件配置做出简要说明。

3.5.2　多路径配置

在 Linux 环境下安装 Oracle RAC 的前提条件是在操作系统层面进行多路径配置。当多路径软件启动的时候，它将通过系统命令 scsi_id -eg -s /block/sdX 得到 proc/partitions 里面所有块设备的 UUID（Universally Unique IDentify），然后把所有具有相同 UUID 的块设备组成一个 Group，再在 /dev/mapper 中对应生成一个单独的设备。

在系统安装过程中，通常会同时安装 device-mapper 软件包。使用 Linux 自带的 rpm 命令可以查询是否已经安装了此软件包。如果未安装，那么还要使用命令 rpm –ivh 进行安装。安装软件包的命令如下。

```
device-mapper-*
device-mapper-multipath-*
device-mapper-1*
```

安装软件包后通过 mpathconf 命令创建默认模板，接着启动多路径服务。对于创建默认配置、启动和激活 multipathd 进程，可以使用以下命令。

```
mpathconf --enable --with_multipathd y
```

配置完成后，建议重新启动多路径软件。

```
/etc/init.d/multipathd restart
```

多路径软件启动完成后会在 /etc/ 目录下生成 multipath.conf 文件，并且在 /etc/multipath 目录下生成 Bindings 及 WWID。其中 WWID 记录了系统中所有挂载盘的唯一 ID，Bindings 记录了 ID 对应的映射盘。一般绑定完后会在 /dev/mapper 目录下产生 mpathn(n 为替代符号)的文件，如下所示。

```
[oracle@server-db1 mapper]$ ls -al /dev/mapper/
lrwxrwxrwx.  1 root root        7 Feb 13 10:52 mpatha -> ../dm-5
lrwxrwxrwx.  1 root root        7 Jan 21 18:07 mpathb -> ../dm-3
lrwxrwxrwx.  1 root root        7 Feb 13 10:52 mpathc -> ../dm-2
```

如上所示，当在 DM-Multipath（CGSL 系统自带的多路径软件）中添加新设备时，这些新设备会位于 /dev 目录的两个不同位置：/dev/mapper/mpathn 和 /dev/dm-n。/dev/mapper 中的设备是在引导过程中生成的。可使用这些设备访问多路径设备，例如在生成逻辑卷时我们就要使用这些设备。而所有 /dev/dm-n 格式的设备都只能在内部使用，所以在 ASM 创建磁盘组的过程中不应该使用它们，而要使用 /dev/mapper/mpathn 设备。

我们也可以根据链接的存储设备磁盘分区在 multipath.conf 文件中设置别名，具体如下。

```
multipaths {
        multipath {
                wwid                    360080e50003e799a000003ca549a445c
                alias                   hdisk1
                }
        }
```

在单节点环境中，如果不用 RAC，则使用 mke2fs –j /dev/mapper/mapth4p1 命令在对应的分区上创建文件系统，再使用 mount 命令挂载文件系统就可以了。

如果在 RAC 环境中就需要配置 UDEV 或 ASMLib 来处理共享的磁盘分区（LUN），以便 Oracle ASM 能够发现这些分区。实际上，就算我们不对磁盘进行分区，UDEV 也能被 ASM 发现并识别，那是否对这些裸设备进行分区有什么区别呢？

创建分区可以实现以下 3 个目标。

1）可以跳过操作系统标签 VTOC（Volume Table Of Contents，记录了存储设备上所有数据集的属性，即卷目录表）。不同的操作系统有着不同的操作系统标签需求，也就是说，有些操作系统在使用存储之前需要先设置操作系统标签，其他一些则不需要。例如，在 Solaris 系统上最好在一块磁盘上创建一个分区，例如 4 号分区或 6 号分区，这样就可以跳过该磁盘上的第一个 1MB 的空间。

2）创建一个占位符以标记正在被使用的磁盘，这样就可以避免未分区的磁盘被滥用或者重写。

3）保证 ASM 条带与存储阵列内部条带之间对齐。

分区的目的就是让 ASM 文件区的边界与存储阵列中的条带保持一致。Oracle 数据库会进行大量的 I/O 读写操作，而 I/O 占用大小有必要与数据文件中的 1MB 大小的偏移量相一致。如果每次 I/O 的大小与存储阵列中的条带化不一致的话，就会带来轻微的性能衰减，因为可能会导致一些额外的磁盘被包含进 I/O 读写。尽管这种状况可能不会影响 I/O 延迟，但是会降低整个系统的 I/O 吞吐量，因为它增加了磁盘的寻道时间。因此还是建议创建磁盘分区后再映射 UDEV 配置。

在 Linux 上使用 fdisk 命令进行分区。通过 fdisk 命令进行磁盘格式化并分区的简要过程如下。

```
fdisk /dev/mapper/mpathb
fdisk /dev/mapper/mpathc
fdisk /dev/mapper/mpathd
fdisk /dev/mapper/mpathe
...
```

格式化设备后，就会形成 /dev/mapper/mpathbp1、/dev/mapper/mpathcp1、fdisk /dev/mapper/mpathdp1、fdisk /dev/mapper/mpathep1 等分区。完成这些分区后，接下来的工作就是进行 UDEV 配置。

3.5.3　UDEV 简介及配置

UDEV 配置既能够让 Oracle 对磁盘名进行持久化，也能将磁盘访问权限改为 grid:asmadmin。这样在 ASM 的配置过程中就能够看到磁盘了，之后再增加磁盘也不会影响或改变原有磁盘的名称。

在存储行业中，用户总是会有这样的要求。Linux 系统中原来有一块 SCSI 硬盘，系统分配的设备文件是 /dev/sda。现在新增加了一个外置的磁盘阵列，通过 SCSI 卡连接。在接上这个磁盘阵列后，/dev/sda 就变成了磁盘阵列中的硬盘了，原来内置的 SCSI 硬盘变成了 /dev/sdb，原因是内核处理方式是先到先得。那么如何将设备文件名固定下来呢？

在 Linux 内核 2.6 之前，这个问题处理起来比较麻烦。因为 /dev/sda 等文件都是 Linux 内核自动分配的，很难固定下来，除非更改加载 SCSI 卡驱动程序的顺序，而这对于其他的即插即用设备，如 USB 设备等，都不适用。

升级到 Linux 内核 2.6 后，这个问题已经可以通过新的 sysfs 文件系统和 UDEV 工具来解决了。UDEV 能够根据系统中硬件设备的状态动态更新设备文件，完成对设备文件的创建、删除和刷新等操作。

UDEV 所有配置文件均被放置在 /etc/udev 目录下，且均采用文本格式以方便用户修改。UDEV 在读取过程中将忽略配置文件中以 # 号开头的行。一般情况下，UDEV 的规则文件放置在 /etc/udev/rules.d 目录下，以 .rules 结尾的方式命名。如果配置文件不止一个，则按其文件名的词汇顺序来读取每个规则配置文件。通常，我们以两位数字作为开头来定义 UDEV 规则文件，比如 53-afd.rules 和 70-persistent-ipoib.rules。53-afd.rules 规则文件会在 70-persistent-ipoib.rules 规则文件之前被读取，因为按照词汇顺序，5 在 7 之前，具体如下所示。

```
[oracle@db1 rules.d]$ ls -al
-rw-r--r--. 1 root root  224 Dec  7 16:08 53-afd.rules
-rw-r--r--. 1 root root  222 Dec  7 16:09 55-usm.rules
-rw-r--r--. 1 root root  628 Sep 15  2017 70-persistent-ipoib.rules
-rw-r--r--. 1 root root  872 Dec  6 22:46 99-asmmultipath.rules
```

通常，存储厂商配置好存储设备后，在 Linux 操作系统上通过 fdisk 命令可以看到已经连接到服务器上的磁盘列表。一般存储厂商会配置好自己特定的多路径软件，或采用 3.5.2 节介绍的通用多路径软件。DBA 接下来任务就是通过 UDEV 配置使 ASM 在创建磁盘组时能够看到这些磁盘，否则安装 RAC 就会因找不到安装所需的共享磁盘而无法成功。

/etc/udev/rules.d/ 下新增配置文件的具体内容，与多路径配置时形成的磁盘分区名称、类型、UUID 等有关联，具体如下面示例所示，更多内容可以查阅官方文档。默认情况下，/etc/udev/rules.d 目录下没有 ASM 规则文件，需要新建一个规则文件。通常的做法是让该文件以数字 99 开头，名称便于识别即可。例如，99-oracle-asmdevices.rules 或 99-asmmultipath.rules 等，确保其后缀为 .rules 即可。关于规则文件的内容具体如下所示。

```
[oracle@db1 rules.d]$ cat 99-asmmultipath.rules
ACTION=="add|change", ENV{DM_UUID}=="mpath-36001438009b01dfb0000400000450000",
    SYMLINK+="asmocr1", GROUP="asmadmin", OWNER="grid", MODE="0660"
ACTION=="add|change", ENV{DM_UUID}=="mpath-36001438009b01dfb00004000004d0000",
    SYMLINK+="asmocr2", GROUP="asmadmin", OWNER="grid", MODE="0660"
ACTION=="add|change", ENV{DM_UUID}=="mpath-36001438009b01dfb0000400000490000",
    SYMLINK+="asmocr3", GROUP="asmadmin", OWNER="grid", MODE="0660"
ACTION=="add|change", ENV{DM_UUID}=="mpath-36001438009b01dfb0000400000590000",
    SYMLINK+="asmdata1", GROUP="asmadmin", OWNER="grid", MODE="0660"
```

在规则文件中，以上例子从 ACTION 开头至 MODE="0660" 整体为一行，如图 3-14 所示。

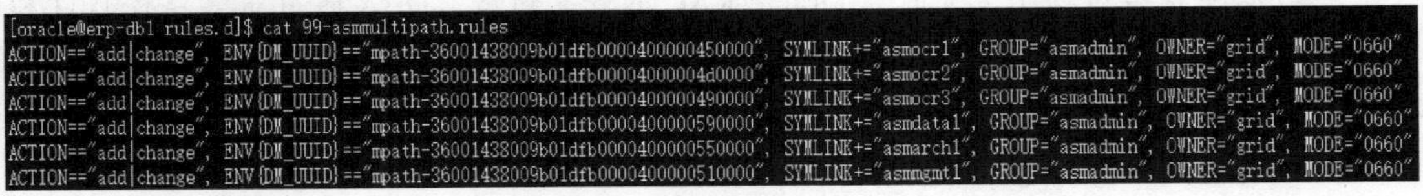
```
[oracle@erp-db1 rules.d]$ cat 99-asmmultipath.rules
ACTION=="add|change", ENV{DM_UUID}=="mpath-36001438009b01dfb0000400000450000", SYMLINK+="asmocr1", GROUP="asmadmin", OWNER="grid", MODE="0660"
ACTION=="add|change", ENV{DM_UUID}=="mpath-36001438009b01dfb00004000004d0000", SYMLINK+="asmocr2", GROUP="asmadmin", OWNER="grid", MODE="0660"
ACTION=="add|change", ENV{DM_UUID}=="mpath-36001438009b01dfb0000400000490000", SYMLINK+="asmocr3", GROUP="asmadmin", OWNER="grid", MODE="0660"
ACTION=="add|change", ENV{DM_UUID}=="mpath-36001438009b01dfb0000400000590000", SYMLINK+="asmdata1", GROUP="asmadmin", OWNER="grid", MODE="0660"
ACTION=="add|change", ENV{DM_UUID}=="mpath-36001438009b01dfb0000400000550000", SYMLINK+="asmarch1", GROUP="asmadmin", OWNER="grid", MODE="0660"
ACTION=="add|change", ENV{DM_UUID}=="mpath-36001438009b01dfb0000400000510000", SYMLINK+="asmmgmt1", GROUP="asmadmin", OWNER="grid", MODE="0660"
```

图 3-14　多路径规则文件内容

规则文件内容也有如下所示的简化的配置方法，也可以换行。从中可以看出，这里只是引用了多路径配置时的别名，编写 UDEV 权限文件的操作如下。

```
$vi /etc/udev/rules.d/99-oracle-asmdevices.rules
PROGRAM="/bin/chown grid:oinstall /dev/mapper/orcvotep1"
PROGRAM="/bin/chown grid:oinstall /dev/mapper/data01p1"
PROGRAM="/bin/chmod 0660 /dev/mapper/orcvotep1"
PROGRAM="/bin/chmod 0660 /dev/mapper/data01p1"
```

3.6　本章小结

数据库存储结构决定着数据库的可扩展性、稳定性和高并发等很多因素，可分为逻辑结构和物理结构。Oracle 逻辑结构引入了表空间（相对文件编号）、段、区、数据块的层次结构，在物理结构方面则把数据文件（绝对文件编号）按数据文件头、位图块、段头、段区地图、数据块等设计思想进行了实现。其中，数据块缓存层、事务槽层、数据层等层次设计思想，在高效利用有限的内存空间，应对高并发事务处理，将数据按行部署、灵活配置和索引等方面起到了关键作用。

Oracle 的存储结构相当于独立的文件系统，不仅允许将数据文件存放到操作系统提供的文件系统环境中，也允许将其直接放到裸设备中。放到裸设备的情况虽然管理起来相对复杂，但绕过了操作系统文件缓存层，直接与磁盘进行 I/O，有助于性能的提升。

为了应对裸设备管理的复杂性，Oracle 又提出了 ASM 技术。ASM 文件、ASM 区及 ASM 分配单元的设计思路既提升了存储管理的便利性，又确保了与直接访问磁盘一样的高吞吐量的 I/O 性能。

Oracle ASM 相当于 Oracle 独立的 RAID 架构。ASM 磁盘组是作为一个逻辑单元管理一个或多个 Oracle ASM 磁盘的集合。磁盘组中的数据结构能够使用部分空间来满足元数据的需求。ASM 磁盘是为 Oracle ASM 磁盘组预配的存储设备，既可以是物理磁盘，也可以是分区、存储阵列中的逻辑单元号、逻辑卷或连接到网络中的文件。

作为数据库的一款集卷管理和文件系统为一体的存储管理系统，ASM 的文件分为两大类：元数据文件和数据文件。元数据文件是保存 ASM 各种配置和状态数据的文件。Oracle 11g 中引入了被称为可变大小区的特性，用来降低元数据负载的增长。引入该特性的主要目的就是，在文件增长时可以使用更大的区来降低对元数据的需求。

在数据库安装过程中，尤其是 Oracle RAC 的安装过程，DBA 通过对多路径软件和 UDEV 的正确配置来确保 RAC 安装起步阶段的磁盘发现步骤的成功。这是一个非常关键的环节，本章也进行了简要说明。

微观理解 Oracle 原理

事务一致性是关系型数据库的中心话题，而 Oracle 日志文件和回滚段的巧妙设计，既确保了事务日志的快速写入，又保证了事务的可恢复性。因此，充分理解 Oracle 数据文件数据块及其头块、回滚块及其头块、日志块之间的逻辑关系和它们的存储结构，将有助于理解事务 ACID 特性的实现。对进程来说，数据文件及日志文件的读写过程也会导致进程在用户态和内核态之间相互切换，因 I/O 请求而导致 CPU 在进程之间进行上下文切换。

本篇将首先介绍 Oracle 日志和回滚的内容，然后引入排队论，结合现实生活中的排队问题及其系统模型，为理解 Oracle 在内存中处理排队难题和进行并发控制打好理论基础，最后会分别对 Oracle 的高速缓存和共享池进行较为深入的介绍。本篇将通过排队论结合共享内存并发控制的讲解方式对 Oracle 并发控制原理进行较深入的讨论，以便使 DBA 能更容易地理解 Oracle 的设计思想和算法实现。

Oracle 主要通过共享内存的方式解决进程间通信的问题，在并发控制方面，除了 Lock 和 Latch 以外，还引入了 Mutex 的概念。相对于缓存块大小统一的缓冲区缓存处理，共享内存池因为缓存块大小可变及不统一而引起了内存碎片等问题。Oracle 除了采用哈希表加链表的混合方式之外，还引入了对象句柄（object handle）的树形结构设计思想。理解与掌握这些设计思想不仅有利于理解 Oracle 在较小的内存空间内高效进行并发控制和快速读写的技术原理，还能在 Oracle 之外的其他高并发环境或有限内存空间中用于快速定位和修改共享资源。

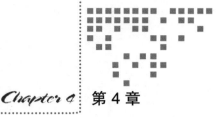

重　做

数据库如何在高并发环境下保证数据的一致性呢？为此，数据库中引入了事务的概念，把数据库中的相关操作看作一个统一的原子操作，这些相关的操作要么全都成功、要么全都失败。数据库都具有事务日志，用于记录所有事务以及每个事务对数据库所做的修改。如果系统出现故障，则可能需要使用事务日志将数据库恢复到一致状态。

日志一般分成回滚（Undo）和重做（Redo）两种。回滚日志一般用于事务的取消和回滚，记录的是数据被修改之前的值，相关内容将在第 5 章进行讨论。重做日志则一般用于恢复已确认但未写入数据库的数据，记录的是数据修改前后的值，例如：数据库忽然断电重启，数据库启动时一般要做一致性检查，会把已写到 Redo 日志但未写入数据库的数据重做一遍。数据库恢复一致状态的细节及原理就是本章的主要讨论内容。

4.1　深入认识重做记录

Redo 日志记录着系统数据块和用户数据块的变更。我们把每一条 Redo 信息叫作重做记录。重做记录里记录着数据的改变向量，改变向量记载了对一个数据块所执行的原子性操作。所以改变向量可用于保证数据块在修改前后的一致性，而其容器的日志记录则可用于保证数据库在修改前后的一致性。一条重做记录的构成具体如下。

- ❑ 重做记录头部信息，记录 SCN 及其子编号（SUBSCN），以及该记录将会写入日志文件的位置，即 RBA（Redo Byte Address，重做字节地址）。
- ❑ CHANGE # 1：UNDO 段头的修改日志，即申请事务修改 UNDO 段头来创建事务相关信息，因此该部分主要记录事务创建对回滚段头的改变日志。

❏ CHANGE # 2：UNDO 块的修改日志，即在修改某行数据之前，需要把旧值保存到回滚块，这可以理解为数据块的改前镜像。

❏ CHANGE # 3：因修改数据块而产生的日志，即旧数据保存到回滚块后，用新值来覆盖旧日志。

❏ CHANGE # 4：与 COMMIT 或审计相关的信息。

在进一步讨论日志记录和改变向量之前，需要了解 SCN、数据块版本号（SCN + SEQ）、RBA 等概念。

4.1.1　SCN：系统改变号

SGA 中有个内存位置用来产生"时钟"信号，实际上它是一个简单的计数器，称作系统改变号（System Change Number，SCN）。每个能够访问 SGA 的服务器进程都能读取和更新 SCN，通过 kcmgss 函数在每个查询或事务开始的时候读取这个位置的当前值，当进程提交一个事务时，它同时会增加 SCN 的值。

SCN 是 Oracle 表示时间流逝的一种方式，它是由内核产生的一个数。使用 SCN 的原因是数据库的正常工作需要一个可靠的时间系统。此系统与现实世界一致，不允许时间倒退（特殊情况下可以人为快速递增 SCN）。在发生操作变更时，将当前的时间写入被修改的地方，这样 Oracle 才能正确判断数据库中发生的操作在时间上的先后次序，而次序对恢复操作非常重要。我们知道操作系统时间和硬件时间可以任意修改，因此使用严格递增的 SCN 是判断事务先后顺序最好的解决方案。

系统时间标记与 SCN 之间存在一张表，即 SYS 下的 SMON_SCN_TIME。每隔 5min，系统就会产生一次系统时间标记与 SCN 匹配，并存入 SYS.SMON_SCN_TIME 表（由 SMON 进程来执行 Update 操作）。该表中记录了最近 1440 个系统时间标记与 SCN 的匹配记录，即该表维护最近 5 天内的记录。下面就来介绍常用的 SCN 查询和转换方法。首先查询目前系统最新的 SCN，之后根据 SCN 查找对应的时间。timestamp 与 SCN 互换的两种方法如下所示。

第一种方法如下。

```
select dbms_flashback.get_system_change_number from dual;
select scn_to_timestamp(351277605) from dual;
```

第二种方法如下。

```
select timestamp_to_scn(to_date('2020-13-25 12:10:00', 'yyyy-mm-dd hh24:mi:ss'))
    from dual;
```

4.1.2　SEQ 与 RBA

在数据库中，只要是导致变更的操作，负责执行操作的进程都要申请新的 SCN。即便没有发生任何事件，每3s SCN也必须至少增加1。数据库的内部操作可能频繁变更，因此不能排除多条重做记录的SCN一样的情况。所以Oracle又引入了SUBSCN，用以标记同一个SCN下的多次变更，该值的范围为1~254。SUBSCN经常以"SUBSCN：n"的形式出现在转储文件中。

修改操作完成后，SCN和SUBSCN会保存在被修改的数据块头部，占7字节，SCN还是名为SCN，但是SUBSCN会改称为SEQ（序列号）。SCN与SEQ就是数据库块版本号，经常以"SCN：0xffff.ffffffff SEQ:n"的形式出现在转出文件中。如此一来，修改操作的SCN就会出现在以下两种文件中：重做日志和数据文件。

RBA即重做记录的物理地址。有了它，在重做日志中寻址重做记录就有了可能。RBA由4部分构成，分别是日志线程号、日志序列号、日志文件编号和日志文件块字节偏移量，长度为10字节。

修改操作的SCN、SUBSCN和该操作的RBA，都会写入重做记录中，这样重做记录的自描述性就变得相当强了，不仅可以表示操作发生的"时间"，还标记了在哪个重做日志文件的哪个字节处（来自RBA）能找到其自身。下面就以Update Redo记录为例，解释一条重做记录的构成。

4.1.3　准备重做日志转储

根据如下示例，分析进行重做日志文件转储所需的准备。

```
    SYS@Kuqlan_db> select group#, sequence#, status from v$log;
GROUP#      SEQUENCE#   STATUS
----------  ----------  ----------
1           53          INACTIVE
2           54          INACTIVE
3           55          CURRENT

SYS@Kuqlan_db> select group#, member from v$Logfile;
GROUP# MEMBER
----------  ------------------------------------
3           /u01/oradata/ora10g/redo03.log
2           /u01/oradata/ora10g/redo02.log
1           /u01/oradata/ora10g/redo01.log
SYS@Kuqlan_db> select empno, ename, sal from my_emp;
EMPNO           ENAME           SAL
----------      ----------      ----------
7788            SCOTT           3000
8888            SEKER           800
SYS@Kuqlan_db> select current_scn from v$database;
CURRENT_SCN
-----------
2174235
SYS@Kuqlan_db> update my_emp set ename='ZORRO' where empno=7788;
1 row updated.
```

```
SYS@Kuqlan_db> select current_scn from v$database;
CURRENT_SCN
-----------
2174254
SYS@Kuqlan_db> alter system switch logfile;
System altered.
SYS@Kuqlan_db> alter system dump logfile '/u01/oradata/ora10g/redo03.log' scn
    min 2174235 scn max 2174254;
SYS@Kuqlan_db> rollback;
Rollback complete.
SYS@Kuqlan_db> conn / as sysdba
Connected.
SYS@Kuqlan_db> alter system dump logfile '/u01/oradata/ora10g/redo03.log' scn
    min 2174235 scn max 2174254;
System altered.
SYS@Kuqlan_db>
```

4.1.4　转储文件的内容及构成

1）重做记录头部，代码如下。

```
REDO RECORD - Thread:1 RBA: 0x000037.00000b9b.0010 LEN: 0x01e8 VLD: 0x05
SCN: 0x0000.00212d2d SUBSCN: 1 11/21/2012 18:02:00
```

从以上代码可以看出，记录头部包含 Update 命令的 SCN、SUBSCN 和该记录将会写入日志文件的位置，即 RBA。

2）第一个改变向量（UNDO 段头记录），代码如下。

```
CHANGE #1 TYP:0 CLS:35 AFN:2 DBA:0x00800099 OBJ:4294967295 SCN:0x0000.00212cf4
SEQ: 1 OP:5.2
ktudh redo: slt: 0x002e sqn: 0x0000031f flg: 0x0012 siz: 160 fbi: 0
uba: 0x0080009b.0328.07 pxid: 0x0000.000.00000000
```

　　第一个改变向量记载了对 2 号文件的 153 号数据块所进行的修改。该数据块是回滚段的头部，地址由 AFN 和 DBA 表示，修改此数据块的目的是创建事务表。这是因为 Update 命令发起了事务，Oracle 必须为每个事务分配一个回滚段，在回滚段中创建一张所谓的事务表。该表用来保存事务产生的旧数据，这种旧数据就是通常所说的回滚数据。回滚数据主要用来支持事务的回滚和查询的读一致性。一个事务所产生的所有旧数据都存放在同一个事务表中，一个回滚段可以包含多个事务表。没有回滚段，事务就会无法开始。

　　在以上转出内容中，AFN 是指绝对文件编号，对应 v$database.FILE# 字段。DBA 是指相对数据块地址，包含相对文件编号和数据块编号，长度为 4 字节，由此即可得知回滚段的头部所在的数据块。示例中，DBA 的值是十六进制的 0x00800099，改为十进制则是8388761。使用 dbms_utility 即可得到其含义。

```
SQL> select to_number('800099', 'xxxxxx') from dual;
TO_NUMBER('800099','XXXXXX')
```

```
------------------------------
    8388761
SQL> select  dbms_utility.DATA_BLOCK_ADDRESS_FILE( 8388761) rfile#,dbms_utility.
    DATA_BLOCK_ADDRESS_block( 8388761) block# from dual;
     RFILE#      BLOCK#
---------- -----------
     2          153
```

SCN 和 SEQ 为数据块当前的（被修改之前的）版本号，SCN 为 0x0000.00212cf4，SEQ 为 1。被更改后的版本号将位于日志头部，SCN 为 0x0000.00212d2d，SUBSCN 为 1。

3）第一个改变向量负责创建事务表，而第二个改变向量则负责在事务表中创建具体的撤销数据。它记载了对 2 号文件的 155 号数据块（DBA:0x0080009b）所进行的修改，代码如下。

```
CHANGE #2 TYP:0 CLS:36 AFN:2 DBA:0x0080009b OBJ:4294967295 SCN:0x0000.00212cf3
    SEQ: 4 OP:5.1
```
改前镜像存储在回滚日志的 2 号文件 DBA:0x0080009b 块中，因为回滚日志的数据块发生改变也会产生日志，所以记录了回滚日志的重做信息。
```
ktudb redo: siz: 160 spc: 7454 flg: 0x0012 seq: 0x0328 rec: 0x07
xid: 0x000a.02e.0000031f
ktubl redo: slt: 46 rci: 0 opc: 11.1 objn: 52637 objd: 52637 tsn: 4
Undo type: Regular undo Begin trans Last buffer split: No
Temp Object: No
Tablespace Undo: No
0x00000000 prev ctl uba: 0x0080009b.0328.03
prev ctl max cmt scn: 0x0000.002126cc prev tx cmt scn: 0x0000.00212708op: Z
KDO Op code: URP row dependencies Disabled
```
即回滚日志的重做信息源自 Update 操作产生的更新行片段（update row piece），所以 Rollback 操作对应的还是 Update。
```
xtype: XA flags: 0x00000000 bdba: 0x0100011e hdba: 0x0100011b
itli: 2 ispac: 0 maxfr: 4858
tabn: 0 slot: 0(0x0) flag: 0x2c lock: 0 ckix: 49
ncol: 8 nnew: 1 size: 0
col 1: [ 5] 53 43 4f 54 54        即改前值，如果是 Insert 操作就不会产生这个值了，回退操作使用
    Rowid 即可。
```

转储结果倒数第 3 行中 "slot: 0(0x0)" 的含义是 Update 命令修改了数据块中的第一行。转储结果的倒数第一行 "col 1: [5] 53 43 4f 54 54" 的含义是该行的第二个字段 "col 1" 在 Update 操作之前的值是十六进制 53 43 4f 54 54，长度为 5 字节。可以通过如下命令查询并证明其值对应的 SCOTT。

```
SQL> select dump('SCOTT',16) from dual;
DUMP('SCOTT',16)
-----------------------------------
Typ=96 Len=5: 53,43,4f,54,54
```

4）前两个改变向量只是表明修改新值之前的准备工作及回滚所需数据的生成，还未提及 empno=7788 的员工所在的数据块应该如何修改。下面所示的是第三个改变向量的任务，

代码如下。

```
CHANGE #3 TYP:0 CLS: 1 AFN:4 DBA:0x0100011e OBJ:52637 SCN:0x0000.002127a4 SEQ: 1
        OP:11.5
KTB Redo
op: 0x01 ver: 0x01
op: F xid: 0x000a.02e.0000031f uba: 0x0080009b.0328.07
KDO Op code: URP row dependencies Disabled
```
即这个重做日志的 redo 信息是 Update 操作产生的，对应这个改变向量操作的还是 Update。
```
xtype: XA flags: 0x00000000 bdba: 0x0100011e hdba: 0x0100011b
itli: 2 ispac: 0 maxfr: 4858
tabn: 0 slot: 0(0x0) flag: 0x2c lock: 2 ckix: 49
ncol: 8 nnew: 1 size: 0
```
因为更新之前的值和更新后的值长度一致，都是 5，所以这里的大小没有变化，否则这里会记录下更改后值的长度是增加了还是减少了，正值代表增加，负值代表减少。
```
col 1: [ 5] 5a 4f 52 52 4f
```
即，改后值

观察转储结果第 1 行中的 AFN:4 DBA:0x0100011e（4 号文件的第 286 号块）及末端三行的 slot(行) 和 col(字段)，可以得知改变向量才是 Update 命令真正的目的。将 4 号文件的 XXX 号数据块中第 1 行的第 2 个字段修改为 5a 4f 52 52 4，即 ZORRO，具体操作如下。

```
SQL> select dump('ZORRO',16) from dual;
DUMP('ZORRO',16)
----------------------------------------------------------------
Typ=96 Len=5: 5a,4f,52,52,4f
```

也可以利用如下命令一个个进行转换。

```
SQL> select chr(to_number('5a','xx')) from dual;
CHR(TO_N
--------
Z
```

5）第四个改变向量如下所示。

```
CHANGE #4 MEDIA RECOVERY MARKER SCN:0x0000.00000000 SEQ: 0 OP:5.20
```

第四个改变向量的作用包括提供恢复操作完结点、提供有限的事后审计等。

从以上内容可以看出，最简单的 DML 命令至少需要修改 3 个数据块，分别为回滚段头块、回滚块和数据块。上述过程只是修改重做记录中 Update 命令中的一个计划，改变向量中所提及的修改操作全都没有执行。只有当重做记录被临时保存在日志缓冲区中之后，服务器进程才会按照计划执行。

4.2 IMU 与非 IMU

为了降低重做日志缓冲区的冲突，Oracle 10g 版本引入了"在内存中撤销"（In Memory Undo）机制，简称 IMU 机制。该机制也称为新的 strand 机制——Private strand 机制。在共享池中分配一块内存空间，获取 Private strand 的用户事务不是在 PGA 中而是在 Private strand 中生成的重做日志。当执行 flush private strand 或者 commit 操作时，Private strand 会被批量写入日志文件中。但原来的 REDO 机制（我们称之为非 IMU 机制）并没有被彻底剔除掉，而是以 IMU 和非 IMU 并存的机制在运行。

引入 IMU 机制的主要目的就是减少重做记录的数量，从而减少重做日志缓冲区对相关 latch 的争用。在以下场景中无法使用 IMU 机制。

❑ RAC 环境。

❑ 重做日志文件（redo_file）小于 50MB。

❑ 配置 SUPPLEMENTAL_LOG。

❑ 隐含参数配置为 false，即 _in_memory_undo=false。

❑ 申请不到 IMU 区和 Private redo 区。

❑ 将申请到的 IMU 区和 Private redo 区消耗完之后转为非 IMU 机制。

4.2.1 非 IMU 的重做日志申请过程

下面就以 update scott.emp set ename='ZORRO' where ename='SCOTT' 为例，介绍非 IMU 场景下重做日志的申请过程。

1）申请事务，获得 UNDO 段。

2）在 UNDO 段头进行事务修改，在 PGA 中生成事务表变更日志（change #1 OP 5.2）。

3）在 db_buffer_cache 中找到修改的目标数据块，在此过程中可能需要进行物理读操作。

4）将数据块中的修改目标键值（旧值）SCOTT 复制到 PGA 中，生成 UNDO 块变更日志记录（change #2 OP 5.1），即 UNDO 块变更产生日志记录。

5）服务器进程把修改的（新值）ZORRO 复制到 PGA 中，生成数据块变更日志记录（change #3 11.5），即数据块变更时产生日志记录。至此，一个重做记录就构造完毕了。因为重做日志缓冲区是被多个进程共享使用的，所以以将这个重做记录写到重做日志缓冲区中时也需要相关锁的保护。

6）获得 redo copy latch。

7）获得 redo allocation latch，从日志缓冲区中分配空间。

8）释放 redo allocation latch。

9）将重做记录写入从重做日志缓冲区分配的空间中。

10）释放 redo copy latch。

11）真正地修改 UNDO 改前镜像，将 SCOTT 存入 UNDO 块中。

12）真正地修改目标数据块的改后镜像，将 ZORRO 存入数据块中。

13）当 LGWR 被触发时将这个重做记录写入在线重做日志文件中。

此事务之后的每一条 DML 都会生成新的重做记录，构造的新的重做记录不包含

UNDO 段头的修改（即在 PGA 中构造的 change #1 OP 5.2）的信息，只包含与重做日志相关锁的获取流程。如果事务被提交，则执行流程如下。

1）commit 操作也会构造一个重做记录。

2）申请 redo write latch。

3）申请 Post/Wait Queue latch。

4）唤醒 LGWR 进行工作。

5）释放 Post/Wait Queue latch。

6）释放 redo write latch。

7）记录 log file sync 等待事件，进入等待，等待 LGWR 完成后唤醒。

在传统的非 IMU 机制中，事务中的每条 DML 以及 commit 操作都会产生新的重做记录，甚至一条 UPDATE 命令更新 2 条数据，会产生两条重做记录。每次重做记录向重做日志缓冲区写入都会获取一次与重做日志相关的锁。

4.2.2　IMU 的重做日志申请过程

在共享池中准备了一个 IMU 区和 Private redo 区（也称为 Private strand），以临时保存生成的 redo 改变向量，直到提交时才将 redo 改变向量写入日志缓冲区（也称为 public redo 区或 shared strand）。需要注意的是，public redo 区不止一个，其数量是由 _log_parallelism_max 和 log_parallelism_dynamic 参数决定的。

```
SYS@ora11g> select name, value, ISDEFAULT, DESCRIPTION from h$parameter where
    name like '%log_parallel%';
NAME                     VALUE  ISDEFAULT  DESCRIPTION
------------------       ---    ----       --------------------------
_log_parallelism_max     2      TRUE       Maximum number of log buffer strands
_log_parallelism_dynamic TRUE   TRUE       Enable dynamic strands
```

在 IMU 模式下重做日志的申请过程如下。

1）申请事务，获得 UNDO 段。

2）申请 In memory Undo latch 和 redo allocation latch(1)，定位共享池中的 IMU 区，如果无法获得则转为非 IMU 机制。

3）分配好共享池中的 IMU 区和 Private redo 区后，立即释放 In memory Undo latch 及 redo allocation latch(1)。后续写入 redo 改变向量时不需要持有这两个锁，因为申请的区域是私有的。

4）在 UNDO 段头进行事务修改，在共享池中的 IMU 区生成事务表变更的日志记录（change #2 OP 5.2）。

5）在 db_buffer_cache 中找到修改的目标数据块（可能会有物理读操作）。

6）将数据块中的修改目标键值（旧值）复制到共享池中的 IMU 区，生成 UNDO 块变更的日志记录（change #1 OP 5.1）。

7）服务器进程把修改的（新值）复制到共享池中的 Private redo 区，生成更新操作的日志记录（change #3 11.5）。

8）真正地修改目标数据块的改后镜像，将新值存入数据块中。

至此，更新操作才算完成。此事务之后的每一条 DML 都会生成新的改变向量 change # 5.1 和 11.5，其中并不包含 change # 5.2 信息。如果事务被提交，则执行流程如下。

1）commit 操作也会构造一个改变向量 change #。

2）申请 redo copy latch。

3）申请 redo allocation latch(2)。

4）从重做日志缓冲区中分配 public redo 区。

5）释放 redo allocation latch(2)。

6）写出重做记录到 public redo 区。

7）释放 redo copy latch。

8）再次申请 In memory Undo latch、redo allocation latch(1)。

9）释放 IMU 区和 Private redo 区的空间。

10）释放 In memory Undo latch 和 redo allocation latch(1)。

11）申请 Post/Wait Queue latch。

12）唤醒 LGWR 进行写日志工作。

13）释放 Post/Wait Queue latch。

14）记录 log file sync 等待事件，进入等待，等待 LGWR 完成来唤醒。

在上述流程中，对 redo allocation latch(1) 和 redo allocation latch(2) 的说明如下。

❑ redo allocation latch(1) 是从共享池中分配空间的锁。

❑ redo allocation latch(2) 是从重做日志缓冲区中分配空间的锁。

在 IMU 方式中，一个事务多条 DML 也只会产生一条重做记录，这样就只需要调用一次 redo copy latch 和 redo allocation latch(2)。IMU 机制就是为了减少这两个锁的争用而设计的。

```
SYS@ora11g> select PARENT_NAME, "WHERE", NWFAIL_COUNT, SLEEP_COUNT from v$latch_
    misses where "WHERE" like 'kcrfw_redo_gen%' or "WHERE" like 'kcrf_pvt_
    strand_%';
PARENT_NAME WHERE NWFAIL_COUNT SLEEP_COUNT
-------------------------------- ---------------------------------------
redo allocation kcrfw_redo_gen: redo allocation 0 0 0
redo allocation kcrfw_redo_gen: redo allocation 1 0 470
redo allocation kcrfw_redo_gen: redo allocation 2 0 2
redo allocation kcrfw_redo_gen: redo allocation 3 0 28
redo allocation kcrfw_redo_gen: redo allocation 4 0 0 即 public redo 分配 redo
    allocation latch(2)
redo allocation kcrf_pvt_strand_unbind 0 0
redo allocation kcrf_pvt_strand_bind 0 0 即从 Private redo 区分配 Redo allocation
    latch(1)
```

```
redo allocation kcrf_pvt_strand_dump 0 0
redo copy kcrfw_redo_gen: nowait 0 0
redo copy kcrfw_redo_gen: wait 0 0
10 rows selected.
```

4.3　LGWR 的工作原理

重做日志缓冲区是为了避免频繁的重做文件 I/O 导致的性能瓶颈而从 SGA 中分配出的一块内存区域。一个 Redo 条目首先在用户内存（PGA）中产生，然后由 Oracle 服务进程将其复制到日志缓冲区中，当满足一定条件时，再由 LGWR 进程写入在线重做日志文件中。

4.3.1　写日志流程

除了 commit 操作引起的 log file sync 等待事件会导致 LGWR 进程写日志，在满足如下条件时也会导致 LGWR 进程写日志。

❑ 重做日志缓冲区占用了三分之一时。

❑ 先于 DBWR 写操作（先记日志后写脏块，保证未提交数据都能回滚）。

❑ 每 3s 由计时器唤醒（由 DBWR 的每 3s 写一次而来）。

下面就来对 LGWR 进程写日志的过程做进一步说明。

1）LGWR 被唤醒，准备写重做日志，该进程可以利用 3s 计时器唤醒，也可以被服务器进程唤醒。

2）获取 redo allocation latch，检查要写的日志块，一个日志文件块为 512 字节（HP-UX 平台下，一个日志文件块为 1024 字节）。

3）记录 log file parallel write 等待事件。

4）开始写到在线重做日志文件中。

5）结束 log file parallel write 等待事件。

6）获取 redo allocation latch，将写出的日志缓冲区位置标记为可重用状态。

7）申请 Post/Wait Queue latch。

8）唤醒发起 commit 操作并处于 log file sync 等待事件的服务器进程。

9）释放 Post/Wait Queue latch。

在 LGWR 写日志过程中，还有关于自身状态的记录要修改。LGWR 工作期间为防止被别的服务器进程打扰，省略了修改自身状态的过程。实际上 LGWR 修改自身状态前需要获得 redo writing latch。在 CPU 够用的情况下不需要考虑该问题，这主要与 CPU 是否紧张有关。

4.3.2　3 秒唤醒和 commit 写入的差异

计时器 3 秒唤醒的设置只会将日志缓冲区中已经写满的日志块写到日志文件中。由 commit 操作唤醒的设置则会将日志缓冲区中的所有日志块都写到重做文件中，不管是已经写满的还是没有写满的。而没有写满的块写到重做文件后，就不会再被使用，以避免重新读入时产生的 I/O 代价。这就是"redo 浪费"现象产生的原因。

```
SYS@oral1g> select name, value from v$sysstat where name like 'redo wa%';
NAME VALUE
---------------------------------------------------- ----------
redo wastage 307908
```

4.4 Redo 等待事件

Redo 等待事件虽然大多数时候是由磁盘的 I/O 慢或者事件频繁提交导致的，但有时也需要通过 log file sync 和 log file parallel write 的占比来诊断问题的根源。接下来就对该类等待事件做一个简要介绍。

4.4.1 log buffer space

当日志缓冲区被填满，服务器进程无法再申请到空间时，该服务器进程会通知 LGWR 立即刷新日志缓冲区中的重做记录，然后进入 log buffer space 等待事件，直到 LGWR 将日志缓冲区刷新到在线重做日志文件中而被唤醒为止，此时等待事件才结束。

产生 log buffer space 等待事件的主要原因是 LGWR 的写盘速度不及重做记录的产生速度，解决思路有如下 3 种。

1）减少重做记录。

2）提高在线重做日志文件所在存储设备的写入性能。

3）加大日志缓冲区的空间。

对于第一种解决思路，有时重做记录的数量是无法减少的，因此第二种解决思路才是解决问题的主要办法。不要把重做文件放到转速较慢或采用 RAID5 技术的磁盘组上，因为 RAID5 具有读取快而写入慢的特性，日志文件一般建议放到 RAID10 的磁盘组或固态（SSD）硬盘上。而第三种解决思路很多时候治标不治本，日志缓冲区很快就会写满。

4.4.2 log file parallel write

当 LGWR 进程将日志缓冲区中的重做记录写到在线重做日志文件时会产生 log file parallel write 等待事件，log file parallel write 等待时间可用于评估 LGWR 的写 I/O 总时间。产生等待事件的原因是在线重做日志文件所在磁盘的 I/O 性能不够高而引起的 LGWR 写盘速度太慢，而解决思路是提高在线重做日志文件所在的存储设备的写入性能。

4.4.3 log file sync

log file sync 等待事件是服务器进程从 commit 唤醒 LGWR 开始写入计时，直到 LGWR

写完后唤醒服务器进程而结束。这个等待事件时间包含了 log file parallel write 等待的时间。因此通过对比 log file sync 与 log file parallel write 等待时间的差值可以分析出以下有用的信息。

如果 log file sync 和 log file parallel write 的差值较小，则说明 log file parallel write 维持时间过长。也就是说 LGWR 写得不快，即磁盘写入速度较慢。

```
Log file sync |--|---------Log file parallel write--------|---|
```

LGWR 进程启动写日志，写完就叫醒服务器进程。如果 log file sync 和 log file parallel write 的差值较大，则说明 LGWR 进程获取 CPU 时得不到资源，出现了等待现象。

```
Log file sync |---------------------|--Log file parallel write--|---|
```

LGWR 获取 CPU 后启动写日志，写完叫醒服务器进程。还有可能出现的问题就是频繁提交，解决思路如下。

1）提高在线重做日志文件所在存储设备的写入性能。

2）找出主机 CPU 的消耗在哪些方面。

3）降低提交频率，但在 IMU 机制下应该加快提交，以避免 Private redo 区占用。

```
SQL> select name, value from v$sysstat where name in ('IMU commits', 'user
    commits');
NAME                                               VALUE
---------------                                    ----------
user commits                                        2149947
IMU commits                                         2015800
```

通过上面两个指标可以算出提交操作属于 IMU 提交还是非 IMU 提交。

SCALABLE LGWR 是 Oracle 12cR1 版本中引入的新特性。这是由于在 OLTP 环境中，LGWR 写日志往往会成为系统的主要性能瓶颈，如果 LGWR 进程能像 DBWR（DBW0~DBWn）那样多进程写出重做记录到在线重做日志文件中，就能大幅释放 OLTP 的并发能力，提高系统在单位时间的事务处理能力。

4.5 多 LGWR 进程

在 Oracle 12cR1 版本中用 SCALABLE LGWR 实现了同时处理多个 LGWR 进程的目的，称为多 LGWR 进程。LGWR 作为主进程负责协调工作，而具体的事情则由辅助进程 LGnn 来做。LGWR 负责保证重做日志是按照顺序写入的，而 LGnn 则根据 LGWR 的指示来进行 redo strand 的读取和重做记录的磁盘写入操作，并且直接通知服务器进程写入完成，从而结束 log file sync 等待事件。在 Oracle 19c 环境下的查询结果如下。

```
[oracle@db1 ~]$ ps -ef|grep lg
grid      7046     1  0  2019 ?        00:12:08 asm_lgwr_+ASM1
oracle   74496     1  0  Mar15 ?       01:14:28 ora_lgwr_db1
```

```
oracle    74500    1   0 Mar15 ?         02:02:40 ora_lg00_db1
oracle    74504    1   0 Mar15 ?         00:05:13 ora_lg01_db1
```

SCALABLE LGWR 主要受隐藏参数 _use_single_log_writer 控制。该参数主要有 3 个可选值——TRUE、FALSE 和 ADAPTIVE，默认值为 ADAPTIVE。

当参数值为 ADAPTIVE 和 FALSE 时，如果 CPU 的个数大于一个，则会有多个 LGnn 进程。当参数值为 TRUE 时，则不会生成多个 LGnn 进程，而如同 Oracle 12.1 之前版本那样，仅有单个 LGWR 进程。

```
 SQL> show parameter _use_single_log_writer     --Oracle 19c 环境中没有结果显示
NAME                              TYPE        VALUE
-------------------              -----------  ----------------
_use_single_log_writer           string      ADAPTIVE
```

LGnn 进程的最大个数由 _max_outstanding_log_writes 参数来决定，可用如下 SQL 语句查询。

```
SQL> select KSPPINM, KSPPSTVL from x$ksppi a, x$ksppsv b
where a.indx=b.indx and a.KSPPINM like '%outstanding_log%';
KSPPINM                                    KSPPSTVL
------------------------------------       ----------
_max_outstanding_log_writes                2
```

Oracle 12c 通过并发辅助进程以及优化在线重做日志的写算法有效地改善了多 CPU 环境中由 LGWR 引起的等待瓶颈，提高了 LGWR 的性能。一般来说，这种性能改善在中小型数据库实例中并不明显，实际上它主要用于那些 64 个 CPU 或更多 CPU 的数据库实例。但有性能测试报告显示，在有 8 个及以上 CPU 的情况下，数据库性能也有所改善。

在 Oracle 之前的版本中，由单一的 LGWR 进程处理所有的 redo strand，收集重做记录并将其写到在线重做日志文件中。在 Oracle 12c 中，LGWR 开始协调多个辅助进程，并行完成以前 LGWR 独自进行的写入工作。

也就是说，LGWR 进程变成了多个 LGnn 辅助进程的协调指挥者，并负责保证这些并发进程所做的工作仍满足正确的 LGWR 顺序。LGnn 进程负责读取一个或多个 redo strand，将其实际写出到在线重做日志文件以及唤醒前台服务器进程。

在 Oracle 12c 中，当使用 SYNC 同步传输重做日志到备用数据库时，不支持使用上述的并行写 SCALABLE LGWR 方法，从而又返回到串行写的旧方法上。但是 Parallel LGWR/SCALABLE LGWR 是支持 ASYNC 异步传输重做日志的。

4.6 本章小结

数据库与文件系统的主要区别之一就是数据库引入了事务及事务日志的概念。由数据库存储结构可知，Oracle 数据库是以数据块为最小存取单位的，而数据块内数据是按行的方式存储的。从磁盘的物理结构来看，存取信息的最小单位是扇区，一个扇区是 512 字节。从 Oracle 数据库管理系统对磁盘的存取管理来看，日志文件存取信息的最小单位也是 512 字节，而且是按日志序列进行写入的。这样不仅可以确保快速写入日志，而且在线重做日志可以采用循环覆盖的方式来节省磁盘的利用空间。

重做日志记录着系统数据块和用户数据块的变更信息。一条重做记录由记录头部、CHANGE # 1、CHANGE # 2、CHANGE # 3、CHANGE # 4 等部分组成，按记录序列描述数据块的中的数据变更。

为了确保并发环境下各事务日志的前后顺序是正确的，Oracle 引入了数据库内部的时钟机制，具体有 SCN、SEQ 等，还有为了快速定位日志块引入的 RBA 等。对日志文件转储内容的分析和对日志文件写入流程的理解，有利于对数据库中常见的等待事件进行诊断，比如，对 log file sync 与 log file parallel write 的区分。

重做日志缓冲是多个进程的共享内存区域。Oracle 在原来 IMU 机制的基础上引入了非 IMU 机制，降低了对该共享区域的并发竞争，减少了日志的写入量。在过去，LGWR 只有一个，因此经常成为系统吞吐量的瓶颈。为此，从 Oracle 12c 版本开始引入了多个 LGWR 进程机制，LGWR 作为主进程负责处理协调工作和顺序，具体的事情则由辅助进程 LGnn 来处理和执行。

归档日志是备份恢复的根据，同时日志也是数据库高可用性的基础。通过将 Oracle 日志同步解析到另一个服务器，我们可以构建 Oracle 灾备系统，即 Oracle Data Gurad。而 Oracle 11g 版本之后出现的 ADG 特性，也允许备端数据库保持"以只读方式打开"的状态，Oracle 19c 版本之后，可以在 ADG 备端数据库实现读写功能。

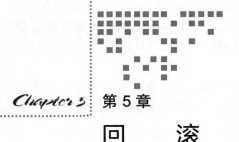

Chapter 5 第 5 章

回　　滚

回滚日志是另一种类型的事务日志，这类日志一般用于对事务进行取消与回滚，记录的是数据被修改之前的值。

在 Oracle 中，回滚日志不像重做日志那样以记录序列的方式来存储。它有专门的 UNDO 段。UNDO 段其实如表段一样，是一个段空间而不是记录序列。但不同于表段或索引段的是，UNDO 段由 Oracle 自行管理，UNDO 段的创建或删除是由 Oracle 自动进行的。

5.1　回滚的概念及原理

回滚的概念是从哪里来的？为此，我们先从事务说起，说到事务，就要一直追溯到 Jim Gray，他是 IBM SYSTEM R 的开发人员，SYSTEM R 是 IBM 对关系型数据库的尝试。Jim Gray 在开发 SYSTEM R 时，不断在思考一个问题："如何能多、快、好、省地保证数据库的一致性"。他最终提出的思路就是把数据库中相关的操作看作一个统一的原子操作，这些相关的操作要么都成功，要么都失败——这就是事务。事务的概念就由此而生了。

只要保证每个事务都是一致的，那么数据库就是一致的，这样的思路使得解决问题需要考虑的范围大大缩小。但解决这个问题并不简单，因为数据库的操作是多重并发的，事务是互相重叠且相关的。在同一段时间内，我可能更新了你要查询的行，你要删除他正在更新的行……这种互相交织在一起的情况是十分普遍的。

Jim Gray 后来一直致力于对事务的研究，还把他的研究成果写成了一本书——《事务处理：概念与技术》。在这本书中，他提出了数据库中的核心概念：Do-Undo-Redo 协议。

5.1.1 Do-Undo-Redo 协议

简要说一下 Do-Undo-Redo 协议的思想。当时已经有了两阶段提交协议，但它是针对分布式的，因此比较松散，用它来实现事务的原子性太慢了。Jim Gray 另辟蹊径，提出了 Do-Undo-Redo 协议，并在他的《事务处理：概念与技术》一书中对该协议进行了说明（如图 5-1 所示）。

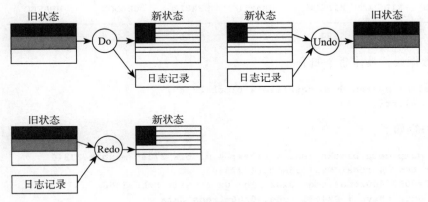

图 5-1　Do-Undo-Redo 协议

Jim Gray 在书中对图 5-1 所示的 Do-Undo-Redo 协议的解释如下。

❑ Do，就是指操作，比如一些执行 UPDATE、INSERT 或 DELETE 操作的 SQL 语句。它让数据库从旧的状态变为新的状态，同时会产生日志。

❑ Undo，利用日志（Undo 数据块的变更日志），将新状态变回旧的状态。

❑ Redo，利用日志（Data 数据块的变更日志），从旧状态转移到新状态。

Do-Undo-Redo 协议其实与 DB2、SQL Server 中的事务机制完全一样，但在后面二者的设计中 UNDO 日志和 REDO 日志的概念是融合在一起的。比如，在 SQL Server 中有事务日志，回滚、恢复操作都靠事务日志。

Oracle 中的事务也使用了 Do-Undo-Redo 协议。只不过 Oracle 把 Undo 和 Redo 的部分分开了，Undo 部分有专门的 UNDO 段。UNDO 段的创建和删除是由 Oracle 自动进行的。

5.1.2 Undo 部分的生成过程

下面以 INSERT 操作为例，总结一下 UNDO 的生成过程。假设用户进行了插入操作，具体过程如下。

```
SQL> create table t1 (id varchar2(20));
Table created.
SQL> insert into t1 values('SCOTT');
1 row created.
SQL>select  dbms_rowid.ROWID_RELATIVE_FNO(rowid) file#,dbms_rowid.rowid_block_
    number(rowid) block# from t1;
```

```
FILE#        BLOCK#
----------   ----------
4            27340
```

保持事务，不提交，用另外一个会话查看事务信息。

```
SQL> select XIDUSN, XIDSLOT, XIDSQN, UBAFIL, UBABLK, UBASQN, UBAREC from
     v$transaction;

XIDUSN   XIDSLOT  XIDSQN      UBAFIL      UBABLK     UBASQN     UBAREC
-------- -------- ---------- ----------- ---------- ---------- ----------
   1        13      394          2           189       339        47
```

转储数据块，具体命令如下。

```
SQL> alter system dump datafile 4 block 27340;
System altered.
```

转储内容如下。

```
Start dump data blocks tsn: 4 file#: 4 minblk 27340 maxblk 27340
buffer tsn: 4 rdba: 0x01006acc (4/27340)
scn: 0x0000.4002b6a3 seq: 0x02 flg: 0x04 tail: 0xb6a30602
frmt: 0x02 chkval: 0x4661 type: 0x06=trans data
...
Itl  Xid                  Uba                 Flag Lck  Scn/Fsc
0x01 0x0001.00d.0000018a  0x008000bd.0153.2f  ---- 1 fsc 0x0000.00000000
0x02 0x0000.000.00000000  0x00000000.0000.00  ---- 0 fsc 0x0000.00000000
```

数据块头上开始时有 2 个事务槽，我们通过 INSERT 操作开启了一个事务，占用了 ITL:0x01 槽。图 5-2 所示的是对事务槽的各个字段的简要说明。

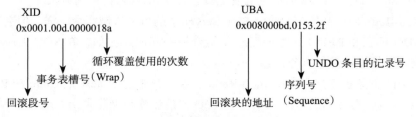

图 5-2　对事务槽各个字段的简要说明

（1）XID（事务 ID）

XID 的构成如下。

$$0x0001.00d.0000018a = UNDO 段号 + 事务表槽号 + 循环覆盖使用的次数$$

❑ 0x0001：1 号 UNDO 段号。

❑ 0x00d：13 号事务槽。

❑ 0x18a：在代码中对应 to_number（'18a'，'xxxxxx'）==> 394，表示 UNDO 段被使用的次数，该段是循环覆盖使用的。

```
SQL> select to_number('18a', 'xxxxxx') from dual;
TO_NUMBER('18A','XXXXXX')
-------------------------
                      394
```

（2）UBA（回滚块地址）

UBA 表示该事务在 UNDO 块上被应用的最后一条 UNDO 的地址，即这个块要回滚的起点。需要注意的是，这里是数据块回滚，而不是事务回滚。

UBA 的构成如下。

$$0x008000bd.0153.2f = 回滚块地址 + 序列号 + Last\ Entry\ in\ UNDO\ 条目记录号$$

❑ 0x008000bd 表示改前映像所存的回滚块的地址，解析出来是 DBA，如下。

```
SQL> select to_number('8000bd', 'xxxxxx') from dual;
TO_NUMBER('8000BD','XXXXXX')
----------------------------
                     8388797
SQL> select  dbms_utility.DATA_BLOCK_ADDRESS_FILE( 8388797) file#,dbms_utility.
    DATA_BLOCK_ADDRESS_block( 8388797) block# from dual;
    FILE#      BLOCK#
---------- ----------
        2         189
```

即这个事务产生的改前映像存储在 2 号文件的 189 号块上。

❑ 0x0153：to_number(153,'xxxxxx') ==> 339，表示序列号。UNDO 块也是可以循环覆盖使用的，所以需要使用序列号来区分。

❑ 0x2f：to_number('2f','xxxxxx') ==> 47，表示 UNDO 条目的记录号，如果此时别的会话访问这个表，则会根据块头上的这个 UBA 完成读一致性操作。

❑ Flag：事务状态的标记。

❑ Lck：事务锁的行数。

❑ Scn：数据块最后提交的 SCN。

❑ Fsc：即 Free Space Credit，表示因为未提交而不确定的空闲空间，一般由 DELETE 操作或 UPDATE 操作产生。

继续列出 4 号文件 27340 号块的转储结果。

```
data_block_dump, data header at 0xd04d464
===============
tsiz: 0x1f98
hsiz: 0x14
pbl: 0x0d04d464
bdba: 0x01006acc
76543210
flag=--------
ntab=1
```

```
nrow=1
frre=-1
fsbo=0x14
fseo=0x1f8f
avsp=0x1f7b
tosp=0x1f7b
0xe:pti[0] nrow=1 offs=0
0x12:pri[0] offs=0x1f8f
block_row_dump:
tab 0, row 0, @0x1f8f
tl: 9 fb: --H-FL-- lb: 0x1 cc: 1
col 0: [ 5] 53 43 4f 54 54
end_of_block_dump
End dump data blocks tsn: 4 file#: 4 minblk 27340 maxblk 27340
```

继续保持事务，查 UNDO 段的信息如下。

```
SQL> select XIDUSN, XIDSLOT, XIDSQN, UBAFIL, UBABLK, UBASQN, UBAREC from
    v$transaction;
XIDUSN      XIDSLOT     XIDSQN      UBAFIL      UBABLK      UBASQN      UBAREC
---------- ---------- ---------- ---------- ---------- ---------- ----------
1           13          394         2           189         339         47
SQL> select * from v$rollname where usn=1;
USN         NAME
---------- ------------------------------
1           _SYSSMU1$
```

转储出段头。

```
SQL> alter system dump undo header'_SYSSMU1$';
System altered.
```

UNDO 段头的转储信息如下。

```
********************************************************************************
Undo Segment: _SYSSMU1$ (1)
********************************************************************************
Extent Control Header
TRN TBL::
index state cflags wrap# uel  scn        dba        parent-xid     nub      stmt_num
    cmt
---- --- ---- ---- ---- ---------- ---------- -------------- -------- ----------
0x0b 9  0x00 0x018a 0xffff 0x0000.4002b612 0x008000bd 0x0000.000.00000000
    0x00000001 0x00000000 1357861272
0x0c 9  0x00 0x018a 0x0026 0x0000.400266f6 0x008000bd 0x0000.000.00000000
    0x00000001 0x00022222 1357803645
0x0d 10 0x80 0x018a 0x0001 0x0000.4002b638 0x008000bd 0x0000.000.00000000
    0x00000001 0x00011111 0
0x0e 9  0x00 0x018a 0x001b 0x0000.4002672e 0x008000bd 0x0000.000.00000000
    0x00000001 0x00000000 1357803658
```

0x0d 槽的状态是 10，表示活动事务，对应的 SCN 为 0x0000.4002b638，to_number ('4002b638','XXXXXXXX') ==> 1073919544 表示修改时的 SCN。

dba: 0x008000bd，前面已经解析过，是 UNDO 表空间的 2 号文件的 189 号块。

```
TRN CTL:: seq: 0x0153 chd: 0x001d ctl: 0x000b inc: 0x00000000 nfb: 0x0000
mgc: 0x8201 xts: 0x0068 flg: 0x0001 opt: 2147483646 (0x7ffffffe)
uba: 0x008000bd.0153.2f scn: 0x0000.400261a9 2222
```

UNDO 段头的 UBA 是 0x008000bd.0153.2f，即 2 号文件的 189 号块。如果此时执行回滚命令，则会在找到段头的这个 UBA 时回退。继续保持事务，并转储回滚块。

```
SQL> alter system dump datafile 2 block 189;
System altered.
```

转储文件信息如下。

```
Start dump data blocks tsn: 1 file#: 2 minblk 189 maxblk 189
buffer tsn: 1 rdba: 0x008000bd (2/189)
scn: 0x0000.4002b6a3 seq: 0x01 flg: 0x04 tail: 0xb6a30201
frmt: 0x02 chkval: 0x94ca type: 0x02=KTU UNDO BLOCK
Hex dump of block: st=0, typ_found=1
部分信息省略
***************************************************************************
UNDO BLK:
xid: 0x0001.00d.0000018a seq: 0x153 cnt: 0x2f irb: 0x2f icl: 0x0 flg: 0x0000
这个块中保存着这个事务的回退信息
Rec Offset Rec Offset Rec  Offset  Rec Offset  Rec   Offset
--- ------ ----- ------ --- ------  ---- -----  ----- ------------
0x01 0x1f64 0x02 0x1f00 0x03 0x1eac 0x04 0x1e40 0x05 0x1dbc
0x06 0x1d4c 0x07 0x1ccc 0x08 0x1c48 0x09 0x1bbc 0x0a 0x1b10
0x0b 0x1aa4 0x0c 0x1a34 0x0d 0x1988 0x0e 0x190c 0x0f 0x18a0
0x10 0x1834 0x11 0x17b0 0x12 0x1724 0x13 0x1568 0x14 0x14fc
0x15 0x14a8 0x16 0x144c 0x17 0x13f8 0x18 0x138c 0x19 0x1308
0x1a 0x1298 0x1b 0x1218 0x1c 0x1194 0x1d 0x1118 0x1e 0x1094
0x1f 0x1018 0x20 0x0f80 0x21 0x0e9c 0x22 0x0e34 0x23 0x0ddc
0x24 0x0d30 0x25 0x0c88 0x26 0x0bdc 0x27 0x0b90 0x28 0x0af8
0x29 0x0a48 0x2a 0x0988 0x2b 0x0904 0x2c 0x0888 0x2d 0x0804
0x2e 0x0788 0x2f 0x071c
*-----------------------------
* Rec #0x1 slt: 0x04 objn: 8779(0x0000224b) objd: 8779 tblspc: 2(0x00000002)
* Layer: 11 (Row) opc: 1 rci 0x00
记录 Rec 1 的详细信息
*-----------------------------
* Rec #0x2 slt: 0x04 objn: 8780(0x0000224c) objd: 8780 tblspc: 2(0x00000002)
* Layer: 10 (Index) opc: 22 rci 0x01
记录 Rec 2 的详细信息
这个事务的记录信息是 47 号
SQL> select XIDUSN, XIDSLOT, XIDSQN, UBAFIL, UBABLK, UBASQN, UBAREC from
  v$transaction;
```

```
XIDUSN       XIDSLOT       XIDSQN       UBAFIL       UBABLK       UBASQN       UBAREC
----------  ----------   ----------   ----------   ----------   ----------   ----------
1            13            394           2            189          339           47
```

因为 to_char('47', 'xxxxxx') ==> 2f，据此找到 47 号 Rec 的信息，如下：

```
*-----------------------------
* Rec #0x2f slt: 0x0d objn: 52053(0x0000cb55) objd: 52053 tblspc: 4(0x00000004)
* Layer: 11 (Row) opc: 1 rci 0x00   这个 RCI 是一个事务中包含多个 Rec 的链
找到 OPCode:Opcode 1 : Interpret Undo Record (Undo)
Undo type: Regular undo Begin trans Last buffer split: No
Temp Object: No
Tablespace Undo: No
rdba: 0x00000000
*-----------------------------
uba: 0x008000bd.0153.2d ctl max scn: 0x0000.40026174 prv tx scn: 0x0000.400261a9
txn start scn: scn: 0x0000.4002b5b7 logon user: 54
prev brb: 8388795 prev bcl: 0
KDO undo record:
KTB Redo
op: 0x03 ver: 0x01
op: Z 代表事务的回退终点，我们只做了一个 INSERT 操作，只有一条 UNDO 记录，这一条就是终点
KDO Op code: DRP row dependencies Disabled
对应 INSERT 操作的回退语句就是 Opcode 3 : Drop Row Piece
xtype: XA flags: 0x00000000 bdba: 0x01006acc hdba: 0x01006acb
itli: 1 ispac: 0 maxfr: 4858
tabn: 0 slot: 0(0x0)
```

以上没有回退记录的具体信息，因为 INSERT 操作的改前映像是 NULL，所以只记录数据块头上的 slot 号即可。由此可以推出数据块头、回滚段头和回滚块之间的关系。

5.1.3 数据块头、回滚段头、回滚块之间的关系

通过 5.1.2 节的内容，我们可以推出数据块头（dba_hder）、回滚段头（undo_seg_hdr）、回滚块（undo_block）之间的关联关系，如图 5-3 所示。也就是说，可以根据数据块头上的 UBA 找到回滚块，完成读一致性。Rollback 操作通过数据块头上的 XID 定位回滚段头中的对应 XID，并找到事务的 UBA，再根据 UBA 定位回滚块后对其进行回滚。

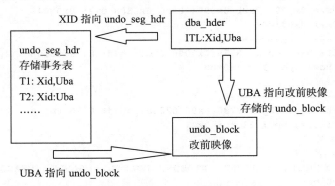

图 5-3　数据块头、回滚段头和回滚块的关联关系

下面在 5.1.2 节所讲述的原有的事务上继续操作。

```
SQL> select * from t1;
ID
--------------------
SCOTT
SQL> update t1 set id='SEKER';
1 row updated.
```

之前的事务信息：

```
SQL> select XIDUSN, XIDSLOT, XIDSQN, UBAFIL, UBABLK, UBASQN, UBAREC from
     v$transaction;

XIDUSN     XIDSLOT    XIDSQN     UBAFIL     UBABLK     UBASQN     UBAREC
---------- ---------- ---------- ---------- ---------- ---------- ----------
1          13         394        2          189        339        47
SQL>
```

现在的事务信息：

```
SQL> select XIDUSN, XIDSLOT, XIDSQN, UBAFIL, UBABLK, UBASQN, UBAREC from
     v$transaction;

XIDUSN     XIDSLOT    XIDSQN     UBAFIL     UBABLK     UBASQN     UBAREC
---------- ---------- ---------- ---------- ---------- ---------- ----------
1          13         394        2          189        339        48
SQL>
```

继续转储数据块：

```
SQL> alter system dump datafile 4 block 27340;
System altered.
SQL>
*** SESSION ID:(139.12) 2013-01-11 09:54:54.096
Start dump data blocks tsn: 4 file#: 4 minblk 27340 maxblk 27340
buffer tsn: 4 rdba: 0x01006acc (4/27340)
scn: 0x0000.4002c8f0 seq: 0x01 flg: 0x04 tail: 0xc8f00601
frmt: 0x02 chkval: 0x4469 type: 0x06=trans data
Hex dump of block: st=0, typ_found=1
```

省略部分信息

之前的数据块头的 ITL 信息：

```
Itl  Xid                  Uba                    Flag Lck Scn/Fsc
0x01 0x0001.00d.0000018a 0x008000bd.0153.2f ---- 1 fsc 0x0000.00000000
0x02 0x0000.000.00000000 0x00000000.0000.00 ---- 0 fsc 0x0000.00000000
```

现在的数据块头的 ITL 信息：

```
Itl  Xid                  Uba                    Flag Lck Scn/Fsc
0x01 0x0001.00d.0000018a 0x008000bd.0153.30 ---- 1 fsc 0x0000.00000000
0x02 0x0000.000.00000000 0x00000000.0000.00 ---- 0 fsc 0x0000.00000000
```

对比发现 XID 没改变，但是 UBA 的 Rec 出现变化，

通过转换得出 Rec 新值为 48，即 to_number('30', 'xxxxxx') ==> 48

继续转储 UNDO 段头信息：

```
SQL> alter system dump undo header'_SYSSMU1$';
System altered.
SQL>
```

转储信息:
```
********************************************************************************
Undo Segment: _SYSSMU1$ (1)
********************************************************************************
Extent Control Header
```
省略部分信息
之前的 **TRN CTL** 信息:
```
TRN CTL:: seq: 0x0153 chd: 0x001d ctl: 0x000b inc: 0x00000000 nfb: 0x0000
mgc: 0x8201 xts: 0x0068 flg: 0x0001 opt: 2147483646 (0x7ffffffe)
uba: 0x008000bd.0153.2f scn: 0x0000.400261a9
```
现在的 **TRN CTL** 信息:
```
TRN CTL:: seq: 0x0153 chd: 0x001d ctl: 0x000b inc: 0x00000000 nfb: 0x0000
mgc: 0x8201 xts: 0x0068 flg: 0x0001 opt: 2147483646 (0x7ffffffe)
uba: 0x008000bd.0153.2f scn: 0x0000.400261a9
```
发现段头的记录没有变化
UBA 依然是第一次的记录
之前的事务表的信息:
```
TRN TBL::
index state cflags wrap# uel scn dba parent-xid nub stmt_num cmt
--------------------------------------------------------------------------------
0x0c 9 0x00 0x018a 0x0026 0x0000.400266f6 0x008000bd 0x0000.000.00000000
    0x00000001 0x00000000 1357803645
0x0d 10 0x80 0x018a 0x0001 0x0000.4002b638 0x008000bd 0x0000.000.00000000
    0x00000001 0x00000000 0
0x0e 9 0x00 0x018a 0x001b 0x0000.4002672e 0x008000bd 0x0000.000.00000000
    0x00000001 0x00000000 1357803658
```
现在的事务表的信息:
```
TRN TBL::
index state cflags wrap# uel scn dba parent-xid nub stmt_num cmt
--------------------------------------------------------------------------------
0x0c 9 0x00 0x018a 0x0026 0x0000.400266f6 0x008000bd 0x0000.000.00000000
    0x00000001 0x00000000 1357803645
0x0d 10 0x80 0x018a 0x0001 0x0000.4002b638 0x008000bd 0x0000.000.00000000
    0x00000001 0x00000000 0
0x0e 9 0x00 0x018a 0x001b 0x0000.4002672e 0x008000bd 0x0000.000.00000000
    0x00000001 0x00000000 1357803658
```
事务表的信息没有变化
继续转储 **UNDO** 块的信息:
```
SQL> alter system dump datafile 2 block 189;
System altered.
SQL>
```
转储信息:
```
*** SESSION ID:(139.16) 2013-01-11 10:06:41.873
Start dump data blocks tsn: 1 file#: 2 minblk 189 maxblk 189
buffer tsn: 1 rdba: 0x008000bd (2/189)
scn: 0x0000.4002c8f0 seq: 0x01 flg: 0x04 tail: 0xc8f00201
frmt: 0x02 chkval: 0xf242 type: 0x02=KTU UNDO BLOCK
```

```
Hex dump of block: st=0, typ_found=1
```
省略部分信息
之前的 UNDO BLK 记录信息
```
*****************************************************************************
UNDO BLK:
xid: 0x0001.00d.0000018a seq: 0x153 cnt: 0x2f irb: 0x2f icl: 0x0 flg: 0x0000
```
这个块中保持着这个事务的回退信息
```
Rec Offset Rec Offset Rec Offset Rec Offset Rec Offset
---------------------------------------------------------------------------
0x01 0x1f64 0x02 0x1f00 0x03 0x1eac 0x04 0x1e40 0x05 0x1dbc
0x06 0x1d4c 0x07 0x1ccc 0x08 0x1c48 0x09 0x1bbc 0x0a 0x1b10
0x0b 0x1aa4 0x0c 0x1a34 0x0d 0x1988 0x0e 0x190c 0x0f 0x18a0
0x10 0x1834 0x11 0x17b0 0x12 0x1724 0x13 0x1568 0x14 0x14fc
0x15 0x14a8 0x16 0x144c 0x17 0x13f8 0x18 0x138c 0x19 0x1308
0x1a 0x1298 0x1b 0x1218 0x1c 0x1194 0x1d 0x1118 0x1e 0x1094
0x1f 0x1018 0x20 0x0f80 0x21 0x0e9c 0x22 0x0e34 0x23 0x0ddc
0x24 0x0d30 0x25 0x0c88 0x26 0x0bdc 0x27 0x0b90 0x28 0x0af8
0x29 0x0a48 0x2a 0x0988 0x2b 0x0904 0x2c 0x0888 0x2d 0x0804
0x2e 0x0788 0x2f 0x071c
```
现在的 UNDO BLK 记录信息
```
*****************************************************************************
UNDO BLK:
xid: 0x0001.00d.0000018a seq: 0x153 cnt: 0x30 irb: 0x30 icl: 0x0 flg: 0x0000
Rec Offset Rec Offset Rec Offset Rec Offset Rec Offset
---------------------------------------------------------------------------
0x01 0x1f64 0x02 0x1f00 0x03 0x1eac 0x04 0x1e40 0x05 0x1dbc
0x06 0x1d4c 0x07 0x1ccc 0x08 0x1c48 0x09 0x1bbc 0x0a 0x1b10
0x0b 0x1aa4 0x0c 0x1a34 0x0d 0x1988 0x0e 0x190c 0x0f 0x18a0
0x10 0x1834 0x11 0x17b0 0x12 0x1724 0x13 0x1568 0x14 0x14fc
0x15 0x14a8 0x16 0x144c 0x17 0x13f8 0x18 0x138c 0x19 0x1308
0x1a 0x1298 0x1b 0x1218 0x1c 0x1194 0x1d 0x1118 0x1e 0x1094
0x1f 0x1018 0x20 0x0f80 0x21 0x0e9c 0x22 0x0e34 0x23 0x0ddc
0x24 0x0d30 0x25 0x0c88 0x26 0x0bdc 0x27 0x0b90 0x28 0x0af8
0x29 0x0a48 0x2a 0x0988 0x2b 0x0904 0x2c 0x0888 0x2d 0x0804
0x2e 0x0788 0x2f 0x071c 0x30 0x06a4
```
产生了一个新的 Rec，其值 0x30 对应 48 号，即 to_number('30', 'xxxxxx') ==> 48
```
*---------------------------
* Rec #0x30 slt: 0x0d objn: 52053(0x0000cb55) objd: 52053 tblspc: 4(0x00000004)
* Layer: 11 (Row) opc: 1 rci 0x2f 一个事务中的 Rec 链，其中记录了上一个 Rec（即 47 号）
Undo type: Regular undo Last buffer split: No
Temp Object: No
Tablespace Undo: No
rdba: 0x00000000
*---------------------------
KDO undo record:
KTB Redo
op: 0x02 ver: 0x01
```

```
op: C uba: 0x008000bd.0153.2f  这里不再是 Z，而是记录了上一个 Rec（即 47 号）的 UBA
Array Update of 1 rows:
tabn: 0 slot: 0(0x0) flag: 0x2c lock: 1 ckix: 10
ncol: 1 nnew: 1 size: 0
KDO Op code: 21 row dependencies Disabled
xtype: XAxtype KDO_KDOM2 flags: 0x00000080 bdba: 0x01006acc hdba: 0x01006acb
itli: 1 ispac: 0 maxfr: 4858
vect = 0
col 0: [ 5] 53 43 4f 54 54       改前映像的值是 SCOTT
```

从以上示例代码中可以看出，当一个事务中的块多次发生变化时，回滚块会根据块头的 cnt: 0x30 定位该编号的 Rec #0x30 信息，并根据 Rec 里的 rci 0x2f 链表来跟踪定位上次的变更块。也就是说，回滚块之间通过 Rec 信息里的 rci 形成的单向链表来确保对多次变更的记录及跟踪。

可以总结为：一个事务内的多条重记录（Rec）通过 rci 链表进行链接，而一个数据块在一个事务中的多次修改通过 op 链接。

5.1.4 事务槽及相关等待事件

在高并发系统中，事务槽往往会引起资源争用的问题，因此下面先对事务槽的配置进行简要介绍。事务槽 ITL 是 Oracle 数据块内部的一个组成部分，位于数据块头中。ITL 由 XID、UBA、FLAG、LCK 和 SCN/FSC 组成，用来记录该块发生的所有事务，一个 ITL 可以看作一条事务记录。ITL 的最小值为 1，由参数 initrans 控制；最大值为 255，由参数 maxtrans 控制。在并发量特别大的系统中，最好能够分配足够数量的 ITL 或者设置足够的预留空间（PCTFREE），保证 ITL 能够扩展，但是 PCTFREE 有可能被行数据消耗掉，比如被 UPDATE 操作消耗，所以也有可能因块内部的空间不够而导致 ITL 等待。因此，应对由不同原因引起的 ITL 等待的解决方法主要如下。

❑ initrans 不足：数据块上的 ITL 数量并没有达到 maxtrans 的限制。发生这种情况的表通常会被经常更新，从而造成预留空间被填满的问题。如果我们发现这类 ITL 等待对系统已经造成了影响，则可以通过增加表的 initrans 或者 PCTFREE 来解决。这视该表上的并发事务量而定。通常，如果并发量很高，则建议优先增加 initrans；反之，则优先考虑增加 PCTFREE。

❑ maxtrans 不足：同一数据块上的事务量已经超出了其实际允许的 ITL 数。要解决这类问题就需要从应用着手，减少事务的并发量；在保证数据完整性的前提下，增加提交操作的频率，将长事务修改为短事务，减少资源占用率。

如果是使用 ALTER TABLE 的方式修改这两个参数，就只会影响新的数据块，而不会改变已有数据的数据块——要做到改变已有，就需要导出 / 导入数据并重建表。从以上内容可以看出，Oracle 数据库定制合理的数据块大小时，应当考虑预期数据库的常用表改变量以及并发用户数这些要素。图 5-4 所示的是另一个视角下的数据块逻辑结构。

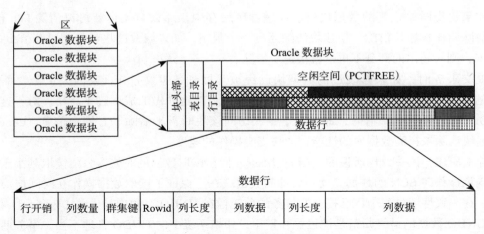

图 5-4 Oracle 数据块逻辑结构

5.2 读一致性及块清除

接下来通过 select 语句获取一个 SCN 或者 "as of scn xxx" 语句，在此过程中简要介绍产生一致性读的过程。

当一个 SQL 查到目标数据块时，首先应判断目标数据块是否有活跃事务。

1）若有活跃事务，则根据目标块头的 ITL 中的 UBA 找到并读取 UNDO 块，使用 rec 信息对数据块进行回滚（这个数据块是从 xcurr 块复制而来的）。回滚完成后，这个数据块就称为 CR 块。

2）若没有活跃事务，则使用 select 语句时的 SCN 和目标块头上所有 ITL 中的 SCN 依次进行比较，具体可分为如下 3 种情况。

❑ 若使用 select 语句时的 SCN 大于每个 ITL 中的 SCN，则直接读取这个块。

❑ 若使用 select 语句时的 SCN 小于其中一个 ITL 中的 SCN，则根据 ITL 中的 UBA 找到 UNDO 块执行回滚构造 CR 块。

❑ 若使用 select 语句时的 SCN 小于多个 ITL 中的 SCN，则根据每个 ITL 中的 UBA 找到 UNDO 块执行回滚构造 CR 块。

一致性读是基于块应用 UBA 实现的，所以一致性读可能会回滚多个事务中因修改目标块而产生的 Rec 链表。回滚的位置取决于启动 select 操作时的 SCN 值。

由于 Oracle 在数据块上存储了 ITL 和锁等事务信息，所以 Oracle 必须在事务提交之后清除这些事务数据，这就是块清除。块清除主要清除的数据有行级锁和 ITL 信息（包括提交标志、SCN 值等），换句话说就是要将这些事务信息删除。这个时候的 select 动作就会生成重做日志，这就是查询语句也会产生日志的原因所在。块清除有 2 种，一种是 Fast Commit Cleanout（提交清除），另一种是 Delayed Block Cleanout（延迟清除）。

如果提交时修改过的数据块仍然在缓冲区缓存中，那么 Oracle 就可以清除 ITL 信息，这种清除叫作快速块清除。快速块清除还有一个限制，如果修改的块数量超过 buffer cache 的 10%，则对超出的部分不再进行快速块清除。

提交事务时，如果修改过的数据块已经被写回到数据文件上（或因大量修改而超出 10% 的部分），则再次读出该数据块并进行修改，显然这样做的成本过于高昂。对于这种情况，Oracle 选择延迟块清除，即等到下一次访问该块时再来清除 ITL 锁定信息。Oracle 通过延迟块清除来提高数据库的性能，加快提交操作的速度。

综上所述，读一致性所说的是当通过 select 操作读取数据的时候，只能读取到小于等于启动查询操作时 SCN 的数据。读一致性的关键就在于保证了读取数据操作在时间层面的一致性。在一致性读过程中，已提交的事务的前镜像在 UNDO 空间中是失效（Expired）状态。失效 UNDO 数据的最终归宿是被覆盖和重用，如果系统中的 UNDO 管理不当，事务回滚的数据量比较大而且频繁，那么失效的 UNDO 前镜像被覆盖之后，如果正好有一个长时间查询语句需要访问这个前镜像，那么这个时候 Oracle 会抛出报错信息 ORA-1555，即快照太旧。

Undo_retention 是 Oracle 提供的用于控制 UNDO 过期数据而保留的调节参数。这里之所以叫作"调节"参数，是因为当 UNDO 空间不足时，Oracle 无法确保保留时间内的 UNDO 数据不会被覆盖。Oracle 在 10g 版本之后引入了一个新特性，就是 UNDO 的 guarantee，也就是说如果一个会话需要 UNDO 空间，即使 UNDO 的空间不足，这个会话也不会强制覆盖由 undo_retention 所保护的 UNDO 信息，那么这个会话的事务 DML 会因为 UNDO 空间的不足而报错并自动退出。修改 guarantee 的方法具体如下。

```
SQL> ALTER TABLESPACE undotbs1 RETENTION GUARANTEE;
```

Oracle 推荐对 UNDO 表空间中的 datafile 设定 MAXSIZE 值，不要让它一直自动扩展。如果 Oracle 获得了自动扩展的能力，那么旧的 UNDO 就不会被覆盖，而 UNDO 表空间会变得越来越大，直到将磁盘空间耗尽为止。因此，有了 guarantee 的保证，Oracle 将会保证将 UNDO 信息保存到 undo_retention 设定的值之后才被覆盖。如果这个时候很多事务同时执行，而将 UNDO 表空间耗完了，那么系统会报 ORA-30036 错误并最终失败，所以 undo_retention 参数需要合理配置，guarantee 参数要慎用。如果非要使用 guarantee 参数，那就要尽量将 UNDO 表空间设大一点并为其设定 MAXSIZE 值。

5.3 获取 UNDO 信息

在 UNDO 空间足够大的情况下，出现新事务时会不断产生新的 UNDO 段。只要 UNDO 空间足够大，就会产生新的 UNDO 段。直到空间不足时，大事务无法产生，而小事务会和别的事务占用一个 UNDO 段。如果有大事务持续扩张 UNDO 段，则 UNDO 空间需要以重用规则为先，在占用段内的所在区中搜索可用区，有活跃事务的区不能重用。若没有可用区，则申请空闲的 UNDO 空间，构成新的 UNDO 段。

要查看 UNDO 空间当前的使用量及状态，则可用如下查询语句。

```
SQL> select tablespace_name, status, round( sum( bytes ) /1024/1024, 2 )
     mb,count(*) extent_count
     from dba_undo_extents group by tablespace_name, status
     order by tablespace_name, status;
TABLESPACE_NAME                 STATUS              MB EXTENT_COUNT
------------------------------- --------- ----------- ------------
UNDOTBS1                        ACTIVE           9.13            4
UNDOTBS1                        EXPIRED         465.5         1067
UNDOTBS1                        UNEXPIRED       233.5          437
```

获取占用 UNDO 空间的 SID 与使用大小，可用如下查询语句。

```
SQL> select s.sid, substr( s.program, 1, 15 ) program,  s.machine,
     t.xidusn ||'.'|| t.xidslot ||'.'|| t.xidsqn tx_addr,
     t.status, t.start_time, tbs.tablespace_name tbs_name,
     round( t.used_ublk * tbs.block_size /1048576, 2 ) undo_size_mb,  t.used_urec
from v$transaction t, v$session s, v$parameter p, dba_tablespaces tbs
where t.ses_addr = s.saddr   and p.name = 'undo_tablespace'   and p.value = tbs.
     tablespace_name
order by t.used_ublk desc;
SID PROGRAM     MACHINE TX_ADDR       STATUS START_TIME TBS_NAME UNDO_SIZE_MB SED_UREC
--- --------- ------- ------------- ------ --------- -------- ------------ ----------
174 oracle@db2 t-db2   16.24.5909816 ACTIVE 04/14/21   18:21:09 UNDOTBS1         0.73 10730
```

长时间未提交的事务查询，可添加 v$sqlarea.sql_id=v$session.sql_id 以得到 sql_text 正在执行的语句，但它不一定是事务语句。

```
SQL> SELECT S.SID, S.USERNAME, U.NAME, Q.SQL_TEXT, Q.HASH_VALUE, T.UBABLK
     FROM V$TRANSACTION T, V$ROLLSTAT R, V$ROLLNAME U,V$SESSION S, V$SQL Q
     WHERE    S.TADDR = T.ADDR  AND T.XIDUSN = R.USN     AND R.USN = U.USN
            AND Q.HASH_VALUE =  DECODE(S.SQL_HASH_VALUE, NULL, S.PREV_HASH_
                VALUE,
                S.SQL_HASH_VALUE)
ORDER BY S.USERNAME;
  SID USERNAME          NAME            SQL_TEXT        HASH_VALUE     UBABLK
  ---------- ---- ------ -------------- ------- --------- ------- --------
  174 NUSER    _SYSSMU16_187377901$   SELECT COUNT(0)...   3095411479     4002
  174 NUSER    _SYSSMU16_187377901$   SELECT COUNT(0)...   3095411479     4002
```

如果 Oracle 会话无法通过 Oracle alters session 命令成功删除，则可以尝试用 v$process.addr=v$session.paddr 得到 SPID，然后登录服务器用 kill 命令清除此会话所属的进程。

获取当前 UNDO 段的大小，可使用如下查询语句。

```
SQL> select a.tablespace_name, A.segment_name, A.status, round(B.BYTES/1024/1024)
     SIZE_MB
from dba_rollback_segs a, dba_segments b where A.SEGMENT_NAME=B.SEGMENT_NAME
     order by SIZE_MB;
```

TABLESPACE_NAME	SEGMENT_NAME	STATUS	SIZE_MB
UNDOTBS1	_SYSSMU16_187377901$	ONLINE	11
UNDOTBS1	_SYSSMU252_4253093912$	OFFLINE	13
UNDOTBS1	_SYSSMU42_3411496964$	ONLINE	15
UNDOTBS1	_SYSSMU46_297736001$	OFFLINE	15
UNDOTBS1	_SYSSMU109_4184866417$	ONLINE	25

查询每个段的事务数、区数和拓展次数，可用以下查询语句（其中 XACTS 表示一个段内的事务数，EXTENTS 表示区的数量，EXTENDS 表示拓展的次数）。

```
SQL> select USN,XACTS,EXTENTS,EXTENDS, round(HWMSIZE/1024/1024,2) HWM_MB,STATUS
     from  v$rollstat order by XACTS,EXTENTS,EXTENDS;
     USN   XACTS  EXTENTS    EXTENDS     HWM_MB         STATUS
     ---   -----  ---     ----------  ---------      -------
       6     0      4          4879      17.12        ONLINE
...
      16     1      6           231     120.12        ONLINE
      11     1      6         55690     249.12        ONLINE
```

5.4 本章小结

UNDO 利用日志（UNDO 数据块的变更日志）将数据从新状态变回旧状态，而 REDO 利用日志（Data 数据块的变更日志）将数据从旧状态转移到新的状态。Oracle 中的事务也遵循 Do-Undo-Redo 协议，只不过 Oracle 把 Undo 部分和 Redo 部分分开了。

重做日志是严格按顺序写入记录序列的，而回滚段其实如表段一样，就是一个段空间，而不是记录序列。对 UNDO 段的管理不同于数据段和索引段，UNDO 段的创建和删除操作是由 Oracle 自动进行的。

本章通过转储 UNDO 段头、UNDO 块及数据块的方式，对事务 ID（XID）、UNDO 块地址（UBA）格式进行了说明，并在此基础上揭开了这 3 种块之间的关系。理解这些概念和关系有助于加深我们对读一致性、实例恢复等过程的理解。也就是说，根据数据块头上的 UBA 找到 UNDO 块完成读一致性。回滚先通过块头上的 XID 定位回滚段头中对应的 XID，并找到事务的 UBA，再根据 UBA 定位回滚块后对其回滚。

UNDO 空间是事务创建的前提。当事务无法创建时，数据库也会陷入无响应状态。因此作为 DBA，我们有必要掌握回滚段的相关故障诊断及处理方法。

过去根据回滚段的保留时间能够查看某个查询（select）语句之前的样子。而自从出现了 Flash Back Database，我们就能够通过创建镜像的方式将数据库回滚到过去的某个时间点了。

第 6 章 *Chapter 6*

排队论和并发控制

为了满足多个程序并行执行（多道程序设计）的需求，现代计算系统引入了进程的概念。这样程序在内存中就有了生命（以进程的形式），从而具备了向 CPU 不断递送程序指令的能力，进而减少了 CPU 的无效等待时间并提高了系统的响应效率。

随着有限的内存空间中同时运行的进程的数量不断增加，操作系统引入了虚拟内存的概念来平滑连接内存和磁盘的边界，进一步扩展了进程的舞台（虚拟内存）。但反映现实世界问题的计算机模型并不只是进程在内存、CPU、I/O 等模块之间进行的简单的线性扩展及先来先服务的排队算法。为了有效解决程序在获取有限资源时产生的排队问题，操作系统引入了排队论和并发控制的相关理论。

6.1 排队论和事务处理

为了更好地理解 Oracle 的排队等待及内部并发机制，我们结合身边场景理解客户端请求的发起、排队、等待直至获得服务的整个过程。下面就来对排队论及其模型进行简要介绍。

6.1.1 排队论的基本概念

日常生活中存在着大量有形和无形的排队拥挤现象，如旅客购票排队、车辆在高速公路交费口排队等。排队论（Queueing Theory）又称为随机服务系统理论，是一门研究拥挤现象（排队、等待）的科学，具体来说就是在研究各种排队系统统计规律的基础上，解决相应排队系统的最优设计和最优控制问题。有些排队是有形的，有些排队则是无形的，排队者有着共同的要求，就是得到某种服务，并且一般来说它们到达系统的时间是随机的，得到服务的时间也是随机的。正是由于这种随机性，排队现象几乎不可避免。排队系统的共同特征有以下几点。

❑ 有请求服务的人或者物——顾客（相当于 Oracle 客户端发起的用户进程）。

❑ 有为顾客服务的人或者物，即服务员或服务台（相当于服务器的 CPU、I/O 等资源）。

❑ 顾客到达系统的时间是随机的，为每一位顾客提供服务的时间是随机的，因而整个排队系统的状态也是随机的。

排队系统的基本排队过程如图 6-1 所示。

图 6-1　排队系统基本排队过程示意图

由图 6-1 可知，每个顾客自顾客源处按一定方式到达服务系统。首先顾客加入队列排队，等待接受服务。然后服务台按一定规则从队列中选择顾客进行服务，获得服务的顾客则立即离开。

排队系统的几种常见形式分别如图 6-2 ～图 6-5 所示。

图 6-2　单服务台排队系统

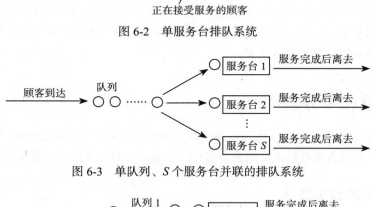

图 6-3　单队列、S 个服务台并联的排队系统

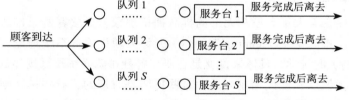

图 6-4　S 个队列、S 个服务台并联的排队系统

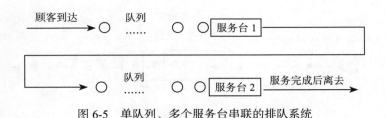

图 6-5 单队列、多个服务台串联的排队系统

更复杂的场景还有多队列、多服务台混联的排队系统。从上述排队系统的各种形式可以看出，面对拥挤现象，人们通常的做法是增加服务设施。但是增加的设施数量越多，人力、物力的支出就越大，甚至会出现资源浪费；如果服务设施太少，顾客排队等待的时间就会很长，这样又会对服务顾客的质量带来不良影响。想要既保证一定的服务质量，又使得服务设施支出经济合理，合理地解决顾客排队时间与服务设施费用的矛盾，就需要排队论（随机服务系统理论）。排队论所要研究和解决的就是这个问题，排队论也是 Oracle 数据库性能优化中要遵循的重要原则。为了建立 Oracle 性能优化的两大分支——CPU 模型和 I/O 模型，我们有必要进一步对排队论进行分析。排队模型的三要素具体列举如下。

1）m 为窗口数或服务员数，表示资源量（比如 CPU 资源和 I/O 资源），或者同时向顾客提供服务的设施数（单窗口，$m=1$；多窗口，$m > 1$）。

2）λ 为顾客到达率（平均到达率），即单位时间内到达系统的顾客数，反映了顾客到达系统的快慢程度。λ 越小，系统负载越轻，反之则越重。在 Oracle 中，λ 对应于 AWR 报告中系统负载表中的每秒计数，如每秒逻辑读、每秒物理读、每秒解析数量等。

3）μ 为系统服务率（平均服务率），表示平均每秒内被服务完毕后离去的顾客数量。对于单窗口系统（Oracle 中对应于 I/O 子系统），$m=1$，系统服务率 $=\mu$；对于多窗口系统（对应于 CPU 子系统），$m \neq 1$，系统服务率 $= m\mu$。

排队系统的主要数量指标有服务时间、系统时间（逗留时间）、等待时间、队长等，简要说明如下。

- 服务时间：顾客被服务的时间 τ。在 Oracle 中，这个时间对应于 AWR 报告中的 DB CPU。
- 系统时间：顾客在系统内停留的时间 s，也称为逗留时间，即顾客从进入服务系统到被服务完毕的整个时间。在 Oracle 中，这个时间对应于 AWR 报告中的 DB Time。在 Oracle 里 DB Time 是所有会话请求被执行和等待的累加值，这一点需要特别注意。
- 等待时间：顾客到达系统至开始被服务的时间，即一个顾客在系统中排队等待的时间。在 Oracle 中，这个时间对应于 DB Time−DB CPU。
- 队长：指排队系统中的顾客数，其期望值记为 L_s。
- 排队长：指在系统中排队等待服务的顾客数，其期望值记为 L_q。队长 = 排队长 + 正被服务的顾客数。

上述指标之间的关系如图 6-6 所示。

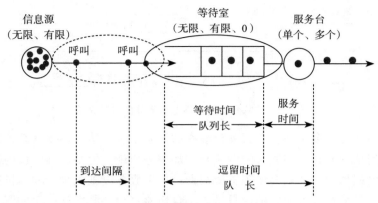

图 6-6 排队系统的主要指标及其关系

在排队论中，一个较高级别的模式分类称为马尔可夫模式。马尔可夫模式与 Oracle 数据库的工作模式非常类似。马尔可夫模式采用指数分布，这就意味着该模式的每笔事务都独立于其他事务。例如，一个订单输入操作和一个客户查询操作几乎在相同的时间内发生，并不意味着它们在某种程度上相关或相互依赖，即一个事务不依赖于其他事务的发生。马尔可夫模式的另一个特性是到达时间和服务时间都服从指数分布，Oracle 数据库的到达时间和服务时间也都服从指数分布。

6.1.2 事务的基本概念

所谓事务是指由用户定义的一个数据库操作序列，这些操作要么全做，要么全不做，它们是不可分割的工作单位。例如，在数据库中一个事务可以是一条 SQL 语句、一组 SQL 语句或一个程序模块。无论我们具体定义的是什么，事务始终可以表示和定义为工作的基本单元。Oracle 数据库收到 Commit 或 Rollback 命令，或者查询客户信息，这些都可以成为合法的事务。一般来讲，事务和程序的关系是：一个程序中包含多个事务，事务的开始和结束可以由用户显式控制。如果用户没有显式地定义事务，则由 DBMS 按默认方式自动地划分事务。

事务具有 4 个特性：原子性（Atomicity）、一致性（Consistency）、隔离性（Isolation）和持久性（Durability）。这 4 个特性简称为 ACID。关于 ACID 的细节这里就不再赘述了。事务是备份恢复和并发控制的基本单位，所以下面的讨论均以事务为对象，也就是把事务当成基本的工作单元来进行计算和通信。

事务不仅可以是一个静态的定义，还可以是动态的或者期望是动态的。事务到达一个计算系统（如 CPU），就好比是工作人员到达了办公大楼的电梯。因为事务代表基本工作单元，在一个系统中，发生的工作越多，事务的活动就越多。

事务到达的频繁程度是事务的一个主要指标。例如，1min 内可能有 5 个人进入同一间办公室，每小时可能允许 5 000 个事务达到 Oracle 系统等。因此，事务到达率是指在指定时间内到达的事务数量。如果将事务当成排队论中的顾客，那么我们可以用 λ 表示事务到达率，其单位为某个时间内事务的数量，如每秒 50 个事务，记为 50trx/s，对应于 AWR 报告中系统负载表中的每秒计数指标。实际上，我们完全可以把系统负载表第一列的每一个指标都当成一个基本的工作单元（即事务），也就是说系统负载表是同一时间到达系统的基本工作单位（排队论中的顾客）的集合。

图 6-7 中 User calls 的值为 1 605.5，可以理解为每秒用户调用的事务数为 1 605.5 个。注意不能把 trx/s 和 s/trx 搞混。以 User calls 为例，每个事务所包含的用户调用数为 10.3。图 6-7 最后一行中的 Transactions 就是"事务"的意思，实际上就是用户提交数（User Commits）。其值通过 AWR 报告中 Key Instance Activity Stats 表的 User Commits（Per Second）项所对应的值可以得到证明。

Load Profile

	Per Second	Per Transaction	Per Exec	Per Call
DB Time(s):	14.4	0.1	0.02	0.01
DB CPU(s):	3.0	0.0	0.00	0.00
Redo size:	455,381.2	2,917.9		
Logical reads:	110,881.5	710.5		
Block changes:	2,751.5	17.6		
Physical reads:	902.1	5.8		
Physical writes:	152.9	1.0		
User calls:	1,605.5	10.3		
Parses:	481.8	3.1		
Hard parses:	0.2	0.0		
W/A MB processed:	0.3	0.0		
Logons:	0.2	0.0		
Executes:	877.0	5.6		
Rollbacks:	0.0	0.0		
Transactions:	156.1			

图 6-7　AWR 报告中的系统负载信息（1）

从排队论的角度来看，系统负载表是观察和评估 Oracle 这个随机服务系统负载量的重要工具。单位时间内到达的事务数（顾客数）反映了顾客到达系统的快慢程度。到达率越小，系统负载越轻，反之则越重。

根据图 6-7 展示的数据，Redo size 每秒生成 455KB 大小的数据，而根据经验，在线重做日志文件大小的推荐值是每小时切换两到三次。以 20min 切换一次为例，则在线重做日志的大小可计算为 Redo size × 20 × 60，即 455KB × 20 × 60，结果约为 546MB，所以 500MB 左右是比较合理的在线重做日志文件的大小。在图 6-7 中，逻辑读除以物理读的值约为 123（110 881.5 ÷ 902.1 ≈ 123），比值约为 123 ∶ 1，该值也在合理范围内。

再举一个例子，图 6-8 所示的是另一个数据库的负载表。其中逻辑读除以物理读的值约为 16（285 396.2 ÷ 17 669.6 ≈ 16），即两者比例约为 16 ∶ 1。对比两张表的 Transactions、Executes (SQL)、User calls 等指标的数据可以发现，图 6-8 负载表中的逻辑读和物理读比例不在可接受的范围内，而相对于物理读（从硬盘读），我们希望逻辑读（从内存读）尽量多一些。当然，这些对比需要综合考虑 AWR 报告中的 Elapsed Time、DB Time、DB CPU 以及系统正常情况下的其他 AWR 报告指标等内容进行进一步的分析和评估，在此不再赘述。

Load Profile		
	Per Second	Per Transaction
DB Time(s):	41.4	1.1
DB CPU(s):	4.6	0.1
Redo size (bytes):	42,628.3	1,159.5
Logical read (blocks):	285,396.2	7,762.9
Block changes:	279.9	7.6
Physical read (blocks):	17,669.6	480.6
Physical write (blocks):	174.0	4.7
Read IO requests:	216.1	5.9
Write IO requests:	25.1	0.7
Read IO (MB):	138.0	3.8
Write IO (MB):	1.4	0.0
User calls:	162.4	4.4
Parses (SQL):	76.3	2.1
Hard parses (SQL):	0.0	0.0
SQL Work Area (MB):	17.0	0.5
Logons:	1.1	0.0
Executes (SQL):	248.5	6.8
Rollbacks:	0.0	0.0
Transactions:	36.8	

图 6-8　AWR 报告中的系统负载信息（2）

6.1.3 事务流

当某个业务的事务被提交时，它会在这个计算系统中流动并消耗 CPU、I/O（含网络）和内存资源。有时事务无须在队列中等待，可以立即得到处理；有时事务必须先在队列中等待。事务流在整个系统中经过多次排队和处理，直到全部完成后退出。

在某个事务的生命周期内，如果我们将所有的服务时间和排队时间累加起来，就可以判断出事务在系统中花费的时间。在 Oracle 中，"在系统中花费的时间"通常被称为响应时间。响应时间（R_t）是服务时间（S_t）和排队时间（Q_t）的和，算式如下：$R_t=S_t+Q_t$。

根据前文所述的排队论和事务的知识，我们进一步分析图 6-7 中的 DB Time 和 DB CPU。每秒的 DB Time 为 14.4s，而 DB CPU 为 3s，因此每秒的等待时间为 14.4-3=11.4（s）。该值是多个用户同时等待的时间累加起来计算的。在 AWR 报告的 Elapsed Time 和 DB Time 指标中，我们也能初步看出系统中的等待情况（如图 6-9 所示）。

	Snap Id	Snap Time	Sessions	Cursors/Session
Begin Snap:	16764	18-Dec-16 05:00:09	147	11.5
End Snap:	16770	18-Dec-16 11:00:35	154	10.7
Elapsed:		360.44 (mins)		
DB Time:		5,173.79 (mins)		

图 6-9 AWR 报告中的关键时间指标

事务在进入计算机系统时，可能先进入 CPU 子系统，然后进入 I/O 子系统，再返回 CPU 子系统，最后才退出。在事务的生命周期中会有正向或反向的一系列事件链，还涉及许多复杂细节。不过这都没有关系，我们只要从中捕捉有效信息即可。

对于计算机处理事务的性能优化，我们需要关注单位时间内完成的操作单元数量。这里的操作单元可以是任意粒度的指标，如 Logical reads、Physical reads、User calls、Parses、Transactions (commits)、Executes 等，也就是说，这些指标都可以视为事务的特例。因此，这里所说的事务为服务输入指标，它与响应时间、排队时间、排队长度、利用率等指标之间的关系是进行性能优化分析的基础。使用曲线图来反映这些数据之间的关联关系是一种简单明了的表达方式。

6.2 响应时间曲线图和 CPU、I/O 系统模型

响应时间体现了系统处理请求的速度，我们希望系统能尽快向用户返回响应，但是数据库系统需要多用户并发访问。这些涉及系统吞吐量（TPS）的概念，即每秒完成的事务数。TPS 体现了系统的处理能力。在评估系统扩容需求或诊断性能瓶颈时，我们通常需要借助响应时间曲线图。因此，本节就结合排队论的相关概念，围绕响应时间曲线图、CPU 和 I/O 系统模型等方面的知识进行进一步讨论。

6.2.1 响应时间曲线图

响应时间是服务时间和排队时间的和，也就是说，事务作为输入的操作单元，从开始到结束所消耗的时间就是响应时间。那么随着事务（顾客）到达率的增长，这个响应时间和事务（顾客）到达率 λ 之间的关系会呈现线性变化还是会遇到瓶颈而存在拐点？接下来，我们通过响应时间曲线图（见图 6-10）来查看最终结果。

在图 6-10 中：纵坐标为响应时间，即每个事务在系统内的消耗时间；横坐标为到达率，即每毫秒内到达的事务数量。可以看出，当到达率比较小的时候，响应时间等于服务时间。也就是说，事务较少时没有排队现象。随着更多的事务进入系统（到达率不断增加），开始出现了排队现象。最初是一点点地增加排队时间，但随着到达率的继续增长，排队时间将在某一个点（一般是利用率达到 75% 时）陡然上升。因为响应时间 $R_t = S_t + Q_t$，这时响应时间也会突然上升，导致系统性能快速下降，最终系统变得越来越慢甚至无响应。

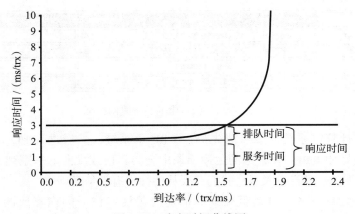

图 6-10　响应时间曲线图

　　性能测试曲线模型是一条随着测试时间不断变化的曲线，与服务器资源、用户数以及其他性能指标密切相关，如图 6-11 所示。一般的性能测试曲线图主要分为三个区域，分别是 Light Load（轻压力区）、Heavy Load（重压力区）和 Buckle Zone（拐点区）。在进行系统性能测试的时候，需要对性能测试曲线进行分析。分开来看的时候，响应时间、吞吐量和资源利用率的变化情况分别是：随着并发用户数的增加，响应时间曲线在轻压力和重压力两个区域的走势基本平缓，有小幅上升；在拐点区急速递增，产生拐点。

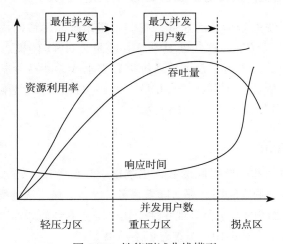

图 6-11　性能测试曲线模型

　　综合分析如下：当系统的负载量等于最佳并发用户数时，系统的整体效率最高，没有资源被浪费，用户也不需要等待；当系统负载量处于最佳并发用户数和最大并发用户数之间时，系统可以继续工作，但是用户等待的时间延长，用户满意度开始降低，如果负载一直持续增大，则有些用户将会无法忍受而最终放弃；而当系统负载量大于最大并发用户数时，某些用户将会因无法忍受超长的响应时间而放弃。

响应时间曲线是基于模型的抽象，虽然实际系统响应时间并不是那么平滑美观，但计算机系统处理事务的行为的确是以排队方式呈现的，在计算机世界里，排队是事务的行为方式。我们的关注点应该集中在这个抽象模型的底层组件（如 CPU 和 I/O）建模和设计思想上。

6.2.2 CPU 系统模型

事务可以逐一串行执行，即每个时刻只有一个事务运行，其他事务必须等到这个事务结束以后方能运行，就像人们排队购票一样。但事务在执行过程中所需要的资源和需要完成的任务并不像我们排队一样简单或单一。事务在整个生命周期内需要不同的资源，有时需要 CPU，有时需要读写数据的存储 I/O 资源，有时还需要网络 I/O 资源。如果事务串行执行，那么许多系统资源将处于空闲状态。因此，为了充分利用系统资源，应该允许多个事务并行执行。

在单 CPU 系统中，事务的并行执行实际上是这些事务的轮流交叉运行。这种并行执行方式称为交叉并发方式。虽然单 CPU 系统中的并行事务并没有真正地并行运行，但是这种方式减少了 CPU 的空闲等待时间，提高了系统单位时间内事务的处理效率，即提高了系统的吞吐量。

在多 CPU 的系统中，每个 CPU 可以各自运行一个事务，多个 CPU 可以同时运行多个事务，实现了多个事务真正的并行运行，这种并行方式称为同时并发方式。现在几乎所有的数据库服务器都配置了多颗多核 CPU。在多 CPU 环境下，针对一串事务队列，CPU 的每颗核都相当于一个服务台。虽然计算机配备了多颗多核 CPU，但是它们的模型对应于排队论中的单队列、S 个服务台并联的排队系统模型。因此，多 CPU 的系统模型如图 6-12 所示。

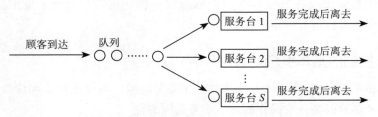

图 6-12 单队列、S 个服务台并联的排队系统

根据 CPU 的模型排队方式可以推出，以单 CPU 为基础讨论的并发控制技术可以推广应用到多 CPU 环境。为了使分析过程简单明了，接下来将以单 CPU 系统为主对 Oracle 并发控制技术进行讨论。

6.2.3 I/O 系统模型

I/O 系统一方面处理速度不像 CPU 那么快，另一方面读写粒度也不像 CPU 处理指令集或事务那么小，再加上 I/O 系统的每个子接口相对独立，调度算法需要先路由特定的子接口，在调度发生拥塞（事务流通过调度算法已选定的子接口）后再调度其他的子接口也不那么灵活了（就像堵车时变道不那么容易一样）。I/O 系统模型如图 6-13 所示。

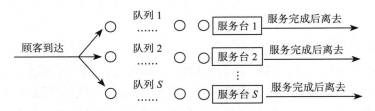

图 6-13　S 个队列、S 个服务台并联的排队系统

在 Oracle 中，服务器进程需要 I/O 资源时，并不是亲自直接存取或传递的，而是通过后台进程（比如 DBWR、LGWR 等）系统调用后切换到内核模式的方式来完成的。后台进程的用户态和内核态也会发生变化。同时，服务器进程和后台进程之间需要进行进程通信，包括经历进程上下文切换等一系列事件。因此，I/O 是计算机系统中等待或排队时经常出现瓶颈的环节。

6.3　并发控制和封锁

保证事务的 ACID 特性是事务处理的重要任务，而事务 ACID 特性遭到破坏可能是多个事务对数据库系统的并发操作造成的。为了保证事务的隔离性和一致性，数据库需要对并发操作进行正确的调度和控制，因此并发控制机制是衡量一个数据库管理系统好坏的重要性能指标。

Oracle 利用意向锁及在数据行上加锁标志位等设计技巧，降低了维护行级锁的开销，在数据库并发控制方面占有一定的优势。

6.3.1　并发控制的基本概念

并发操作带来的数据不一致性问题主要有丢失数据、不可重复读和读脏数据等。产生这三种问题的主要原因是并发操作破坏了事务的隔离性。

一方面，并发控制就是要用正确的方式调度并发操作，使一个用户事务的执行不受其他事务的干扰，从而避免造成数据不一致或事务过度等待的问题。

另一方面，数据库有时候允许某些不一致性。例如，有些统计查询的数据量很大，读到一些脏数据对统计精度并没有什么影响，这时就可以降低对一致性的要求。这样的措施在 Oracle 中具体体现在读一致性和实例恢复等方面。

并发控制的主要技术有封锁、时间戳和乐观控制法等，而关系型数据库一般都采用封锁方法。

6.3.2 封锁的概念和类型

所谓封锁就是事务在对某个数据对象（例如表、行或记录）进行操作之前，先向系统发出请求并对其加锁。加锁后事务就对该数据对象有了一定的控制能力，在该事务释放它的锁之前，其他的事务不能更新此数据对象。

基本的封锁类型有两种：排他锁（eXclusive Lock，X 锁）和共享锁（Share Lock，S 锁）。

排他锁又称为写锁。如果事务 T 对某个对象 A 加上 X 锁，则只有它自己能读取和修改该对象，其他任何事务不能再对 A 对象加任何类型的锁，直到 T 事务释放加在 A 对象上的锁为止。这就保证了其他事务在 T 释放 A 对象上的锁之前不能再读取和修改 A 对象。

共享锁又称为读锁。若事务 T 对对象 A 加上 S 锁，则事务 T 可以读 A 对象但不能修改 A 对象，其他事务只能再对 A 对象加 S 锁，而不能加 X 锁，直到事务 T 释放 A 对象上的 S 锁。这就保证了其他事务可以读 A 对象，但在事务 T 释放 A 对象上的 S 锁之前不能对 A 对象做任何修改。

锁的相（兼）容性是指在一个应用程序在表（行）上加上某种锁后，其他应用程序是否能够在表（行）上加上相应的锁。如果能够加上，则说明这两种锁是相容的，否则便说明这两种锁不相容，不能对同一数据对象并发存取。

封锁类型的相容矩阵如表 6-1 所示，其中：Y=Yes，表示兼容的请求；N=No，表示不兼容的请求；"－"表示没有加锁请求。

表 6-1　封锁类型的相容矩阵

	X	S	－
X	N	N	Y
S	N	Y	Y
－	Y	Y	Y

封锁对象的大小称为封锁粒度。封锁对象可以是内存块、数据行、表，也可以是整个数据库。封锁的粒度越大，数据库所能封锁的数据单元就越少，并发度就越小，系统开销也就越小。反之，封锁粒度越小，并发度越大，系统开销也就越大。还有一个重要的概念是意向锁，这一概念将在后面介绍。

接下来在以上内容的基础上介绍 Oracle 封锁设计的思想及基础概念。

6.4　Oracle 多粒度锁机制

根据保护对象的不同，Oracle 数据库锁可以分为以下几大类。

❑ DML lock（数据操作语言锁），也称为数据锁，用于保护数据的完整性。根据封锁粒度（即封锁对象的大小）可分为两个层次，即行级锁和表级锁。

❑ DDL lock（数据定义语言锁），也称为字典锁，用于保护数据库对象的结构（如表、视图、索引等结构）。

❑ 内部锁与闩（Internal lock 与 Latch），用于保护内部数据库的结构，确保内存中数据的并发控制和一致性。
❑ Distributed lock（分布式锁），用于 OPS（并行服务器），如 Oracle RAC 和 DBlink。
❑ PCM lock（并行高速缓存管理锁），用于 OPS，如 Oracle RAC。

是否每一个 TX 锁代表一条被封锁的数据行？其实不然。TX 的本义是 Transaction，即事务。当一个事务第一次执行数据更改（如 INSERT、UPDATE、DELETE）操作或使用 SELECT…FOR UPDATE 语句进行查询时，它就会获得一个 TX 锁，直至该事务结束（执行 COMMIT 或 ROLLBACK 操作）时，该锁才被释放。所以，一个 TX 锁可以对应多个被事务锁定的数据行。

在 Oracle 的每行数据上都有一个标志位来表示该行数据是否被锁定。数据行上的锁标志位一旦被置位，就表明该行数据被加上了 X 锁。Oracle 在数据行上没有 S 锁。

6.4.1 RDBMS 的 TM 锁和意向锁

表是由行组成的，向某个表加锁时，一方面要检查该锁的申请是否与原有的表级锁相容，另一方面要检查该锁是否与表中每一行上的锁相容。比如，一个事务要在一个表上加 S 锁，如果表中的一行已被另外的事务加了 X 锁，那么该锁的申请也会被阻塞。如果表中的数据很多，逐行检查锁标志的开销将很大，那么系统的性能将会受影响。为了解决这个问题，可以在表级引入新的锁类型来表示其所属行的加锁情况，这就引出了"意向锁"的概念。

如果对一个节点加意向锁，则说明该节点的下层节点正在被加锁。而对任一节点加锁时，必须先对它的上层节点加意向锁。例如，对表中的任一行加锁时，必须先对表加意向锁，然后再对该行加锁。这样一来，事务对表加锁时，就不再需要检查表中每行记录的锁标志位了，系统效率因而大大提高。

由两种基本的锁类型（S 锁、X 锁）自然地派生出了两种意向锁。

❑ 意向共享锁（Intent Share Lock，IS 锁）：如果要对一个数据库对象加 S 锁，首先要对其上级节点加 IS 锁，表示它的后裔节点拟加 S 锁。
❑ 意向排他锁（Intent Exclusive Lock，IX 锁）：如果要对一个数据库对象加 X 锁，首先要对其上级节点加 IX 锁，表示它的后裔节点拟加 X 锁。

另外，基本的锁类型与意向锁类型之间还可以组合出新的锁类型。理论上可以组合出 4 种，即 S+IS、S+IX、X+IS 和 X+IX，但稍加分析不难看出，实际上只有 S+IX 有新的意义，其他 3 种组合都没有使锁的强度得到提高，因为 S+IS=S，X+IS=X，X+IX=X，这里的"="指锁的强度相同。所谓锁的强度是指该锁对其他锁的排斥程度。

这样又可以引入一种新的锁类型：共享意向排他锁（Shared Intent Exclusive Lock，SIX 锁）。如果对一个数据库对象加 SIX 锁，表示对它加 S 锁，再加 IX 锁，即 SIX=S+IX。例如：事务对某个表加 SIX 锁，则表示该事务要读整个表（所以要对该表加 S 锁），同时会更新个别行（所以要对该表加 IX 锁）。

这样数据库对象上所加的锁类型就可能有 5 种，即 S 锁、X 锁、IS 锁、IX 锁、SIX 锁。

在具有意向锁的多粒度封锁方法中，任意事务要对一个数据库对象加锁，必须先对它的上层节点加意向锁。申请封锁时应按自上而下的次序进行，释放封锁时则应按自下而上的次序进行。具有意向锁的多粒度封锁方法提高了系统的并发度，降低了加锁和解锁的开销。

6.4.2 Oracle 的 TM 锁和意向锁

Oracle 的 DML 锁正是采用了上面提到的多粒度封锁方法，其行级锁虽然只有一种（即 X 锁），但其 TM 锁类型共有 5 种，分别称为共享锁（S 锁）、排他锁（X 锁）、行级共享锁（RS 锁）、行级排他锁（RX 锁）和共享行级排他锁（SRX 锁），与上面提到的 S 锁、X 锁、IS 锁、IX 锁和 SIX 锁相对应。需要注意的是，由于 Oracle 在行级只提供 X 锁，所以与 RS 锁（通过 SELECT … FOR UPDATE 语句获得）对应的行级锁也是 X 锁（但是该行数据实际上还没有被修改），这与理论上的 IS 锁是有区别的。

表 6-2 所示的是 Oracle 数据库 TM 锁的相容矩阵（Y=Yes，表示兼容的请求；N=No，表示不兼容的请求；"−"表示没有加锁请求）。

表 6-2　Oracle 数据库 TM 锁的相容矩阵

	S	X	RS	RX	SRX	−
S	Y	N	Y	N	N	Y
X	N	N	N	N	N	Y
RS	Y	N	Y	Y	Y	Y
RX	N	N	Y	Y	N	Y
SRX	N	N	Y	N	N	Y
−	Y	Y	Y	Y	Y	Y

一方面，当 Oracle 执行 SELECT…FOR UPDATE、INSERT、UPDATE、DELETE 等 DML 语句时，系统自动在所要操作的表上申请表级 RS 锁（对应 SELECT…FOR UPDATE 查询）或 RX 锁（对应 INSERT、UPDATE、DELETE 等操作）。在获得表级锁后，系统会再自动申请 TX 锁，并将实际锁定的数据行的锁标志位置位指向该 TX 锁。另一方面，程序或操作人员可以通过 LOCK TABLE 语句来指定获得某种类型的 TM 锁。表 6-3 所示的是 Oracle 中各 SQL 语句产生 TM 锁的情况。

表 6-3　Oracle 各 SQL 语句产生 TM 锁的情况

SQL 语句	表锁模式	允许的锁模式
Select * from table_name...	无	RS、RX、S、SRX、X
Insert into table_name...	RX	RS、RX
Update table_name...	RX	RS、RX
Delete from table_name...	RX	RS、RX

（续）

SQL 语句	表锁模式	允许的锁模式
Select * from table_name for update	RS	RS、RX、S、SRX
lock table table_name in row share mode	RS	RS、RX、S、SRX
lock table table_name in row exclusive mode	RX	RS、RX
lock table table_name in share mode	S	RS、S
lock table table_name in share row exclusive mode	SRX	RS
lock table table_name in exclusive mode	X	无

我们可以看到，通常的 DML 操作（SELECT…FOR UPDATE、INSERT、UPDATE、DELETE），在表级获得的只是意向锁（RS 锁或 RX 锁），其真正的封锁粒度还是行级。另外，Oracle 数据库的一个显著特点是，在默认情况下，单纯地读数据（SELECT）并不会加锁，Oracle 通过回滚段来保证用户不读脏数据。这些都提高了系统的并发度。

意向锁及数据行上锁标志位的引入，降低了 Oracle 维护行级锁的开销，这些技术的应用使 Oracle 能够高效地应对事务高并发的场景。

6.4.3 Oracle 锁查询脚本

为了监控 Oracle 系统中锁的状况，需要对 v$lock 和 v$locked_object 视图有所了解。v$lock 视图可以列出当前系统持有的或正在申请的所有锁的情况。v$locked_object 视图可以列出当前系统中哪些对象正被锁定。可以编写脚本来查询数据库中锁的状况。

如以下代码所示，showlock.sql 脚本通过连接 v$locked_object 与 all_objects 两个视图，显示了哪些对象被哪些会话锁住。

```
/* showlock.sql */
column o_name format a10
column lock_type format a20
column object_name format a15
select rpad(oracle_username, 10) o_name,session_id sid,
decode(locked_mode,0,'None', 1, 'Null',2,'Row share',
3,'Row Exclusive',4,'Share',5,'Share Row Exclusive',6,'Exclusive') lock_type,
object_name , xidusn, xidslot, xidsqn
from v$locked_object, all_objects
where v$locked_object.object_id=all_objects.object_id;
```

6.5 本章小结

计算系统中，事务的处理和进程的工作是以排队方式进行的，因此排队是事务的行为方式。在排队论中一个较高级别的模式分类称为马尔可夫模式。马尔可夫模式与生产系统的 Oracle 数据库的运行模式非常类似，它采用指数分布，这就意味着每个事务都独立于其他事务。本章引入排队论的相关概念，类比现实生活中常见的排队现象及顾客、到达率、排队时间、服务时间等主要概念，让读者更容易理解数据库的内部排队和并发控制机制。

在介绍事务及事务到达率的基础上，我们初步介绍了 AWR 报告系统负载表中每秒事务到达率的含义。同时，我们将关注点放在了为事务提供服务的 CPU 及 I/O 等底层组件抽象模型、排队特性和响应时间等概念上。

响应时间是服务时间和排队时间的和，也就是指，事务作为输入的操作单元，从开始到结束所消耗的时间。本章也分析了响应时间和事务（顾客）到达率之间的关系，讨论了随着事务（顾客）到达率的增长，响应时间和事务（顾客）到达率之间的关系是线性变化还是会遇到拐点等问题。

并发控制机制是衡量一个数据库管理系统的重要性能指标。意向锁及数据行上锁标志位的引入，降低了 Oracle 维护行级锁的开销，这些技术的应用使 Oracle 能够高效地应对事务高并发的场景。

Oracle 数据库锁可以分为 DML 锁、DDL 锁、内部锁与闩、分布式锁、PCM 锁等，本章简要讨论了其中的 DML 锁。本章为我们理解 Oracle 内存管理机制和等待事件机制打下了理论基础。

数据缓冲区

在 Oracle 的 SGA 中，与 Buffer Cache（数据缓冲区）相关的主要有 3 个部分。其中占用空间最大的是 Buffer 阵列，主要用来存放从硬盘复制的数据块。其次为 Buffer Header 阵列，可以通过内存结构 x$bh 查看。其余则是较小的管理开销所需要的部分。Buffer Cache 对所有 Oracle 进程都可以进行共享。因此，为了降低争用概率，Oracle 把 Buffer Cache 分为多个集合，并在此基础上采用了高效的设计思想及并发控制算法。

7.1 数据缓冲区结构

当服务进程需要一个数据块时（直接路径读的除外），首先会在 db_buffer_cache 中搜索。如果搜索不到，就以物理读方式从数据文件中加载到 db_buffer_cache 中。如果在 db_buffer_cache 中搜索到了，则称为逻辑读。

数据块在 db_buffer_cache 中缓存，我们称为 Buffer。服务进程使用 Buffer 前，需要获取一系列的 Latch 来保护数据块，在并发读取和修改 Buffer 时会产生 Latch 数据块争用的现象。

图 7-1 展示了 Buffer Cache 中的 Buffer 管理方法，涉及的概念有 Working Set、Hash Latch、Hash Bucket、Buffer Header、Hash Chain、LRU 和 LRUW 等，接下来我们对这些概念逐一进行介绍。

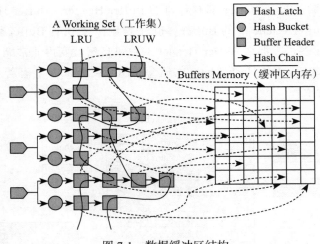

图 7-1 数据缓冲区结构

7.1.1 Working Set

Oracle 设计 Buffer Cache 的目的是缓存数据块。Oracle 设计了一种能在海量 Buffer 中快速搜索和定位某个特定 Buffer 数据的方法。但随着内存逐渐扩容，以往简单的搜索定位 Buffer 的机制也就难以胜任大容量的管理开销。Oracle 把一个整体的 Buffer Cache 切割成了多个小的 Buffer Cache，这些小的 Buffer Cache 称为 Working Set。每个 Working Set 都有各自的管理结构，这样就把对一个巨大 Buffer Cache 的复杂管理简化成了对每个 Working Set 的管理。Oracle 设计 Working Set 的目的主要可概括为以下 3 点。

❑ 使多个 DBWR 进程之间的写 I/O 负载分布得更均匀。

❑ 将数据块并发读取到不同的 Working Set 结构上。

❑ 尽量减少多个进程之间的竞争。

一般来说，Working Set 的数量将根据 CPU 数量和 DBWR 进程数量来确定。如果 CPU 的数量大于 DBWR 的进程数量，则 Working Set 数量等于 CPU 的数量；如果 CPU 的数量小于 DBWR 的进程数量，则 Working Set 数量等于 DBWR 的进程数量。

7.1.2 Buffer Header

任何一个数据变更都会生成事务，为了确保事务高并发场景下的数据一致性，Oracle 在数据块头部设置了事务槽。从 Oracle 的数据块结构可以看出，除了事务槽，Oracle 数据块头部还有一层称为缓存层，如图 7-2 所示。

当数据块被读到内存后叫作 Buffer，它的管理信息将记录在该缓存层上，该缓存层一般对应于 Buffer

图 7-2 数据块层次结构

Header（缓冲区头部）。每个 Buffer 都有各自的 Buffer Header。Buffer Header 中的 buffer_address 实际指向 Buffer Cache 中的 Buffer。也就是说，要找到 Buffer 就要先定位 Buffer Header。如果 Buffer 多了，那么 Buffer Header 的数量自然就变得非常庞大。为了缩减定位时间，引入了 Hash Bucket 和 Hash Chain 的概念。Buffer Header 上有若干个重要的管理信息，具体如图 7-3 所示。

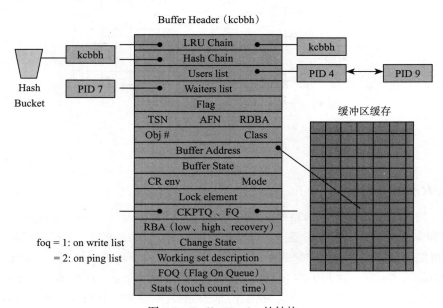

图 7-3　Buffer Header 的结构

Buffer Header 上的重要管理信息简要说明如下。

❏ LRU Chain：Buffer 在 LRU 的位置。

❏ Hash Chain：Buffer 在 Hash_chain 的位置。

❏ Users list：对 Buffer 操作的用户进程。

❏ Waiters list：因访问模式不兼容，队列中等待的用户进程。

❏ Buffer Address（BA）：该 Buffer Header 对应的 Buffer 指针。

7.1.3　Hash Bucket 与 Hash Chain

如确定一个数据块是否存在于 db_buffer_cache 中呢？倘若 Buffer 存在于内存中，该如何快速定位呢？倘若 Buffer 不在内存中，却在内存中搜索过长的时间，岂不是效率很低？所以我们假设把所有的 Buffer Header 都放置在一个数组结构中进行管理，那么当需要某个数据块时，就需要逐一遍历这个数组的每个元素。因为数组中的元素数量过于庞大，用户难以接受过长的搜索时长，所以 Oracle 对这个大数组做了切割，形成了多个小数组。这样每个数组中仅需要保留很少部分的 Buffer Header 即可。Oracle 将各个小数组称为 Bucket

（桶），每个 Bucket 中的 Buffer Header 通过双向链表串联在一起，形成一条双向的搜索线，这条搜索线被称为 Hash Chain。Hash Bucket 和 Hash Chain 的数量是一对一的。Hash Chain 上的 Buffer Header 使用双向链表串联，如图 7-4 所示。

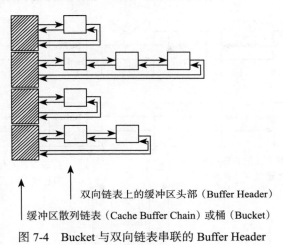

双向链表上的缓冲区头部（Buffer Header）

缓冲区散列链表（Cache Buffer Chain）或桶（Bucket）

图 7-4　Bucket 与双向链表串联的 Buffer Header

Bucket 的数量取决于 Buffer Cache 的大小等因素，其内存规划得越大，Bucket 自然就越多。

```
SYS@ora11g> select name,value, ISDEFAULT from h$parameter where name like
    '%hash%buckets%';
NAME                              VALUE                 ISDEFAULT
------------------------------    --------------------  ---------
_db_block_hash_buckets            65536                 TRUE
```

7.2　并发控制及申请流程

Buffer Cache 中的 Buffer 对每个服务器进程而言都是公有资源，任何进程都可以读取和更改。为了保证链表结构不因并发修改而遭到破坏，Oracle 采用 Latch 和 Buffer pin 锁来控制使用内存结构体时的并发操作。

7.2.1　CBC Latch 和 Pin

Bucket 与 Buffer Header 之间的双向链表是一种类似于手拉手的结构，每个节点都知道自己的左右端。那么当新读入的 Buffer Header 要入链时，该怎么解决呢？Oracle 首先会根据 Hash 算法确定新入链的对象属于哪个 Bucket，再把 Buffer Header 链入 Bucket 内的链结构中。由于该过程需要先将双向链表断开后再链接，必然会涉及更改左右侧和自身指针的操作，具体如图 7-5 所示。

双向链表入链过程

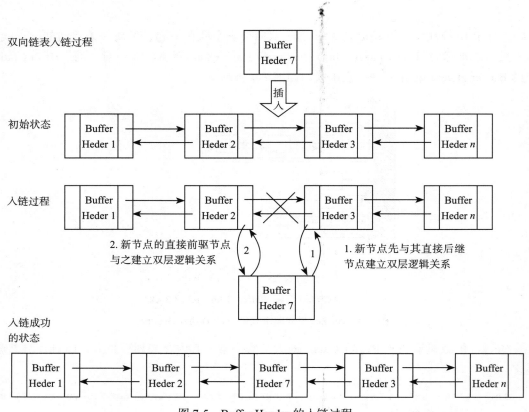

图 7-5 Buffer Header 的入链过程

同理，当有一个 Buffer 要离开内存时，也必然会对其 Buffer Header 执行出链的操作，出链操作与上面的入链操作类似。那么这里就出现了问题，某个进程在链上搜索 Buffer Header 时，另一个进程要做入链、出链的操作，而对于一个 Buffer，两个进程要同时做出入链的操作，内存就没有安全保证了。为了保证这些链不会因并发修改而被破坏，Oracle 必须对 Hash Chain 加以保护（这里需要使用排他锁）。例如，当一个进程搜索链表上的 Buffer Header 时，另一个进程不能更改链表，当某个进程在更改链表时，另一个进程不能遍历链表。

Oracle 采取的保护方式就是 Latch（闩锁），确切地说是 Cache Buffer Chain Latch，简称为 CBC Latch。CBC Latch 主要是为了保护 Hash Chain 结构，并且一个 CBC Latch 保护着多个 Hash Chain。不同版本的 CBC Latch 数量不同，对 CBC Latch 数量的查询语句如下。

```
SYS@ora11g> select count(*) from v$latch_children where name='cache buffers
    chains';
COUNT(*)
----------
2048
SYS@ora11g> select name,value,ISDEFAULT from h$parameter where name
    like'%block%hash%latches%';
```

NAME	VALUE	ISDEFAULT
_db_block_hash_latches	2048	TRUE

一个 CBC Latch 平均管理多少个 Bucket 呢？通过 Bucket 的数量除以 Latch 的数量即可得到，两者的关系如图 7-6 所示。

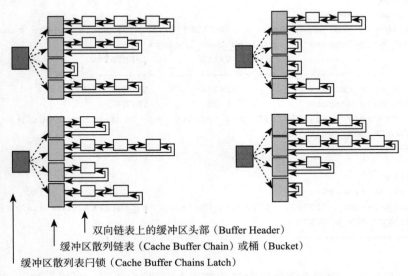

缓冲区散列表闩锁（Cache Buffer Chains Latch）

缓冲区散列链表（Cache Buffer Chain）或桶（Bucket）

双向链表上的缓冲区头部（Buffer Header）

图 7-6 Latch、Bucket、Buffer Header 之间的关系

```
SYS@ora11g> select name, value, ISDEFAULT from h$parameter where name like'
    %hash%buckets%';
NAME                         VALUE                      ISDEFAULT
---------------------------- -------------------------- ---------
_db_block_hash_buckets       65536                      TRUE
SYS@ora11g> select 65536/2048 from dual;
65536/2048
----------
32
```

CBC Latch 与 Bucket 之间是一对多的关系，而且 Buffer Cache 的大小决定了 Bucket 的数量，同时，Bucket 的数量决定了 CBC Latch 的数量。也就是说，Bucket 和 CBC Latch 在不同大小的 db_buffer_cache 上的数量是不同的，所以 CBC Latch 是稀缺资源。示例代码如下。

```
SYS@ora11g> alter system set memory_target=10G ;
System altered.
SYS@ora11g>
SYS@ora11g> select name, value, ISDEFAULT from h$parameter where name in('_db_
    block_hash_latches','_db_block_hash_buckets');
NAME                             VALUE        ISDEFAULT
-------------------------------- ------------ ---------
```

```
_db_block_hash_buckets              262144          TRUE
_db_block_hash_latches              8192            TRUE
SYS@ora11g> select 262144/8192 avg_CBClatch_mgr_buckets from dual;
AVG_CBCLATCH_MGR_BUCKETS
------------------------
32
SYS@ora11g>
set db_cache_size=2G
SYS@ora11g> select name, value, ISDEFAULT from h$parameter where name in ('_db_
    block_hash_latches','_db_block_hash_buckets');
NAME                            VALUE        ISDEFAULT
----------------------------    ------------ ---------
_db_block_hash_buckets          524288       TRUE
_db_block_hash_latches          16384        TRUE
SYS@ora11g> select 524288/16384 avg_CBClatch_mgr_buckets from dual;
AVG_CBCLATCH_MGR_BUCKETS
------------------------
32
SYS@ora11g>
set db_cache_size=8G
SYS@ora11g> select 2097152/65536 avg_CBClatch_mgr_buckets from dual;
AVG_CBCLATCH_MGR_BUCKETS
------------------------
32
```

所以，一般来说，我们不需要修改隐藏参数来增加 Latch 数（可以增加 Buffer Cache 的大小来间接增加 Latch 的数量）。

在 Hash Chain 上找到目标 Buffer Header 时，根据访问方式的不同需要对 Buffer Header 加锁，这样才能根据 BA（buffer_address）访问 Buffer。这把加在 Buffer Header 上的锁，称为 Buffer Pin 锁。

7.2.2 共享与独占

无论 CBC Latch 还是 Buffer Pin 都有锁的保持模式，它们都有共享和独占模式。对公有资源而言，有独占就有争用。CBC Latch 在如下情况下持有共享锁。

❑ 读非唯一索引的根块和分支块，注意读非唯一索引的叶子块是排他锁。

❑ 通过唯一索引访问时，索引的根块、分支块、叶子块和表块。

主要原因为根块和分支块的访问频次较高，而且很少改动。

CBC Latch 在如下情况下持有独占锁。

❑ 所有会涉及更改的操作。

❑ 除了共享持有锁以外的其他读操作。

通过上面的比较，我们可以更好地理解 INDEX UNIQUE SCAN（索引唯一性扫描）和 INDEX RANGE SCAN（索引范围扫描）的区别。因此，尽量建唯一索引，这样能够减少排他锁引起的等待事件。

获取 CBC Latch 的目的是什么？

❑ 在 Hash Chain 上的双向链表中搜索 Buffer Header。

❑ 在 Buffer Header 中修改 Buffer Pin 锁的状态。

Buffer Pin 通过 Buffer Header 中的 BA 在读 Buffer 的情况下共享持有锁，在通过 Buffer Header 中的 BA 写 Buffer 时独占持有锁。

Buffer Pin 在如下两种情况下无须持有锁。

❑ 所有不涉及索引的根块和分支块改动的读（分裂）操作。

❑ 读唯一索引的叶子块和表块。

Buffer Header 上的队列分为用户队列和等待队列两大类。用户队列是指对 Buffer 进行操作的进程列表，且以兼容模式操作。等待队列因访问模式不兼容而需要等待队列中的用户进程，具体如图 7-7 所示。

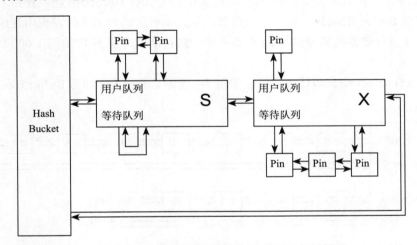

图 7-7 用户队列和等待队列所对应的锁的保持模式

7.2.3 LRU 队列

每个 Buffer Header 都指向一个 Buffer，而每个 Buffer 都会存储一个数据块的副本。为了让频繁使用的数据块总是缓存在内存中，Oracle 使用 LRU（Least Recently Used）算法和接触计数（Touch count）方法来管理内存中的 Buffer。

LRU 是以 Buffer 的使用频率串联的链表，主要解决读入一个新数据块时应该覆盖哪个 Buffer 的问题。Oracle 的 LRU 并非简单的 LRU 算法，分为主 LRU 和辅 LRU，在 Oracle 内部称为替换列表（Replace List）。

主 LRU 为已使用的 Buffer 列表，分为热端和冷端。使用频率高的在热端，反之则在冷端。LRU 冷热分隔点的示例代码如下。

```
SYS@ora11g> select name,value,ISDEFAULT from h$parameter where name like'%db_
    percent%';
NAME                                      VALUE                            ISDEFAULT
---------------------------------------   ---------------------------      ---------
_db_percent_hot_default                   50                               TRUE
_db_percent_hot_keep                      0                                TRUE
_db_percent_hot_recycle                   0                                TRUE
```

LRU 冷热分隔点的值是单块读时加载的折中位置，而多块读的数据库则是放到 LRU 尾部循环的 (便于尽快清理掉)，这样就可以将常用块常驻在内存中了。

辅 LRU 为空闲的、可被覆盖的 Buffer 列表。早期的 LRU 算法比较简单，对象在每次使用时，会将其移动到链表头部（热端），这种频繁移动给系统造成了很大开销，并引起了大量的资源争用。为了避免移动带来的开销和访问引起的资源争用，Oracle 在 Buffer Header 中加入了计数器和时间戳，并且利用阈值来进行限制。当时间戳过了 3s 或更久时，则递增计数器并更新时间戳，但并不移动链表中的 Buffer Header 位置，直到不得不移动时，才会移动 Buffer Header 在链表中的位置，如，加载新的数据块时发现内存中 Buffer 不足等场景。注意计数器的值至少每 3s 更新一次，换句话说，若 3s 内访问 1 000 次也只记录一次。

可以从 x$kcbwds 中获得计数器值，如图 7-8 所示，其中 BH 即为 Buffer Header。

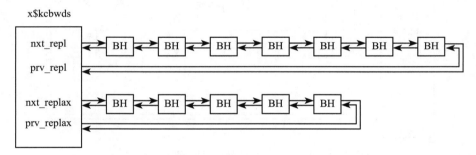

图 7-8　x$kcbwds 基表

LRU 链表同样需要 Latch 保护，这个受保护的 Latch 称为缓存 Buffer LRU Chain Latch。这个 Latch 与 Working Set 是一对一的关系，或者与 CPU 和 DBWR 的数量相关。可以通过隐藏参数查看该 Latch，查询语句如下。

```
SYS@ora11g> select name, value, ISDEFAULT from h$parameter where name
    like'%db%lru%latches%';
NAME                          VALUE                           ISDEFAULT
---------------------------   ---------------------------     ---------
_db_block_lru_latches         16                              TRUE
```

也可以通过 v$latch_children 查看该 Latch，查询 SQL 语句如下。

```
SYS@ora11g> select name, LATCH#,ADDR from v$latch_children where name='cache
```

```
buffers lru chain'order by addr;
```

通过基表 x$kcbwds 查询，也能得到 LRU Latche 的信息。

```
SYS@ora11g>select SET_ID, POOL_ID,DBWR_NUM,BLK_SIZE,CNUM_SET,SET_LATCH,CNUM_REPL,
   anum_repl
from x$kcbwds ;
```

SET_ID	POOL_ID	DBWR_NUM	BLK_SIZE	CNUM_SET	SET_LATCH	CNUM_REPL	ANUM_REPL
1	1	0	8192	0	000000007E6DF7E8	0	0
2	1	0	8192	0	000000007E6DFEE8	0	0
3	2	0	8192	0	000000007E7162F8	0	0
4	2	0	8192	0	000000007E7169F8	0	0
5	3	0	8192	11760	000000007E74CE08	11760	2803
6	3	0	8192	11760	000000007E74D508	11760	2879
7	4	0	2048	0	000000007E783918	0	0
8	4	0	2048	0	000000007E784018	0	0
9	5	0	4096	0	000000007E7BA428	0	0
10	5	0	4096	0	000000007E7BAB28	0	0
11	6	0	8192	0	000000007E7F0F38	0	0
12	6	0	8192	0	000000007E7F1638	0	0
13	7	0	16384	0	000000007EBF24A0	0	0
14	7	0	16384	0	000000007EBF2BA0	0	0
15	8	0	32768	0	000000007EFC6CB8	0	0
16	8	0	32768	0	000000007EFC73B8	0	0

```
16 rows selected.
```

7.2.4 数据块申请流程

对内存中的数据缓存结构有了以上了解后，我们下面就来讨论在数据库中读取一个数据块时的申请流程。为了便于理解，我们下面分别对两种读操作和一种写操作过程中的数据块申请流程进行介绍。

（1）非唯一索引方式的读操作与非索引根块和分支块的读操作

其具体步骤如下所示。

1）对要访问的块地址执行 Hash 操作，HASH（FILE#，BLOCK#）= hash_value（即哈希值）。

2）根据哈希值找到对应的 Hash Bucket。

3）以独占方式申请管辖此 Bucket 的 CBC Latch。

4）搜索 Bucket 中的 Hash Chain，比对上面的 Buffer Header，找到目标 Buffer Header。如果未找到对应的 Buffer Header，则说明数据块不在内存中，因此需要获取 LRU Chain Latch。若在内存中定位空闲空间或找到可覆盖的 Buffer，则以物理读的方式将硬盘数据块读取到内存中。关于物理读的具体内容将在 7.3 节进行介绍。

5）将 Buffer Header 中的 Buffer Pin 锁修改为 S 模式（之前为 0，无锁）。

6）释放 CBC Latch。

7）根据 Buffer Header 中的 BA 指针找到 Buffer。

8）读取 Buffer 中的数据到 PGA 中。

9）以独占锁的方式申请管辖此 Bucket 中的 CBC Latch。

10）将 Buffer Header 中的 Buffer Pin 锁修改为 0（无锁）模式。

11）释放 CBC Latch。

（2）唯一索引方式读取所有块与非唯一索引根块及分支块的读操作

1）对要访问的块地址执行 Hash 操作，HASH（FILE#，BLOCK#）= hash_value（哈希值）。

2）根据哈希值找到对应的 Hash Bucket。

3）以共享锁的方式申请管辖此 Bucket 中的 CBC Latch。

4）搜索 Bucket 中的 Hash Chain，比对上面的 Buffer header，找到目标 Buffer Header。如果未找到对应的 Buffer Header，则说明数据块不在内存中，因此需要获取 LRU Chain Latch。若在内存中定位空闲空间或找到可覆盖的 Buffer，则以物理读的方式将硬盘数据块读取到内存中。

5）根据 Buffer Header 中的 BA 指针找到 Buffer。

6）将 Buffer 中的数据读取到 PGA 中。

7）释放 CBC Latch。

从以上两种读取方式可以看出，数据块以唯一索引方式读取时，CBC Latch 以共享方式获取。相对于前文描述的使用非唯一索引方式进行读操作时的独占锁的获取方式，这种方式意味着更少的拥塞或等待。因此，若能建唯一索引就应建唯一索引，相对于非唯一索引，其优势很明显。

（3）写操作流程

1）对要访问的块地址执行 Hash 操作，HASH（FILE#，BLOCK#）= hash_value（哈希值）。

2）根据哈希值找到对应的 Hash Bucket。

3）以独占锁的方式申请管辖此 Bucket 的 CBC Latch。

4）搜索 Bucket 中的 Hash Chain，比对上面的 Buffer Header，找到目标 Buffer Header。如果未找到对应的 Buffer Header，则说明数据块不在内存中，因此需要获取 LRU Chain Latch。若在内存中定位空闲空间或找到可覆盖的 Buffer，则以物理读的方式将硬盘数据块读取到内存中。

5）将 Buffer Header 中的 Buffer Pin 锁修改为 X 模式（之前为 0，即无锁）。

6）释放 CBC Latch。

7）根据 Buffer Header 中的 BA 指针找到 Buffer。

8）产生 Redo 数据，并保存到日志缓存中。

8）修改 Buffer 中的数据。

9）以独占锁的方式申请管辖此 Bucket 的 CBC Latch。

10）将 Buffer Header 中的 Buffer Pin 锁修改为 0 模式。

11）释放 CBC Latch。

7.3　物理读与逻辑读

　　执行软件程序时，需要先将硬盘上的程序代码及数据复制到内存中，才能让 CPU 来处理，这个过程就叫作载入内存。CPU 直接与内存打交道，它会读取内存中的数据并进行处理，将结果保存到内存中。只有需要将数据保存到硬盘中时，才会将内存中的数据复制到硬盘中，如图 7-9 所示。

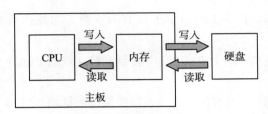

图 7-9　程序代码的加载

7.3.1　逻辑读过程及统计 SQL

　　Oracle 作为系统软件，读取和修改数据块也需要先读入到内存中。在 7.2 节的数据块读取和写入操作步骤中，假设所需读取或修改的数据块已存在于内存（Buffer Cache）中，则找到 Buffer Header 后，根据其中的 BA 访问 Buffer Cache 中的目标 Buffer 即可。当数据块已存在于内存的情况下，对其进行访问的过程在 Oracle 中称为逻辑读。以下 SQL 为逻辑读历史数据的查询语句。

```
SELECT TO_CHAR (b.begin_interval_time,'yyyy-mm-dd hh24:mi:ss') sdate,
    ( a.value - lag(a.value, 1) over (order by a.snap_id) ) value
FROM
    (SELECT snap_id, value FROM dba_hist_sysstat WHERE stat_name='session logical
        reads'and INSTANCE_NUMBER=1
    ) a, dba_hist_snapshot b
WHERE a.snap_id =b.snap_id and b.INSTANCE_NUMBER=1
and TO_CHAR (b.begin_interval_time,'yyyy-mm-dd hh24:mi:ss') >'2019-08-01
    00:00:35'
ORDER BY 1;
```

7.3.2　物理读过程及统计 SQL

　　在 Oracle 读取数据块的过程中，当数据块不存在于内存时，又该怎么读呢？从硬盘读取数据块到内存的操作在 Oracle 中称为物理读。当 Buffer Cache 里面不存在这些数据块时，就会产生物理读，尤其对大表进行全表扫描时会产生大量的物理读，进而导致 Buffer 缓存的定位命中率下降。因此，全表扫描时，CBC Latch 的资源争用情况会比较多，物理读的具体步骤如下。

1）将硬盘上的数据块读取到内存前，需要在 Buffer Cache 中腾出（或获取）空间，因此需要先获取 LRU Latch。

2）获取 Buffer Cache 中空闲的 Buffer 所对应的空闲列表。

3）获取 CBC Latch。

4）把需要的空闲块所对应的 Buffer Header "钉"住，即使用 Buffer Pin（lock）。

5）释放 CBC Latch。

6）释放 LRU Latch，因为 LRU Latch 是有限资源，尤其在高并发场景下不得被长期占用。

7）从硬盘读取数据块（单个或多个）并复制到第 4 步的 Buffer Header 中，指向 Buffer Cache 中的 Buffer。

8）读取数据块 Buffer，读取前检查是否需要构造数据块。

9）为释放钉住的 Buffer Header 而重新获取 CBC Latch。

10）释放 Buffer Pin（lock）。

11）释放 CBC Latch。

在 Oracle 中，最后都是从 Buffer Cache 中读取（直接路径读除外）数据的，所以每出现一个物理读必然会出现一次逻辑读。也就是说，物理读一定小于逻辑读，同时物理读一定小于一致性读。但是，也有物理读大于逻辑读的情况，比如，排序内存不足而产生硬盘排序、扫描完成后由并行查询 Slave 进程读取、按预期读取的块等。

用直接路径读取可以防止 Oracle 的 Buffer Cache 过载。这样的读取是在不将数据块加载到 Buffer Cache 的情况下完成的。同时，当 Oracle 认为在不同会话之间不需要共享块时，也会使用这种优化方式。具体请参考 Oracle 的官方文档（ID 211700.1）说明。以下 SQL 语句为物理读历史数据的查询语句。

```
SELECT TO_CHAR (b.begin_interval_time,'yyyy-mm-dd hh24:mi:ss') sdate,
    ( a.value - lag(a.value,1) over (order by a.snap_id) ) value
FROM
    (SELECT snap_id, value FROM dba_hist_sysstat WHERE stat_name='physical
        reads'and INSTANCE_NUMBER=1
    ) a,
    dba_hist_snapshot b
WHERE a.snap_id =b.snap_id and b.INSTANCE_NUMBER=1
and TO_CHAR (b.begin_interval_time,'yyyy-mm-dd hh24:mi:ss') >'2019-08-01
    00:00:35'
ORDER BY 1;
```

7.4 本章小结

CPU 直接与内存打交道，它会读取内存中的数据并进行处理，将结果保存到内存。只有在需要将数据保存到硬盘中时，才会将内存中的数据复制到硬盘中。数据存储在硬盘中，而硬盘处理数据很慢。一般提高硬盘读写性能的主要措施是减少 I/O 次数以及单次 I/O 的有效数据量。为了减少物理 I/O，将内存作为缓存，将常用的数据放到内存中，从而减少硬盘的 I/O 次数。

为了在内存中缓存数据块，Oracle 设计了一种能在海量 Buffer 中快速搜索定位其中一个 Buffer 的方法，就是把一个整体的 Buffer Cache 切割成多个小的 Buffer Cache。这些小的 Buffer Cache 称为 Working Set。每个 Working Set 都有各自的管理结构，这样就把对于一个巨大的 Buffer Cache 的复杂管理简化成了对每个 Working Set 的管理了。

服务进程使用 Buffer 前，需要一系列的 Latch 保护。在并发读取和修改 Buffer 时，则会产生 Latch 争用的现象。因此 Buffer 管理方法涉及的概念有 Working Set、Hash Latch、Hash Bucket、Buffer Header、Hash Chain、LRU 和 LRUW 等。本章在这些概念的基础上，针对数据块是否存在于内存中的两种情况，分别讨论了数据块的申请流程、Oracle 的逻辑读和物理读，同时提供了相关的 SQL 查询脚本。

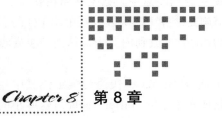

Chapter 8 第 8 章

共 享 池

Oracle 最初引入共享池是为了实现用户进程请求时的 SQL 语句的共享。但是用户发出的 SQL 语句无法像数据库块一样以统一大小的内存块来进行缓存管理，因此会出现内存碎片而导致资源浪费问题。为此，SQL 共享成了 Oracle 中的相对复杂的内存结构之一。

从组织结构看，共享池除了哈希表和链表的结合外，还在链表之下引入了类似树形结构来解决不同 SQL 的共享难题。尤其 SQL 优化器是关系型数据库里技术相对复杂的模块，DBA 掌握其设计及实现原理，无论在 SQL 优化还是在故障诊断方面都能起到作用。

8.1　共享池结构

从逻辑层面来看，共享池由库缓存和字典缓存（Dictionary Cache，也称为 Row Cache）组成。共享池中组件之间的关系可以用图 8-1 中的关系示意图来表示。

当 SQL 语句进入库缓存时，Oracle 会到字典缓存中去找与 dba_objects 表（基于 obj\$）有关的数据，对应的查询语句如下。

```
SQL > select object_id, object_name from dba_objects;
```

数据字典信息包括表名、表的列以及用户权限等信息。如果发现字典缓存中没有这些信息，Oracle 则会将 SYSTEM 表空间里的数据字典信息调入 Buffer Cache 内存，读取其中数据块里的数据字典内容，然后将这些读取出来的数据字典内容按照行的形式放入字典缓存里，从而构造出 dc_tables 之类的对象。再从字典缓存的行数据中读取出有关的列信息放入库缓存中，由一个名为 Row cache objects 的 Latch 来控制对字典缓存的并发访问。

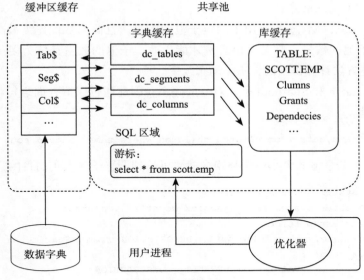

图 8-1 共享池结构

从物理层面来看，共享池是由许多内存块组成的，这些内存块通常被称为 Chunk。Chunk 是共享池中内存分配的最小单位，一个 Chunk 中的所有内存都是连续的。

8.1.1 子池

若只有一个共享池，则 Latch 争用的情况就会比较频繁。在 Oracle 的早期版本中，如果分配过大的共享池内存，则管理成本上的负担会很重。因为搜索对象需要持有 Latch，若对象多且搜索时间长，则相应的 Latch 持有时间就会很久，从而容易产生 Latch 资源争用的问题。为了解决这类问题，Oracle 提供了共享池的多个子池（Sub pool）的解决方案。子池类似于数据缓冲区中的 Working Set。

共享池最多可以有 7 个子池，子池可用于缓解 latch:shared pool 的争用问题，但是即使采用多个子池也不能彻底解决该问题，因为问题根源基本上在于硬解析。

子池的启用方式主要与如下几点有关。

（1）CPU 数量

一般 1 ～ 4 个 CPU 分配 1 个子池，5 ～ 8 个 CPU 分配 2 个子池，9 ～ 12 个 CPU 分配 3 个子池等。

（2）内存大小

在 ASMM 和 AMM 环境下，根据 sga_target 和 memory_target 计算子池的大小。手动管理时，则根据指定的 shared_pool_size 决定子池的大小。Oracle 9i 要求一个子池的大小至少为 128MB，Oracle 10g 要求一个子池的大小至少为 256MB，Oracle 11g 要求一个子池的大小至少为 512MB。

（3）_kghdsidx_count 参数

_kghdsidx_count 隐含参数可用于确定子池的数量，且此参数优先级最高。无论哪种修改方式影响了子池的数量，都要重启实例才能生效。子池的数量具体为多少个，是在实例启动时根据上述方法计算得来的，不能动态改变。

Share pool Latch 和 Sub pool 是一对一的关系，因此通过以下查询语句可以判断已经启用的子池的数量。

```
SQL>select name,gets from v$latch_children where name='shared pool';
```

调整（扩大）共享池的大小或调整隐含参数可达到调整子池大小的目的，具体如下。

```
SQL> alter system set SGA_target=4G;
SYS@ora11g> alter system set"_kghdsidx_count"=4 scope=spfile;
SYS@ora11g> startup force
SQL> select name,value, ISDEFAULT, DESCRIPTION from h$parameter where name='_
    kghdsidx_count';
NAME                 VALUE     ISDEFAULT    DESCRIPTION
----------------   ---------- ---------   -------------------------------
_kghdsidx_count       4         TRUE         max kghdsidx count
SYS@ora11g> select name,gets from v$latch_children where name='shared pool';
NAME          GETS
-----------  ----------
shared pool 12
...
shared pool 13645
shared pool 15639
shared pool 10909
shared pool 11456
7 rows selected.
```

以下是转储后跟踪文件的输出内容。从跟踪文件内容中可以看出，子池又可分割为 4 个子分区进行管理：sga heap（1，0）、sga heap（1，1）、sga heap（1，2）和 sga heap（1，3）。其中，以 sga heap 开头的分区都代表一个子池，如图 8-2 所示。

```
SYS@ora11g> ALTER SESSION SET EVENTS'immediate trace name heapdump level 2';
Session altered.
$ grep'sga heap' /u01/oracle/diag/rdbms/ora11g/ora11g/trace/ora11g_ora_3175.trc
HEAP DUMP heap name=" sga heap" desc=0x60001190
HEAP DUMP heap name=" sga heap(1, 0)" desc=0x6005a528
HEAP DUMP heap name=" sga heap(1, 1)" desc=0x6005bd80
HEAP DUMP heap name=" sga heap(1, 2)" desc=0x6005d5d8
HEAP DUMP heap name=" sga heap(1, 3)" desc=0x6005ee30
HEAP DUMP heap name=" sga heap(2, 0)" desc=0x60063df0
HEAP DUMP heap name=" sga heap(2, 1)" desc=0x60065648
HEAP DUMP heap name=" sga heap(2, 2)" desc=0x60066ea0
```

```
HEAP DUMP heap name=" sga heap(2, 3)" desc=0x600686f8
HEAP DUMP heap name=" sga heap(3, 0)" desc=0x6006d6b8
HEAP DUMP heap name=" sga heap(3, 1)" desc=0x6006ef10
HEAP DUMP heap name=" sga heap(3, 2)" desc=0x60070768
HEAP DUMP heap name=" sga heap(3, 3)" desc=0x60071fc0
HEAP DUMP heap name=" sga heap(4, 0)" desc=0x60076f80
HEAP DUMP heap name=" sga heap(4, 1)" desc=0x600787d8
HEAP DUMP heap name=" sga heap(4, 2)" desc=0x6007a030
HEAP DUMP heap name=" sga heap(4, 3)" desc=0x6007b888
```

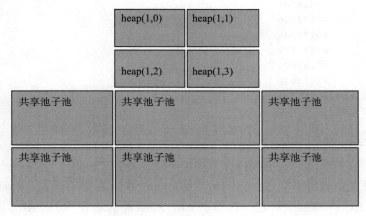

图 8-2 共享池子池及其子分区

_kghdsidx_count 的数量不可以超过 7 个，多于 7 个时会报错，具体如下。

```
SYS@ora11g> alter system set "_kghdsidx_count"=8 scope=spfile;
SYS@ora11g> startup force
ORA-00081: address range [0x000000000, 0x000000008) is not readable
ORA-07445: exception encountered: core dump [kghdsdmp()+219] [SIGSEGV]
    [ADDR:0xFFFFFFFFFFFFFFF0] [PC:0x8282F1D] [Address not mapped to object] []
ORA-00600: internal error code, arguments: [kghspini_1], [0x000000000], [], [],
    [], [], [], [], [], [], [], []
```

查看每个子池的 Chunk 数量和大小，语句如下。

```
SYS@ora11g> select ksmchidx subpool_id,count(*) chunk_cnt, sum(ksmchsiz) subpool_
    size from x$ksmsp group by ksmchidx;
SUBPOOL_ID  CHUNK_CNT     SUBPOOL_SIZE
-------     ----------    ------------
1           2216          67108512
6           3013          83885640
2           4132          83885640
5           3481          83885640
4           2434          83885640
7           2782          83885640
```

```
3                2095                    67108512
7    rows    selected.
```

查看每个子池的空闲空间大小，语句如下。

```
SYS@ora11g> select ksmchidx subpool_id, sum(ksmchsiz) free_memory_size from
    x$ksmsp WHERE ksmchcom = 'free memory' group by ksmchidx;
SUBPOOL_ID    FREE_MEMORY_SIZE
----------    ----------------
1                46356488
6                44696104
2                46575936
5                45958888
4                47236272
7                46187608
3                42674016
7 rows selected.
```

8.1.2 空闲列表与LRU

内存被分配给共享池后，会被拆分成多组不同大小的 Chunk。这些 Chunk 一部分会被使用，另一部分则处于空闲状态。空闲状态的 Chunk 将挂在空闲列表上被管理，被使用的 Chunk 将挂在 LRU 链表上受管理。这里的 LRU 和缓冲区缓存中的 LRU 过期算法并不相同，分为周期和瞬时两种，其结构如图 8-3 所示。

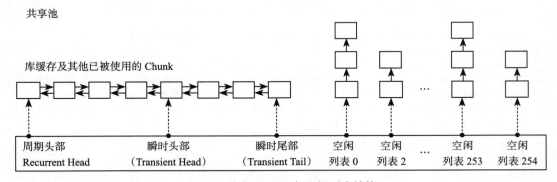

图 8-3　共享池 LRU 与空闲列表结构

Chunk 是共享池分配的最小单元，类似于数据文件中的 Block。通常 Chunk 都是小于 4KB 的，大于 4KB 的会被分配到保留区中去，相同大小的 Chunk 会被一个 Bucket 所管理。因为每条 SQL 申请的内存大小不一样（SQL_TEXT 不同），所以空闲状态的 Chunk 会按不同的大小被划分到不同的部分（Bucket）进行管理。这样有利于快速定位符合所申请大小的 Chunk。Oracle 会在实例启动时就分配好 Bucket，如图 8-4 所示。

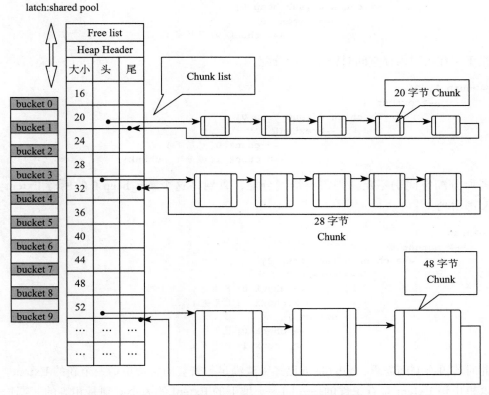

图 8-4 共享池 Bucket 与 Free list 的结构示意图

8.1.3 共享池内存申请流程

1）获取 Shared pool Latch，如果获取不到就会发生等待，等待事件为 latch:shared pool。

2）搜索空闲空间，如果有大小恰好的 Chunk 则可以直接使用，如果没有大小恰好的 Chunk 则找比申请值大的 Chunk，此时系统会按申请大小切割这个 Chunk，多余的部分则放到大小合适的 Bucket 上，切割后的 Chunk 不一定会回到原来的 Bucket 里。即使空闲列表上的小 Chunk 是相邻的，也不能合并，因为合并的统筹操作过程代价太高，这就是共享池碎片产生的原因。

在共享池中 Heap、Extent 和 Chunk 的层次关系及分配原则如下面的空间申请过程所示。在如下的空间分配结构中，对应缩进（层次）的对象空间大小必须相等。申请 Chunk 空间时，首先在 sub_heap 中分配空闲的 Chunk。假设下面分配了一个 Chunk 但已用完。

```
-->heap 1, 0
        --> extent 0
```

```
                    --> chunk 0 (sub_heap 0)
                            --> extent 0
                                    --> chunk 0( 已用完 )
```

接下来在需要内存空间时仍要继续分配。

```
-->heap 1, 0
        --> extent 0
                --> chunk 0 (sub_heap 0)
                        --> extent 0
                                --> chunk 0( 已用完 )
                                --> chunk 1( 被分配的 chunk)
```

若所分配空间仍不足，则需要继续分配，直到将这个 sub_heap 0 的所有 Extent 中的 Chunk 都用光。

```
-->heap 1, 0
    --> extent 0
        --> chunk 0 (sub_heap 0)
                --> extent 0
                        --> chunk 0( 已用完 )
                        --> chunk 1( 已用完 )
                --> extent 1
                        --> chunk 0( 已用完 )
                        --> chunk 1( 已用完 )
```

此时若再有空间需求，sub_heap 已经无法满足，就会向父堆申请一个新的 Extent。

这里申请 Extent 是有条件的——同一个堆下的 Extent 的大小必须是相等的，哪怕仅仅需要一个 Chunk，也要相应分配出一个 Extent。这里 Extent 依然是最小的分配单元。

```
-->heap 1, 0
        --> extent 0
                --> chunk 0 (sub_heap 0)
                        --> extent 0
                                --> chunk 0( 已用完 )
                                --> chunk 1( 已用完 )
                        --> extent 1
                                --> chunk 0( 已用完 )
                                --> chunk 1( 已用完 )
                        --> extent 2
                                --> chunk 0( 被分配的 chunk)
                                --> chunk 1( 未使用 )
```

Chunk 的类型基本可以分为六大类，SQL 查询语句如下。

```
SYS@ora11g> select distinct ksmchcls from x$ksmsp order by ksmchcls;
KSMCHCLS
--------
R-free
R-freea
```

```
R-perm
R-recr
free
freeable
perm
recr
8 rows selected.
```

Chunk 各类型的具体含义如下。

❑ free：存在于空闲列表上的 Chunk。新空间优先在这里申请并获得，随时可以被分配。

❑ perm（permanent）：分配给系统对象使用的 Chunk，比如，fixed table、fixed view 等系统对象。实例在生存周期中会一直存在，不会被释放。

❑ recr（recreatable）：可以被别的对象重建的 Chunk，可以在其他对象需要时被移走，并且在需要时重新创建，例如，在对象失效后可以通过重载操作再次使用。它通常也是一组 freeable Chunk 的"带头大哥"。

❑ freeable：如果以 freeable Chunk 为首的 recr Chunk 被覆盖了，则这组 freeable Chunk 可以随 recr Chunk 一起被覆盖或转为 free Chunk。但在 recr Chunk 没有被覆盖时，freeable Chunk 不能被释放。

❑ R-*：代表保留区（reserved）空间中的 Chunk，R- 后面可以连接 free、perm、recr、freeable 等，含义与上述对应类型一致。

8.1.4 ORA-4031 报错过程

共享池空间的使用规则，即 ORA-4031 报错过程如下。

1）首先查找子堆的空闲列表，如果没有可用空间则转第 2 步。

2）查找子堆 LRU，查找可覆盖的 Chunk 空间，如果仍未找到则转第 3 步。

3）从父堆中分配一个新的 Chunk，作为子堆的新 Extent。

4）在父堆中查找空闲列表。

5）在父堆中查找 LRU。

6）使用 Hide Free Space（隐藏空闲空间）。

7）如以上步骤都失败，则报 ORA-4031 错误。

因为子堆的操作，有 Mutex 或 Library Cache Pin 的保护，上述步骤的中第 1、2 步不需持有 Share pool Latch，第 4、5、6 步需要持有 Share pool Latch。

8.2 SQL 解析及并发控制

将用户写的可读的 SQL 文本转化为 Oracle 认识的且可执行的版本，这个过程就叫作解析过程。解析分为硬解析和软解析两类，当一句 SQL 第一次被执行时必须进行硬解析。

当客户端发出的一条 SQL 语句（也可以是一个存储过程或者一个匿名 PL/SQL 块）进入共享池时，Oracle 首先会将 SQL 文本转化为 ASCII 字符，然后根据哈希函数计算其对应的哈希值，根据计算出的哈希值到库缓存中找到对应的 Bucket，再比较 Bucket 里是否存在该 SQL 语句。在库缓存中，这些 SQL 称为游标，即 cursor。因为 Oracle 在处理 SQL 时需要很多相关的辅助信息，这些辅助信息与 SQL 语句文本一起组成了游标。

8.2.1 SQL 解析及游标

游标是让许多 DBA 感到迷惑的概念之一。在 Oracle 实例中，这个术语有三种解释。第一种解释是数据（包含语句的信息、结果的子集等），在语句执行时存放在会话的进程内存中。第二种解释是 SQL 语句的可执行版本，存放在库缓存中。第三种解释是一个单一的语句在库缓存中可能同时包含许多不同的执行计划（包括它们的工作环境等细节信息），一个 SQL 语句拥有一个通用占位符，因此我们将这个占位符称为父游标，将单个的执行计划称为子游标。

如果在查找过程中，游标不存在于库缓存中，则需要获得 Shared pool Latch，然后在共享池中的可用 Chunk 链表（也就是 Bucket）上找到一个可用的 Chunk，再释放 Shared pool Latch。在获得 Chunk 以后，就可以认为这块 Chunk 进入了库缓存中，然后进行硬解析操作。硬解析包括以下几个步骤。

1）对 SQL 语句进行语法检查，查看是否有语法错误，比如，没有写 from 等。如果有语法错误，则退出解析过程。

2）到数据字典里校验 SQL 语句涉及的对象和列是否都存在。如果不存在，则退出解析过程。

3）将对象进行名称转换，比如，将同名词翻译成实际的对象等。如果转换失败，则退出解析过程。

4）检查游标里的用户是否具有访问 SQL 语句里所引用的对象的权限。如果不具有对应权限，则退出解析过程。

5）通过优化器创建一个最优的执行计划。这一步是最消耗 CPU 资源的，可通过 10053 事件来跟踪查看其细节。

6）将该游标所产生的 SQL 文本、执行计划等装载进库缓存的若干个堆中。

在硬解析的过程中，进程会一直持有 Library Cache Latch，直到硬解析结束。硬解析结束后，会为该 SQL 产生两个游标，一个是父游标，另一个是子游标。Oracle 为什么会对一个 SQL 文本生成父、子游标呢？在讨论这个问题之前需要理解库缓存的结构，以及掌握 Oracle 如何找到库缓存里的子游标中的执行计划。

库缓存的结构和缓冲区缓存的宏观结构基本相似，对比图如图 8-5 所示。

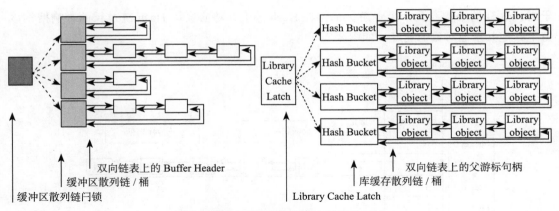

图 8-5　缓冲区缓存与库缓存的结构对比

在图 8-5 中 CBC Latch 对应于 Library Cache Latch，CBC/Bucket 对应于 Hash Bucket，Buffer Header 对应于 Library Object Handle，Hash Chain 对应于 Library Object Chain（LOC）。但 LOC 其下的内容就有所不同了，具体如图 8-6 所示。

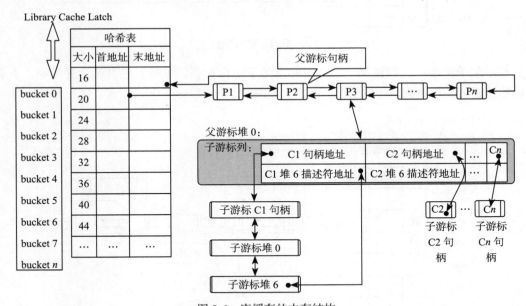

图 8-6　库缓存的内存结构

由图 8-6 可以看出，库缓存的内存结构，不像缓冲区缓存那样仅仅是哈希表加双向链表后指向 Buffer 就结束。库缓存的父游标句柄对应于 Buffer Cache 的 Buffer Header。在父游标句柄下有父游标堆 0，在父游标堆 0 下还有子游标句柄，子游标句柄下挂着子游标堆 0 和子游标堆 6，而执行计划会存在子游标堆 6 里。

Oracle 为什么引入父游标和子游标呢？假设某个父游标有几十个子游标，如果没有父子游标这样的结构，几十个子游标都排在 Hash 链上，势必会因 Hash 链过长而影响搜索该链上其他共享池对象的速度，如图 8-7 所示。

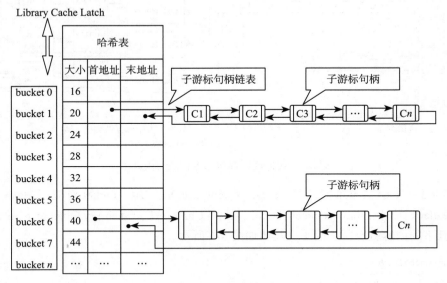

图 8-7 只有子游标的情况

有了父子游标后，即使某一个父游标下的子游标再多，也只有它自己会受影响，不会导致哈希链过长而影响其他的对象，如图 8-8 所示。

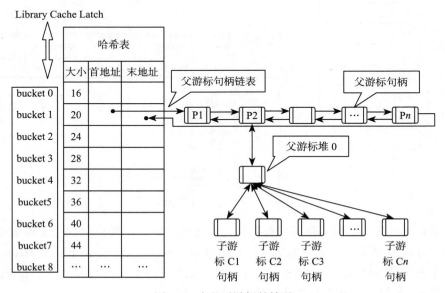

图 8-8 有父子游标的情况

Oracle 的算法规定，SQL 语句至少是一父一子的情况，很多是一父多子的情况。如果出现了 SQL 文本相同，但无法共享执行计划的情况，就会出现一父多子。除了 SQL 对象，共享池中其他类型的对象都没有父子游标的概念。

共享池中的句柄有点像第 7 章介绍的 Buffer Header，可用于保存状态信息和锁。Buffer Header 中记录了 Buffer 是否是"脏"的、它所在的链表位置等状态以及 Buffer Pin 锁的信息。共享池句柄也有相同的作用，它记录了共享池对象的状态和锁等信息。父游标句柄对应一个独立的 Chunk，其类型是 rccr 型，它的地址可以在 x$kglob 视图的 KG LHDADR 列中找到。语句如下。

```
SQL>select KGLHDADR,KGLNAOBJ from x$kglob
    where kglnaobj like 'select * from t1 where id=99' and KGLHDADR=KGLHDPAR;
```

8.2.2 library Cache Lock 加锁步骤

在第 6 章讲解并发控制时，我们已经说明了 Oracle 中的 5 类封锁，即 DML 数据锁、DDL 字典锁、PCM 并行锁、分布式锁、内部锁与闩等。其中，Oracle 针对公共内存（即 SGA）共设置了以下几种锁，现进一步说明。

❑ Library Cache Lock/Pin

❑ Buffer Pin

❑ Row Cache Lock

❑ 各种 Latch

❑ Mutex

这 5 种锁中，前 3 种的级别更高一些，通常这 3 种锁的获取和释放要在各种 latch 和 Mutex 的保护下进行。后两种（Latch 与 Mutex）是相对低级的内存锁。这 5 种类型的锁有一个主要区别，即 Library Cache Lock/Pin、Row Cache Lock 和一部分 Latch 有等待者队列和持有者队列，而 Buffer Pin、小部分的 Latch 和所有 Mutex 都没有任何队列。

有队列的锁在出现竞争时，将按照先来先得的方式入队，谁排在队列前面，谁先得到锁。而那些没队列的锁（如一部分 Latch、Mutex 和 Buffer Pin）在这种情况下就要靠运气了，当持有锁的进程释放锁资源时，等待的进程中谁运气好谁获得锁。

以下为 Library Cache Lock 加锁的步骤（具体如图 8-9 所示）。

1）A 进程查看对象上当前的锁模式是否与要申请的模式兼容。

2）如果原有对象上没有锁，那么 A 进程将到锁池中获取一把锁，假设此处是 Lock2。

3）在对象（如果是 Library Cache Lock，则此处是句柄）中写入锁池中 Lock2 锁的地址，作为持有者队列，同时在 Lock2 中写入对象地址。至此 Library Cache Lock 加锁成功。

下面我们以 Library Cache Lock 为例，继续讲述加锁的步骤。假设这时 B 进程申请兼容模式的锁，如图 8-10 所示。

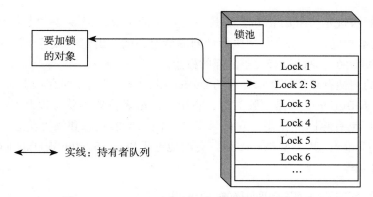

图 8-9 Library Cache Lock 加锁步骤示意图（1）

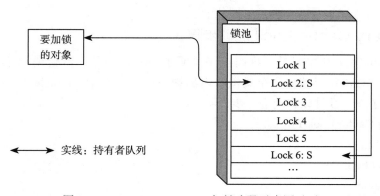

图 8-10 Library Cache Lock 加锁步骤示意图（2）

1）B 进程在锁池中获取一把锁 Lock6。

2）B 进程查看锁模式是否兼容，B 进程发现 Lock2 以兼容模式持有锁。

3）B 进程将 Lock6 链接到 Lock2 后面，即 B 进程将 Lock6 地址写入对象的持有者队列。

下面我们仍以 Library Cache Lock 为例，继续讲述加锁的步骤。假设这时 C 进程申请不兼容模式的锁，如图 8-11 所示。

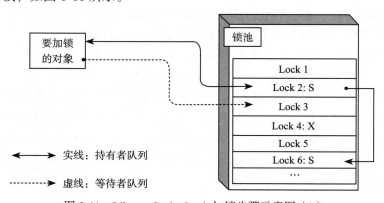

图 8-11 Library Cache Lock 加锁步骤示意图（3）

1）C 进程在锁池中获取一把锁 Lock4。

2）C 进程查看锁模式是否兼容。

3）C 进程发现 Lock2 以不兼容模式持有锁，C 进程将 Lock4 地址写入对象的等待者队列。

8.2.3 cursor_sharing

如果应用程序代码已经固定化了，我们对代码就会无从下手。比如开发团队解散了，留下了很多硬解释的 SQL，此时我们可以使用 cursor_sharing 参数来优化代码。

```
SQL> show parameter cursor_sharing
NAME                                  TYPE        VALUE
------------------------------------- ----------- -------------------------------
cursor_sharing                        string      EXACT
```

修改后要重新启动数据库。

cursor_sharing 参数有两个可选值。若该参数值为 EXACT，则代表精确匹配，也是默认值。采用默认值意味着功能关闭，是否共享完全取决于 SQL_text 的匹配情况。若该参数值为 FORCE，则表示开启功能，将对全部变量实现绑定化。

假设分别执行如下所示的 3 条 SQL 语句。

❑ select * from emp where empno=7788;

❑ select * from emp where empno=7654;

❑ select * from emp where empno=7369;

这些 SQL 语句生成的结果如以下代码所示。

```
SQL> select EXECUTIONS,LOADS,HASH_VALUE,VERSION_COUNT,sql_text from v$sqlarea
    where sql_text like 'select * from %';
EXECUTIONS LOADS HASH_VALUE  VERSION_COUNT SQL_TEXT
------- ------- -------- -------- ---------------------------
3        1      3877376146   1              select * from emp where empno=:"SYS_
    B_0"
```

更改 SQL 语句，增加排序条件如下所示。

❑ select * from emp where empno=7788 order by 1;

❑ select * from emp where empno=7788 order by 2;

❑ select * from emp where empno=7788 order by 3;

对应的执行结果如以下代码所示。

```
SQL> select EXECUTIONS, LOADS,HASH_VALUE, VERSION_COUNT, sql_text from v$sqlarea
    where sql_text like 'select * from %';
EXECUTIONS LOADS HASH_VALUE        VERSION_COUNT  SQL_TEXT
------- -- -------- --- -------------------------------------------------
3        3 2150086779  3  select * from emp where empno=:"SYS_B_0" order by :
    "SYS_B_1"
```

若 cursor_sharing 参数值为 similar，则会根据统计信息决定采用 FORCE 还是 EXACT，或是采用两者兼顾。如果没有分析列数据（柱状图），则取 FORCE 值。如果已经分析了列数据（柱状图），则取 EXACT 值。修改方法如下。

```
SQL> alter system set cursor_sharing=similar;
```

8.2.4　v$latch、v$latch_childred 统计

Latch 与 Mutex 是比较低级的内存锁。低级内存锁中的 Buffer Pin、小部分的 Latch 和所有 Mutex 都没有任何队列。下面就来结合 v$latch 视图的相关字段内容，对 Latch 统计信息进行简要介绍。

```
SQL> desc v$latch
Name Null? Type
--------------- -------- ------------------------------------
ADDR RAW(8)
LATCH# NUMBER
LEVEL# NUMBER
NAME VARCHAR2(64)
HASH NUMBER
GETS NUMBER
MISSES NUMBER
SLEEPS NUMBER
IMMEDIATE_GETS NUMBER
IMMEDIATE_MISSES NUMBER
WAITERS_WOKEN NUMBER
WAITS_HOLDING_LATCH NUMBER
SPIN_GETS NUMBER
SLEEP1 NUMBER
SLEEP2 NUMBER
.....
SLEEP10 NUMBER
SLEEP11 NUMBER
WAIT_TIME NUMBER
SYS_S:25_P:952_ora11g>
```

从 Oracle 10g 开始，与 sleep 和 spin 相关的列均已经被废弃，统计过程如下。

1）若申请 Latch，则 gets+1。

2）如果无法获得，则执行 spin 操作，spin 操作的次数取决于 _spin_count 参数。

❑ 若 spin 操作期间得到 Latch，则 spin_gets+1 且 misses+1。

❑ 若 spin 操作期间没得到 Latch，则 sleeps+1，并转入 sleep 状态。

❑ 若被唤醒后得到 Latch，则 misses+1。

只要进入 spin 状态，无论以何种方式获取 Latch，misses 的值都会加 1，因此 misses 的最终值就表示 spin 操作的次数。可比较 gets 和 misses 的差值并进行分析。假设 gets=100、 miss=99，那么有如下结果。

- （misses/gets）×100 的值接近 0 时，说明获取 Latch 的过程很顺利。
- （misses/gets）×100 的值接近 100 时，说明获取 Latch 的过程不顺利。

进而观察 spin_gets 与 misses 的比值，如下。

- （spin_gets/misses）×100 的值接近 100 时，说明 _spin_count 很有效。
- （spin_gets/misses）×100 的值接近 0 时，说明 _spin_count 期间无法获取 Latch，白白消耗了 CPU 资源。

若发现存在白白消耗 CPU 资源的问题，原因要么是其他进程无法获得 CPU，要么是 CPU 的使用率很高，出现了空转现象。此时若减小 _spin_count 参数的值，则其他进程会有更多的概率获得 CPU；此时若加大 _spin_count 值，则会提高 spin_gets 的命中率。

8.3 Mutex

在 Oracle 中，Latch 可用来在内存中做串行控制。Oracle 从 10g R2 开始，引入了一个新的技术——Mutex。实际上，Mutex 并不是 Oracle 的发明，而是操作系统提供的一个底层调用功能，Oracle 只是利用它实现串行控制，并替换部分 Latch 和 Pin。

8.3.1 Mutex 简介

一个 Mutex 可供多个 Oracle 进程并行地进行参考（共享），反过来说，多个进程可以以 S 模式参考（共享）一个 Mutex。这些进程的总数称为参考总数。一方面，Mutex 自身结构中存放了 Reference Count 的数据；另一方面，Mutex 也可以 X 模式仅被一个进程持有。

Mutex 中有两个变量，分别是 Holider Identifier 和 Reference Count。Holider Identifier 记录持有 Mutex 的 SID，而 Reference Count 是一个计数器，记录了当前正在以 S 模式访问 Mutex 的进程数量。每当进程以共享方式持有 Mutex 时，Reference Count 的计数就会加 1，而释放时会减 1。如果 Reference Count 大于 0，则表示该内存结构被 Oracle 进程钉住了。32 位系统中的 Mutex 的形式如图 8-12 所示。

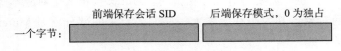

图 8-12　32 位系统中的 Mutex 形式

Mutex 有两个主要用途，一方面它可以维护必要的串行机制，如同 Latch；另一方面它还可以充当"钉子"，避免对象过期。

下面来看一段伪代码，它演示了 Mutex 的申请过程。

```
Function Mutex_get(mutex_name)
{
```

```
    if mutex.holder:=SID
        case mode:
            'exclusive':
                if mutex.ref_count=0
                    return TRUE
                else
                    mutex.holder.clear;
                    reture FALSE
                end if
        'share':
            mutex.ref_count++
            mutex.holder.clear
            return TRUE
        end case
    else
        reture FALSE
    end if
}
```

Mutex 是如何实现串行控制的？实际上它是利用了操作系统的原子操作 CAS（Compare-And-Swap）来实现的。在函数的开始处有这样一条语句：mutex.holder:=SID。这条语句表示将 SID 赋值给 Mutex 的 Holider Identifier，这其实就是一个 CAS 原子操作：比较 mutex.holder 是否为空，如果不为空，则赋值进程的 SID。CAS 操作由操作系统来保证其原子性，在同一时刻这个操作是串行的。如果这个赋值操作失败，则整个申请过程失败。赋值成功后，如果是共享的方式，则 mutex.ref_count 加 1，并清空 mutex.holder；如果是排他方式，则需要判断 mutex.ref_count 是否为 0（是否被钉住），如果大于 0，则失败，并清空 mutex.holder，如果等于 0，则成功，这时不用清空 mutex.holder，保持当前进程以排他模式对 Mutex 的占用，直到释放为止。

Mutex 的申请过程与 Latch 类似，同样也需要 spin 和 sleep。不同的是，Oracle 硬编码了 Mutex spin 的次数，为 255 次（Latch spin 的次数默认为 2000，由隐含参数 _spin_count 控制）。随着等待次数的逐步增加，每次处于 sleep 状态的时间也会逐步增加。

Mutex 没有锁池，也不需要与对象互相指向。Mutex 被植入了对象本身的内部。每一个可能加 Mutex 锁的对象，其大小都会增大一些，多出来的部分就是 Mutex。Mutex 中的锁如图 8-13 所示。

一个 Mutex 的主体部分在 64 位系统中只占 8 字节。这 8 字节被称为 Mutex Value，即 Mutex 值。可以在视图 v$mutex_sleep_history 中的 MUTEX_VALUE 列查到每个 Mutex 的 Mutex 值。

Mutex 的获取和释放过程也会贯穿之前介绍的 SQL 解析过程。即，根据 Hash 值找到对应的 Bucket，搜索 Bucket 后的链表，查找对应的父游标句柄。之后，在父游标堆 0 中查找子游标句柄。如果可以找到就是软解析，如果找不到就是硬解析。那么，引入 Mutex 后，该过程与之前 Latch、Lock 的申请和释放过程又有什么关系呢？接下来我们结合 Mutex 的类型来讨论这个问题。

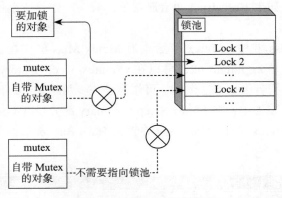

图 8-13　Mutex 不存在锁池

8.3.2　Mutex 的类型

Mutex 根据作用可以分成不同的类型，常见的类型包括 Library Cache、Cursor Parent、Hash Table、Cursor Pin、Cursor Stat。在 v$ mutex_sleep 和 v$ mutex_sleep_history 中都有一个 MUTEX_TYPE 列，就是产生等待的 Mutex 类型。

不同的 Mutex 类型对应不同的等待事件。通常 Library Cache 类型的 Mutex 对应于 Library Cache:Mutex 类等待，对应上锁（串行保护）位置为父游标或子游标的句柄（Library Object Handle）。

Cursor Parent、Hash Table、Cursor stats 类型的 Mutex 对应于 Cursor:Mutex 类等待，对应上锁（串行保护）位置为父游标的堆 0。因为在父游标堆 0 里还有子游标句柄地址和 SQL 执行计划描述符 DS6，而 DS6 里存的就是子游标堆 6 的地址。

Cursor Pin 类型的 Mutex 对应 Cursor:Pin 类等待，对应上锁（串行保护）位置为子游标的堆 0，因为子游标堆 0 下还有子游标堆 6，执行计划就在子游标堆 6 里。

根据上述 Mutex 位置，我们可以简单总结出 SQL 解析中经常出现问题的环节。如果只有 Cursor Pin 和 Library Cache 类型的 Mutex 发生了激烈竞争，就是软软解析（Soft Soft Parse 或 Fast Parse）的问题。如果还有其他类型的 Mutex 等待（Cursor Parent、Hash Table 等父游标堆里的内存结构），那就是软解析（Soft Parse）的问题。如果再有 Shared pool Latch 等待（在共享池中分配新空间），那就是硬解析（Hard Parse）的问题了。

8.3.3　Mutex 解析

综上所述，我们知道了 SQL 解析过程先从 Hash Bucket 和其后的链表开始。在 Oracle 11g 之前的版本中，这部分的访问受到 Library Cache Latch 的保护。Oracle 11g 之后的版本中已经不再使用这个 Latch，而换成了 Library Cache 类型的 Mutex。

无论是软解析还是硬解析，进程都要以独占方式获得 Library Cache 类型的 Mutex，然后才能访问 Hash 链。如果 Hash Bucket 遭遇竞争，就会产生等待事件。这里的等待事件是 Library Cache: Mutex X。

Latch 有 Latch Miss 事件，Mutex 当然也有 Mutex Miss 事件。这里 Hash Bucket 所对应的 Mutex Miss 通常是 kg lhdgnl 62，可以在 v$mutex_sleep_history 中的 Location 列找到 Mutex Miss 值。AWR 报告中也有这个值，可作为进一步判断 Mutex 问题的依据。

如果在一份 AWR 报告中，在 Mutex Sleep Summary 部分看到 Location 一项对应的值为 kglhdgnl 62，则表示 Mutex 竞争激烈，说明在搜索 Hash Bucket 后的链表时遇到了竞争，如图 8-14 所示。

Mutex Type	Location	Sleeps	Wait Time (ms)
Library Cache	kglpndl1 95	1,525	0
Library Cache	kglpin1 4	1,310	0
Library Cache	kglpnal2 91	768	-0
Library Cache	kglpnal1 90	332	-0
Library Cache	kglpnck1 88	332	-0
Library Cache	kglget2 2	80	-0
Library Cache	kgllkal1 80	54	-0
Library Cache	kgllkck1 89	54	0
Cursor Pin	kksfbc [KKSCHLFSP2]	50	0
Library Cache	kgllkdl1 85	46	-0
Cursor Pin	kksLockDelete [KKSCHLPIN6]	44	0
Library Cache	kglhdgn2 106	33	0
Cursor Stat	kkocsStoreBindAwareStats [KKSSTALOC8]	26	0
Library Cache	kglhdgn1 62	2	-0
Library Cache	kgllkc1 57	2	-0
Library Cache	kgllsOwnerVersionable 121	1	0

图 8-14　Mutex Sleep Summary

搜索 Hash Chain 的目的是查找父游标句柄。在找到父游标句柄后，需要再次以独占方式申请持有类型为 Library Cache 的 Mutex，申请成功后才能访问父游标句柄内的信息。如果在申请 Mutex 时遇到竞争，那么此处的等待事件也是 library cache: mutex X。为了加以区分，Hash Chain 所对应的 Mutex Miss 通常是 kglhdgn2 106。

在 Hash Chain 的 Mutex 的保护下，进程将进一步获得父游标句柄上的 Library Cache Lock。之后，Mutex 将被释放。也就是说，Hash Chain 的 Mutex 代替的是以前版本的 Library Cache Lock Latch。

Library Cache Lock Latch 的作用也是保护 Library Cache Lock 获得和释放的过程。在 Oracle 10g 及之前的版本中，它负责保护 Library Cache Lock 的获得和释放。但在 Oracle 11g 及之后的版本中，大部分时候它会被 Mutex 取代。因此在 Oracle 11g 及之后的版本中，基本上不会再看到 Library Cache Lock Latch 的竞争了。

子游标及其他对象的句柄上（比如 SQL 语句所涉及的表）都会有同样的 Mutex 和 Library Cache Lock。也就是说，当子游标句柄上出现竞争时对应的等待事件也是 library cache: mutex X。

找到了父游标句柄，也加上了 Library Cache Lock，接下来就要从句柄中取出父游标堆 0 的地址，并访问父游标堆 0。父游标堆 0 中包含了所有 SQL 文本子游标的句柄地址。这些子游标句柄地址构成了"子游标列表"，子游标哈希表如图 8-15 所示。

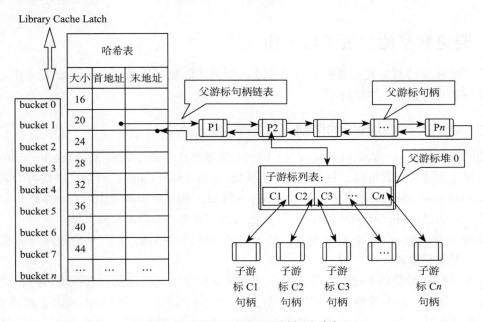

图 8-15 Library Cache 子游标哈希表

访问父游标堆 0 的主要目的就是在子游标列表中查找相应的子游标句柄地址。这里当然还要持有 Mutex，注意此处会持有两种类型的 Mutex，一种是 Cursor Parent，另一种是 Hash Table。

Oracle 先持有 Cursor Parent 类型的 Mutex，访问父游标堆 0 中的其他信息，然后将其释放；再持有 Hash Table 型的 Mutex，搜索子游标列表，查找子游标句柄地址，找到后释放该 Mutex。

这两种类型的 Mutex 对应的等待事件都是 Cursor : Mutex S。此种类型的 Mutex 只保护子游标列表。如果此种类型的 Mutex 遭遇竞争，那就说明某条 SQL 的版本过多。

Hash Table 型的 Mutex 其实部分承担了以前版本的 Library Cache Pin 和 Library Cache Pin Latch 的作用。在 Hash Table 型的 Mutex 获得成功后，在 x$kglob 视图的 KGLHDPMD 列或 x$kglpn 视图中可以看到对象已经持有了 Library Cache Pin，但其实持有的是 Hash

Table 型 Mutex。

访问子游标句柄后，是子游标堆 0 和包含执行计划的堆 6。子游标堆 0 和堆 6 所加 Mutex 的类型是 Cursor Pin，对应的等待事件是 Cursor : Pin S 或 Cursor:Pin S Wait on X。

堆 6 的 Cursor Pin 类型的 Mutex 比较特殊，这个 Mutex 的位置并不在子游标堆 6 中，而是在父游标堆 0 中，因为子游标堆 6 的 DS 在父游标堆 0 中，如图 8-6 所示。

独占模式的 Mutex 被持有后一直不释放。比如，在硬解析时，需要在堆 0 上一直持有独占模式的 Mutex，直到解析完成。

8.4　避免共享池解析阶段争用

共享池存在的目的就是共享和重用 SQL。如何才能更好地发挥其重用效果，避免争用呢？接下来我们做一个简单总结。

8.4.1　硬 / 软 / 软软解析的区别

硬解析与软解析、软软解析的特点不同，它需要多次申请 Shared pool Latch。但在硬解析之后第一次进行软解析时，只会申请一、两次 Shared pool Latch，而第二次软解析则不再需要 Shared pool Latch。硬解析申请 Shared pool Latch 的次数少则十次左右，多则几十次甚至上百次。所以，Shared pool Latch 的次数成为区别硬解析和软解析的关键。

如果 Shared pool Latch 竞争激烈，则是硬解析导致的问题，是大量进程同时请求从共享池中分配内存所致。

还有一种情况是版本过多。如果同一父游标下有多个子游标同时进行硬解析，就会造成 Library Cache Lock 竞争。除了这个锁之外，保护子游标列表的 Mutex 也会遭遇竞争。它的类型是独特的 Hash Table 型（对应于 Cursor:Mutex 类型等待）。因此当版本过多时，相关的硬解析 Library Cache Lock 和 Hash Table 型的 Mutex 会同时出现竞争。如果只有 Hash Table 型 Mutex 竞争，而没有 Library Cache Lock 竞争的话，则说明是版本过多的父游标有很多并发的软解析。在 AWR 报告的 Mutex Sleep Summary 部分中可以看到这些 Mutex 竞争的次数。

软软解析是将执行计划所在的堆，也就是子游标堆 6 的 DS(堆描述符）缓存到 PGA 中。下面再来看看软软解析所需要的 Mutex。

1）在 PGA Cache Cursor 列表中搜索子游标堆 6 DS 的地址，由于是在 PGA 中搜索，因此不需要任何 Mutex 和 Latch。

2）根据得到的子游标堆 6 DS 的地址，访问共享池中的子游标堆 6，读取执行计划。此步骤需要共享模式的 Cursor Pin 型 Mutex。此处获取共享 Mutex 时有可能遇到等待事件 Cursor: Pin S。

3）如果使用绑定变量，则将绑定变量值传入共享池，这一步需要独占模式 Library

Cache 类型 Mutex 保护。同样，如果是静态游标，则此步并不需要独占模式 Library Cache 类型 Mutex。

4）执行和抓取结束后，需要释放共享 Cursor Pin 类型 Mutex，此处也有可能遇到等待事件 Cursor : Pin S。

因此，如果只有 Cursor Pin 类型和库缓存类型 Mutex 竞争激烈，就是软软解析的问题。如果还有其他 Mutex 等待，那就是软解析的问题。如果还有 Shared Pool Latch 等待，那就是硬解析的问题了。

8.4.2　避免解析阶段争用

我们先说硬解析。硬解析过多，通常都是由以下 3 种情况造成的。

第一种情况：没有使用绑定变量。这种情况需要在 v$sqlarea 中查询与 SQL_TEXT 列相似的 SQL 是否有很多，这一点已经足以证明 SQL 语句是否使用了绑定变量。出现这样的问题，需要修改应用上的 SQL 语句，或者在数据库中设置 cursor_sharing 参数。

第二种情况：父游标版本过高过多。v$sql_shared_cursor 视图可以帮助我们定位问题。这里要注意的是，Oracle 11g 后的新特性 Adaptive Cursor Sharing（ACS），很可能会造成版本过多的问题。对于 OLTP 环境，可以考虑将此特性关闭。

第三种情况：共享池偏小，导致 SQL 频繁老化。如果是这种情况，则可以使用前文中的方法，根据共享池"瞬时 LRU 链"长度和"周期 LRU 链"长度的比值，确认共享池是否偏小。如果的确偏小，则可以考虑将共享池加大些。

如果是软解析导致的问题，除了调整应用、减少软解析等解决方法外，最有效的方法还是使用软软解析，化软解析为软软解析。因为软软解析只会申请两次 Cursor : Pin 型的 Mutex，软解析相关的所有 Mutex、Latch 竞争都不会存在。

对于软解析过多而导致的竞争，主要还是分析为什么没有使用软软解析。这可能是因为 session_cached_cursors 参数不够大，导致被缓存的游标不够多。session_cached_cursors 参数的默认值是 50，在频繁解析的情况下，这个值是不够的，可以将其适当调大。具体多大的值合适，不同的数据库有不同的参考值。正确设置 session_cached_cursors 可以把握 session_cached_cursors 数量要小于 open_cursor 的原则，同时还要考虑共享池的大小。可以使用下面的 SQL 语句判断 session_cached_cursors 的使用情况，如果使用率为 100%，则增大这个参数的值。

```
SELECT 'session_cached_cursors' PARAMETER,
       LPAD(VALUE, 5) VALUE,
       DECODE(VALUE, 0, ' n/a', TO_CHAR(100 * USED VALUE, '990') || '%') USAGE
  FROM (SELECT MAX(S.VALUE) USED
          FROM V$STATNAME N, V$SESSTAT S
         WHERE N.NAME = 'session cursor cache count'
           AND S.STATISTIC# = N.STATISTIC#),
       (SELECT VALUE FROM V$PARAMETER WHERE NAME = 'session_cached_cursors')
```

```
      UNION ALL
      SELECT 'open_cursors',
              LPAD(VALUE, 5),
              TO_CHAR(100 * USED  VALUE, '990') || '%'
          FROM (SELECT MAX(SUM(S.VALUE)) USED
                  FROM V$STATNAME N, V$SESSTAT S
              WHERE N.NAME IN
                      ('opened cursors current', 'session cursor cache count')
                  AND S.STATISTIC# = N.STATISTIC#
              GROUP BY S.SID),
          (SELECT VALUE FROM V$PARAMETER WHERE NAME = 'open_cursors');
```

硬解析过多时，可以通过使用绑定变量、加大共享池等手段，化硬解析为软解析来解决。根据 SQLID 可以获取单条 SQL 的详细统计信息，示例代码如下。

```
select hash_value, child_number sql_child_number, sql_text sql_sql_text  from
    v$sql
where sql_id = ('&1') and child_number like '&2'
order by sql_id, hash_value, child_number
/
select child_number sql_child_number, address parent_handle,child_address object_
    handle,
plan_hash_value plan_hash,parse_calls parses, loads h_parses, executions,
    fetches, rows_processed, rows_processed/nullif(fetches, 0) rows_per_fetch,
    cpu_time/10001000 cpu_sec,
elapsed_time/1000000 ela_sec, buffer_gets LIOS,disk_reads PIOS, sorts, users_
    executing
from v$sql where  sql_id = ('&1') and child_number like '&2
order by sql_id, hash_value, child_number
/
```

8.4.3　存储过程编译案例

在接下来的存储过程编译案例中，数据库将产生 cursor: pin S wait on X 等待事件，具体如下。

```
COTT_S:387_P:827_ora11g> create table t1 as select empno, ename, sal from emp
where empno=7788;
Table created.
SCOTT_S:387_P:827_ora11g> create or replace procedure proc1
    is
    v_name varchar2(20);
    begin
        select ename into v_name from t1 where empno=7788;
    end;
    /
Procedure created.
SCOTT_S:387_P:827_ora11g>
SCOTT_S:387_P:827_ora11g> exec  proc1 ;
```

```
PL/SQL procedure successfully completed.
SCOTT_S:387_P:827_ora11g> exec  proc1 ;
PL/SQL procedure successfully completed.
SCOTT_S:387_P:827_ora11g>
```

与 SQL 相似，除了硬解析，其他情况不会出现资源争用问题。但如果存储过程的引用对象失效，存储过程就会重新编译。

```
SCOTT_S:407_P:922_ora11g> alter table t1 modify(empno number(8));
Table altered.
SCOTT_S:387_P:827_ora11g> exec  proc1 ;
PL/SQL procedure successfully completed.
SCOTT_S:387_P:827_ora11g>
```

上述代码会产生非常多的 library cache pin 3 的排他模式，并且包含 library cache lock 3。在库缓存中，共享会阻塞排他模式，排他模式会阻塞所有操作。修改存储过程的代码如下。

```
SCOTT_S:387_P:827_ora11g>
    create or replace procedure proc1
    is
    v_name varchar2(20);
    begin
        select ename into v_name from t1 where empno=7788;
        dbms_lock.sleep(1000);
    end;
    /
Procedure created.
SCOTT_S:387_P:827_ora11g>
SCOTT_S:387_P:827_ora11g> exec  proc1 ;
```

此时停在 sleep 1000，这时执行该存储过程的会话（sid:387）会持有 library cache pin 2 共享模式。在其他会话中修改存储过程引用对象的结构，代码如下。

```
SCOTT_S:17_P:984_ora11g> alter table t1 modify(empno number(10));
Table altered.
```

再开一个会话，也调用该存储过程。

```
SCOTT_S:407_P:922_ora11g> exec  proc1 ;
```

阻塞查看等待事件。

```
SYS_S:25_P:952_ora11g> select sid, event, p1raw from v$session where wait_
    class<>'Idle' AND sid in (387,407);
SID        EVENT                        P1RAW
---------- ---------------------------- ------------------------
 407       library cache pin            000000004DE47590
```

上述代码出现了 Library Cache Pin 等待事件。因为重新编译时申请 library cache lock 3 和 library cache pin 3 的进程被 387 会话的 library cache pin 2 阻塞。

查到阻塞源，获取 Library Cache Pin 的阻塞缘由。

```
SYS_S:25_P:952_ora11g> select KGLPNADR,KGLPNSID,KGLPNHDL,KGLPNMOD,KGLPNREQ,KGLNA
    OBJ
from x$kglpn a, x$kglob b where a.KGLPNHDL=b.KGLHDADR and KGLHDADR='
    000000004DE47590';
KGLPNADR          KGLPNSID  KGLPNHDL      KGLPNMOD    KGLPNREQ    KGLNAOBJ
----------------  --------  -----------   ----        ------      --------------
000000004EB22940  407       000000004DE47590  0         3           PROC1
000000004FFA8D38  387       000000004DE47590  2         0           PROC1
```

获取 Library Cache Lock 的阻塞缘由：Library Cache Lock 没有发生争用。

```
SYS_S:25_P:952_ora11g> select KGLLKADR,KGLLKSNM,KGLLKMOD,KGLLKREQ,KGLNAOBJ from
    x$kgllk where KGLLKHDL='000000004DE47590';
KGLLKADR          KGLLKSNM  KGLLKMOD  KGLLKREQ KGLNAOBJ
----------------  --------  -----     ------   ------------ ----------
000000004FD18E60  407       1         0        PROC1
000000005186F5F0  387       1         0        PROC1
```

如果有多人同时执行此存储过程，就会出现阻塞。

```
SCOTT_S:17_P:984_ora11g> exec proc1 ;
```

查看等待事件。

```
SYS_S:25_P:952_ora11g> select sid, event, p1raw from v$session where wait_
    class<>'Idle'  AND sid in (387, 407, 17);
SID EVENT                                            P1RAW
------- ---------------------------------            ----------------
17      cursor: pin S wait on X                      00000000EA98B170
407     library cache pin                            000000004DE47590
```

这说明 407 编译对象时，还要获得 Mutex 的 Cursor: pin X。这会阻塞其他所有调用这个存储过程的会话，使它们等待 cursor: pin S wait on X。

因此，如果稳定的系统突然出现 Library Cache Pin 和 cursor: pin S wait on X 的等待事件，则很有可能是存储过程编译的问题。

8.5 本章小结

本章主要对共享池结构、SQL 解析和并发控制、Mutex 等方面进行讨论，最后还对 SQL 的各类解析方法进行了对比及总结，同时提供了在没法修改应用程序的场景下，共享池出现竞争的解决思路和方法。

Latch 是 Oracle 用来在内存中做串行控制的内存锁机制。每个 Latch 都是一小块内存，加锁的过程就是使某个内存块（锁）和某个对象互相指向，即将对象地址写入 Latch 池中的某个 Latch 中，并将 Latch 地址写到对象中。而所有 Latch 内存合起来，就是一个 Latch 池。

Latch 池是一整块内存，其大小根据单个 Latch 的大小和 Latch 数量来计算。在启动实例时分配 Latch，可以用 v$latch 观察 Latch 池中数据。

Library Cache Lock/Pin 和 Latch 各自有自己的锁池。Latch 池的大小受许多相关的隐藏参数控制，主要受 CPU_COUNT 的影响。Library Cache Lock 锁池对应的视图就是 x$kgllk。Pin 锁池对应的视图是 x$kglpn。Latch 锁池对应的视图是 v$latch 和 v$latch_children。

Library Cache Lock/Pin 的申请过程受 Latch 保护，分别是 Library Cache Lock Latch 和 Library Cache Pin Latch。Oracle 从 10g R2 版本开始，引入了操作系统的 Mutex 技术。Oracle 利用它实现串行控制的功能，并替换部分 Latch 和 Pin。

Mutex 没有了锁池，也不需要与对象互相指向。Mutex 被植入对象本身的内部。每一个可能加 Mutex 锁的对象，其大小都会比以前增大些，多出来的部分就是 Mutex。

Mutex 可根据其作用分成多种不同的类型。常见的类型有 Library Cache、Cursor Parent、Hash Table、Cursor Pin、Cursor Stat 这 5 种。例如，在 Oracle 11g 之前的版本中，共享池 Hash Bucket 和其后的链表的访问受 Library Cache Latch 的保护。在 Oracle 11g 之后的版本中，Library Cache Latch 换成了 Library Cache 类型的 Mutex，对应的等待事件是 Library Cache: Mutex X。同样，Hash Table 型的 Mutex 其实部分承担了以前版本的 Library Cache Pin 和 Library Cache Pin Latch 的作用，对应的等待事件是 Cursor : Mutex S。此外，在访问子游标堆 6、读取执行计划时，需要 Cursor Pin 型的 Mutex，所对应的等待事件是 Cursor : Pin S 或 Cursor:Pin S Wait on X。

共享池的主要处理对象为 SQL，因此共享池的高效利用离不开对最基本的 SQL 语句的编写要求。如果在设计和开发阶段能够考虑到共享池的工作原理，就能为之后系统的稳定性和可扩展性打下良好的基础。

串联 Oracle 运行流程

当局者迷，旁观者清。本篇将在前两篇内容的基础上，重新串联 SQL 语句从提交到最终结果返回（或执行）的整个过程，同时从数据结构的角度，总结和归纳 Oracle 数据库的各类数据结构及算法。只有这样，DBA 才能突破学习瓶颈，在故障诊断方面有较明显的能力提升。在串讲原理的同时，本篇还将对 Oracle 性能分析工具 AWR 报告及其重点内容进行解读。在 AWR 的指标描述过程中会尽量结合经典案例，以加深读者对性能指标含义的正确理解。

商业计算机时代，集群作为系统高可用和横向扩展能力的最佳解决方案，在 Oracle 中得到了更进一步的发展。Oracle RAC 及缓存融合（Cache Fusion）技术引入了诸多高效的设计思想，在确保系统高可靠的前提下，提升了有限内存空间中数据管理的横向扩展性。

为了适应云计算时代技术的发展，Oracle 引入了面对多租户场景的容器数据库技术，又一次对之前基于网格计算的集群架构进行了升级改造。本篇将对容器数据库相关的新概念、部分新参数及命令进行简要的介绍。

Chapter 9 第9章

串联 Oracle

我们遇到的大多数学习瓶颈并不是对某个单一概念的理解不够深刻，而是对已掌握的多个概念的边界，以及它们从点到线、从线到面的关联理解不到位。本章将结合之前学过的内容，在提取精华的基础上，对一条 SQL 语句从应用中发起至数据库中获取数据的整个过程进行关联介绍和解读，尤其会据此重新梳理并串联 Oracle 内核的运行原理，以对 Oracle 建立整体的认识。

9.1 SQL 查询原理

9.1.1 SQL 数据访问流程的分解

Oracle 数据库处理 SQL 语句一般会经历 6 个阶段，分别是会话建立、解析、执行、返回结果、结果响应、提交或回滚。其中，会话建立和结果响应阶段涉及网络以及用户进程与服务器进程之间的通信，相关内容将在 9.2 节介绍 Oracle 网络基础后进行讨论。接下来先对 Oracle 处理 SQL 语句的解析至返回结果阶段的相关内容进行解释说明。

1. 解析

当用户发起一个 SQL 语句时，Oracle 将通过服务器进程接收该语句并将其送至 Oracle 实例。SQL 语句到达实例后，将在共享池的库缓存中查找已缓存的 SQL 语句对应的执行计划，确认其是否存在。如果不存在执行计划，则对该 SQL 语句进行硬解析，生成最优的执行计划，并将该执行计划及其相关信息载入共享池的库缓存中。

如果执行计划已存在，则不必经过硬解析，直接进行软解析即可，从而减少数据库的

SQL 分析时间，减小 Latch 及 Mutex 的争用概率。

Oracle 的解析过程分为如下 3 步。

第一步，硬解析，生成执行计划，并将执行计划存储到共享池的库缓存中。

第二步，软解析，从库缓存中查找并执行计划，将库缓存中执行计划的地址保存到会话 PGA 中。

第三步，软软解析，直接从会话 PGA 读取 SQL 执行计划在子游标堆 6 中的地址，并执行该执行计划。

Oracle 将根据执行计划的形成方式确定数据库对象的读取方式（如是全表扫描还是索引扫描等），如果 SQL 语句中 FROM 后面有多张表，也需要明确怎么进行关联（嵌套链接、哈希链接、排序链接等）。而数据库对象的读取方式直接决定了数据的读取效率。

2. 执行

服务器进程首先会在缓冲区缓存中查找是否存在该执行计划所对应的数据块。如果存在，就直接进行操作（逻辑 I/O）；否则就先从数据文件中将数据块读取到缓冲区缓存中（物理 I/O），再进行操作。

3. 返回结果

对于 SELECT 语句返回的结果，首先查看它是否需要排序。如果需要，则在排序后返回给用户。当排序内容过大且内存不足时也许会产生磁盘排序，利用直接路径读取内容的方式可以防止 Oracle 缓冲区缓存过载的问题。这样的读取过程是在不将数据块加载到缓冲区缓存的情况下完成的。

对于其他 DML 语句（如 INSERT、DELETE、UPDATE 操作的语句），则无须返回结果。同时，我们需要增加一个额外的提交或回滚流程来完整地反映 SQL 语句的业务处理情况。当缓冲区缓存中的数据块被修改时，服务器进程会自动将其改变过程记录到 SGA 中的重做日志缓冲区中。最终，分别由 LGWR 和 DBWR 进程负责将重做日志缓冲区中的日志块及缓冲区缓存中的脏数据块写到磁盘里的在线重做日志文件和数据文件中。

9.1.2　SQL 语句执行顺序

SQL 语句在执行时并不会按语句从左到右的顺序来进行。以下 3 点需要特别注意。

❑ SQL 语句执行的第一步是 FROM，并非 SELECT 语句。

❑ SELECT 语句是在大部分语句执行之后才执行的，严格来说，它是在 FROM 语句和 GROUP BY 语句之后执行的。

❑ 无论在语法顺序上还是在执行顺序上，如果语句中有 UNION，则 UNION 总会排在 ORDER BY 之前。

根据以上的基本规则，我们接下来讨论与执行计划相关的查询树的生成过程。以如下的 SQL 模板为例，该语句中的 SC 代表班级，整句的功能是查找某个班级所有学生的姓名信息。

```
SELECT  Student.Sname  FROM  Student,SC WHERE  Student.Sno=SC.Sno AND  SC.Cno='2'
```

SQL 语句是从 FROM 语句开始执行的，因此上面代码会首先读取 Student 表和 SC 表。假设这两个表中没有任何索引，则可将该 SQL 语句的执行过程转换成查询树，如图 9-1 所示。

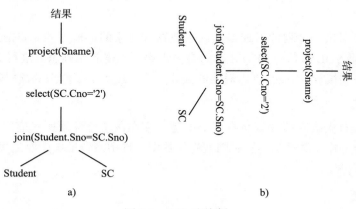

图 9-1　SQL 查询树

查询树的执行顺序应该自下而上。图 9-1a 所示的查询树是不是有点像 SQL 语句的执行计划呢？如果把这棵树如图 9-1b 那样进行翻转，再把执行计划中最先被读的（最内层缩进）部分与图 9-1b 中的 Student 表和 SC 表相互对应，那么这棵查询树基本上就能反映执行计划的执行顺序了。

Oracle 的 SQL 语句的执行计划是按照层次逐步缩进的，从左至右看，缩进最多的那一步最先执行，如果缩进量相同，则自上而下依次执行。这种方式可粗略地判断哪个步骤是优先执行的。每一个执行步骤都有对应的代价，可从单步代价的高低和单步的估计结果集（对应 ROWS/ 基数）来分析表的访问方式、连接顺序以及连接方式是否合理。执行计划中的每个操作符都有对应的存储区，用于存储该操作符的执行结果。执行计划中的每个操作符都有自己的任务和目的，它们通过组合形成完整的 SQL 语句执行计划，最终实现对数据的查询和操作。执行计划的存储区主要包括以下几个部分。

❑ 表操作符：表示对表的操作，如全表扫描、索引扫描等。

❑ 连接操作符：表示对表之间的连接操作，如 HASH JOIN、NESTED LOOPS JOIN 等。

❑ 过滤操作符：表示对结果集进行过滤的操作，如 WHERE、HAVING 等。

❑ 访问操作符：表示对数据的访问操作，如 INDEX、TABLE 等。

❑ 排序操作符：表示对结果集进行排序的操作，如 ORDER BY、GROUP BY 等。

❑ 其他操作符：表示其他类型的操作符，如 UNION、INTERSECT 等。

SQL 语句执行计划实现方式的可视化如图 9-2 所示。

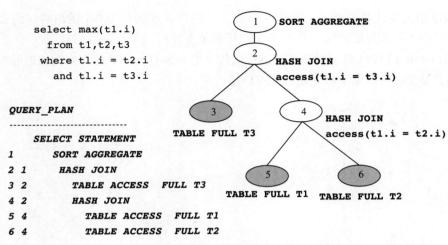

```
select max(t1.i)
  from t1,t2,t3
 where t1.i = t2.i
   and t1.i = t3.i


QUERY_PLAN
-----------------------------
     SELECT STATEMENT
1        SORT AGGREGATE
2 1        HASH JOIN
3 2          TABLE ACCESS   FULL T3
4 2          HASH JOIN
5 4            TABLE ACCESS   FULL T1
6 4            TABLE ACCESS   FULL T2
```

图 9-2 执行计划的树形方式可视化图

图 9-3 为 Oracle 的 SQL 语句执行计划的可视化示意图。如果将该图顺时针旋转 90°，则其各部分的执行顺序符合执行计划读取的"从左至右看，缩进最多的那一步最先执行；如果缩进量相同，则自上而下依次执行"原则。

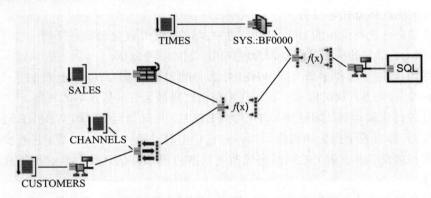

图 9-3 Oracle 的 SQL 语句执行计划的可视化图

在讲述数据库原理等理论的书中，通常用关系代数来说明执行计划的形成过程。关系代数是一种抽象的查询语言，这里"关系"是指数据库里的表。它用对关系（表）的运算来表示查询。表 9-1 为专用于关系代数的关系运算符，即数据库中表的运算符。

表 9-1 关系代数的关系运算符

运算符	含义		运算符	含义	
专门的关系运算符	σ	选择	逻辑运算符	$\neg$	非
	π	投影		$\wedge$	与
	$\bowtie$	连接		$\vee$	或
	$\div$	除			

下面使用关系代数表达式，通过专门的关系运算符来表达图 9-1 的内容，则会生成如图 9-4 所示的关系代数语法树，其中"×"代表笛卡儿积。

采用 Oracle 的 Hint 机制对查询树进行优化。把 σ SC.Cno='2' 移到查询树的叶端，执行计划便转换成如图 9-5 所示的优化后的查询树。

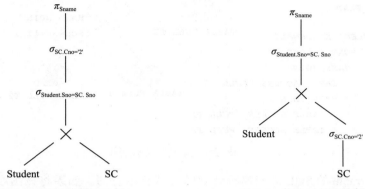

图 9-4 关系代数语法树　　　　　图 9-5 优化后的查询树

通过 Hint 机制控制 SQL 语句的执行过程，从而达到将选择下沉（过滤）、修改访问路径或者修改表的连接方式等目的。

接下来结合优化查询树的 Hint 机制，进一步讨论 SQL 优化的重点原则。这些原则能为我们判断某 SQL 语句的执行计划是否合理提供一定的参考依据。

- ❑ 应尽可能先做选择运算（即 WHERE 语句的过滤操作），就像上面例子中把 σ SC.Cno='2' 移到查询树的叶端。在优化策略中这是最重要、最基本的一条。
- ❑ 同时进行投影运算（即返回结果中的 FETCH）和选择运算（即 WHERE 语句的过滤操作）。如有若干投影和选择运算，并且它们都对同一个关系（表）进行操作，则可以在扫描此关系（表）的同时完成所有这些过滤条件的运算，以避免重复扫描关系（表）。
- ❑ 将某些选择运算与在它前面执行的笛卡儿积结合起来形成一个连接运算。
- ❑ 找出公共子表达式。如果这种重复出现的子表达式的数据量并不是很大，并且从外存中读入这个关系比计算该子表达式所花的时间少得多，则计算一次公共子表达式并把计算结果写入中间文件（表、临时表、物理化视图等）中是比较合算的。当查询的对象是视图时，定义视图的表达式就是公共子表达式。

以上是没有索引的场景，如果在 SQL 语句中引入索引则还会涉及物理层面的优化。也就是说，代数优化层面是尽量将选择操作往 SQL 执行的最底层移动（最先执行），根据表的大小选择合适的连接顺序及方式，还需要根据数据访问的方式选择最优的访问路径。而最优访问路径的选择操作在 RDBMS（Relational Data Base Management System，关系数据库管理系统）中对应于物理优化，实际上就是索引优化。因此接下来我们将代数优化和物理优化融合在一起，简要讨论数据库是怎么生成最优执行计划的。

代数优化改变的是查询语句中操作的次序和组合，不涉及底层的数据存取路径。一个查询语句往往有许多种数据存取方案，仅进行代数优化是不够的。物理优化（存取路径优化）就是要选择高效合理的存取路径及操作算法，求得优化的 SQL 语句执行计划。

物理优化可分为基于规则的启发式优化（Oracle 中的 Rule Based）、基于代价的优化（Oracle 中的 Cost Based）以及两者结合的优化等方法。Oracle 从 9i 版本开始默认采用基于代价的优化方法。

基于代价的优化方法要计算各种操作算法的执行代价，与数据库的状态密切相关。而且在计算 SQL 语句执行代价时需要通过数据字典中存储的优化器来评估所需的统计信息。

统计信息主要包括如下几个方面。

1）对于每个基本表，统计该表的总行数 N、行长度 l、占用的块数 B、占用的溢出块数 BO 等。

2）对于基表的每一列，统计该列不同值的个数 m、选择率 f（如果不同值的分布是均匀的，则 $f=l/m$）、该列的最大值、该列的最小值，并且确定该列上是否已经建立了索引及索引类型等。

3）对于索引（如 B+ 树索引），统计索引的层数 L、不同索引值的个数、索引的选择基数 S（有 S 行具有某个索引值）、索引的叶节点数 Y 等。

在基于代价的优化方法中，根据数据字典的这些统计信息，按照一定的优化策略选择一个"较好"的存取方案，Oracle 会把选中的方案作为执行计划描述出来。

综上所述，SQL 语句执行计划的生成过程实际上是将 DML 高级的描述性语句（集合操作）转换为系统内部低级单元组（行或记录）操作，将具体的数据结构、存取路径、存储结构等内容结合起来，构成一连串确定的存取和比较操作的过程。

关于 Oracle 中 SQL 语句的执行顺序和执行计划的优选过程，可以通过 10046 和 10053 事件进行跟踪分析。关于这两种事件的跟踪方法，网上有很多资料可供参考，在此不再赘述。

9.1.3　从不同维度理解 SQL 优化

SQL 为非面向过程语言，普通用户一般只关心结果是否正确输出，而不怎么关心语句的执行过程和顺序。对于入门级的 DBA，谈到 SQL 优化也许唯一能记住的就是建索引。为什么建索引会让语句执行变快？归根结底，索引扫描相对全表扫描而言由一维空间升级为了二维空间。这里实际上涉及了数据结构的相关知识。

在没有索引的情况下，要在某张表中查询数据，需要从磁盘的数据文件中按段中区的顺序将数据块逐个读取到内存（Oracle 也可以根据 multiblock_read_count 参数一次读取多个数据块）。也就是说，在数据文件中扫描数据块时查询入口要么是表的开头端，要么是表的末尾端。只有两个端口可供系统按顺序搜索，不能跳跃查询或同时查询两端（并行查询除外）。如果表段有 1000 个数据块，则需要扫描 1000 个数据块才能返回 SQL 结果。

当被查询的表上有了索引后，就多了一个入口（二维空间），根据查询条件结合索引特性，需要扫描（或读取）的块数将会大大减少，如图 9-6 所示。

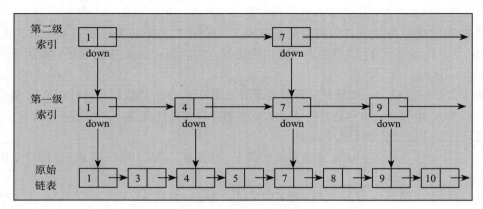

图 9-6　索引的树形结构

针对只有一张表的 SQL 语句，需要检查该表中每行记录是否满足选择条件，把满足条件的记录作为结果进行输出。对于小规模的表，这种方法简单有效；但对大规模的表来说，顺序扫描耗时长且效率很低，因此需要借助于索引的查询方式。如果 SQL 语句的 WHERE 选择条件的字段上有索引，那么可以通过索引先找到满足条件记录的 Rowid，再通过 Rowid 直接在表段中随机读取数据块。

很多时候，SQL 语句操作的表不止一张，因此这里还会涉及多表连接操作。连接操作是查询处理中除了物理 I/O 外最耗时的操作之一，因此掌握 SQL 语句中常用的多表连接的实现方法对一个 DBA 来说很有必要。以如下 SQL 语句为例，简要介绍常用的多表连接的实现方法。

```
SELECT * FROM Student, SC WHERE Student.Sno=SC.Sno;
```

1. 嵌套循环方法（nested loop）

对外层循环（Student 表）的每行记录（s），检索内层循环（SC 表）中的每行记录（sc），检查这两个行记录在连接属性（sno）上是否相等。如果满足连接条件，则连接后将其作为结果输出，直到外层循环表中的行记录处理完为止。

2. 排序 – 合并方法（sort-merge join）

排序 – 合并方法适用于连接两张表已经排好序的情况，其执行步骤如下：

如果连接的表没有排好序，则先对 Student 表和 SC 表按连接属性 Sno 进行排序，取 Student 表中第一个 Sno，依次扫描 SC 表中具有相同 Sno 的记录。

当扫描到与 Sno 不相同的第一张 SC 表的记录时，返回 Student 表并扫描它的下一个记录，再扫描 SC 表中具有相同 Sno 的记录，把它们连接起来。重复上述步骤直到 Student 表扫描完为止。这样 Student 表和 SC 表都只需要扫描一遍。如果两张表原本是无序的，则执行时间要加上对这两张表的排序时间。对于两张大规模表，先排序后使用 sort-merge join 方法执行连接，总的时间仍会大大减少。

3. 索引连接方法（index join）

索引连接方法的具体执行步骤如下。

1）在 SC 表上建立列 Sno 的索引（如果原本没有该索引的话）。

2）对 Student 表中的每一个记录，根据 Sno 值通过 SC 表的索引查找相应的 SC 表记录。

3）记录并连接这些 SC 表记录和 Student 表，然后作为结果输出。

循环执行第 2 步和第 3 步，直到 Student 表中的记录处理完为止。

4. 哈希连接方法（hash join）

把连接属性作为哈希码，用同一个哈希函数把 Student 表和 SC 表中的记录哈希到同一个哈希文件（或内存）中，具体步骤如下。

1）划分阶段，对包含较少记录的表（比如 SC 表）进行处理，把 SC 表的记录按哈希函数分散到哈希表的桶中。

2）试探阶段，也称为连接阶段。对另一张表（Student 表）进行处理，即把 Student 表的记录分散到适当的哈希桶中，把这些记录与桶中所有来自 SC 表并与之相匹配的记录连接起来，然后作为结果输出。

上面哈希连接方法的使用前提是两张表中较小的表在第一阶段后可以完全放入内存的哈希桶中。

以上优化思想可以推广到更多张表的连接算法上。为了突破生产中数据库遇到的瓶颈，DBA 应正确理解和掌握这些基础知识，该内容在定位有问题的 SQL 语句及其优化执行方面能够起到关键作用。实际上 SQL 优化这个主题本身就可以写成一本书，在此只从串联 SQL 知识的角度列出部分重点内容，更多内容大家可以查阅其他相关书籍。

9.2　Oracle 网络

Oracle 网络是一个软件层，支持不同网络协议之间的转换。因为客户机、应用程序、数据库一般都部署在独立、不同的物理主机上，所以需要借助这个软件层实现相互间的通信，具体而言就是要实现对 Oracle 的远程访问。

9.2.1　Oracle 网络概述

Oracle 创建了一种称作"透明网络底层"（Transparence Network Substrate，TNS）的联

网技术，这种技术允许单一的应用程序接口与各种标准网络协议连接。为了灵活地连接各种标准网络，人们开发了一些协议适配程序。Oracle 协议适配程序能把特定网络协议的功能调用转换成 Oracle TNS 中的等价功能调用，同时能把 TNS 的功能调用转换为下层网络协议的调用。图 9-7 展示了这种结构关系。

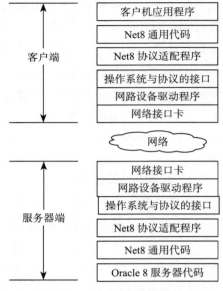

图 9-7 Oracle 网络的结构关系

从图 9-7 中可以看出，Oracle 网络驻留于客户端，也驻留于服务器端。无论对于服务器端还是对于客户端，Oracle 网络代码的通用层和协议适配层都是必要的。

Oracle 网络的常用配置文件有 listener.ora、tnsnames.ora、sqlnet.ora 等，配置文件都是放在 $ORACLE_HOME\network\admin 目录下的。从 Oracle 11g 开始，grid 用户独立出来，这些配置文件被改放于 $GRID_HOME\network\admin 目录下。

```
[grid@db01 ~]$ locate sqlnet.ora
/u01/app/11.2.0/grid/network/admin/sqlnet.ora
```

❑ sqlnet.ora 文件在客户端上，用于确定解析方式。这个文件可决定如何寻找一个连接中出现的连接字符串。

```
[grid@db02 ~]$ cat /u01/app/11.2.0/grid/network/admin/sqlnet.ora
NAMES.DIRECTORY_PATH= (TNSNAMES, EZCONNECT)
ADR_BASE = /u01/app/grid
```

❑ tnsnames.ora 文件在客户端上，用于记录每个 Oracle 网络别名对应的主机和 Oracle 实例。

❑ listener.ora 工作在数据库服务器端，主要负责监听希望通过网络访问 Oracle 数据库的客户端连接要求。

访问数据库的过程由客户端进程和服务器进程组成。客户端进程（例如 SQL Plus、应用程序等）发起请求，服务器进程接到请求之后负责读写数据库，完成用户提交的各种命令。服务器进程又称为影子进程，服务器进程与数据库实例运行在同一台主机上。而服务器端监听器根据配置文件 listener.ora 接收对数据库的远程接入申请并将其转交给 Oracle 的服务器进程。所以如果不是使用的远程连接，那么 listener 进程就不是必需的。关闭 listener 进程并不会影响已经存在的数据库连接。

当客户端进程与服务器进程在同一台主机上运行时，Oracle 使用的是基于 IPC 的本地通信。而当客户端与服务器进程运行在不同的主机上时，Oracle 使用 Oracle 网络实现两个进程间的通信。Oracle 网络的启动和停止独立于数据库实例，它只负责将来自客户端进程的请求交给服务器进程，然后由服务器进程完成对数据库实例的读写。

当客户端程序发出请求串 username/passwd@net_service_name 之后，Oracle 网络组件首先在本地查找 sqlnet.ora 文件以确定命名方法。这里将命名方法假设为 Local naming，则 sqlnet.ora 中内容为：NAMES.DIRECTORY_PATH=（TNSNAMES）。Oracle 网络组件紧接着查找并读取 tnsnames.ora 文件，匹配 net_service_name。如果与 net_service_name 匹配失败，则提示错误；如果匹配成功，则将连接描述符中的协议、主机、端口信息发送给正确的监听器。监听器再将其中的服务名或 SID 与向它注册了的服务名进行比对。如果匹配成功，则建立连接，否则提示错误。

最后来对 Bequeath 协议进行简要说明。Bequeath 协议的适配程序是 UNIX/Linux 上的默认网络驱动程序，它有如下两个主要作用。

❑ 产生子进程，并在这些子进程之间传递消息。

❑ 为由本地计算机产生的连接请求提供默认的网络连接层。本地连接请求不需要 Oracle 网络适配程序。

登录服务器，通过 sqlplus 命令连接数据库，然后查看其信息，结果如下。

```
$ ps -ef |grep sqlplus
oracle   12668  11942  0 15:35 pts/0    00:00:00 sqlplus
$ ps -ef |grep 12668
oracle   12668  11942  0 15:35 pts/0    00:00:00 sqlplus
oracle   12669  12668  0 15:35 ?        00:00:00 oracleCDB1
    (DESCRIPTION=(LOCAL=YES)(ADDRESS=(PROTOCOL=beq)))
```

9.2.2 多进程并发服务器的请求实现

Oracle 数据库服务器属于多进程并发服务器，因此在深入讲解 Oracle 网络技术之前，我们先对 Linux 操作系统网络基础做一些介绍。

在 Linux 环境下，多进程的应用场景很多，其中最主要的就是基于网络客户端/服务器端（即 C/S 模型）的应用场景。多进程服务器是指当客户端发出请求时，服务器用一个子进程来处理该客户端请求，而父进程继续等待其他客户端的请求。这种方法的优点是当客户端有请求时，服务器能及时处理客户端的请求，特别是在客户端服务器交互系统中。对于一个基于 TCP 连接的服务器来说，客户端与服务器端的连接可能并不会马上关闭，而会等到客户端提交某些数据后再关闭。这段时间内服务器端的进程会等待（阻塞），所以操作系统可能会调度其他客户端的服务进程。

多进程并发服务器的思想是客户端请求并不是由服务器直接处理的，而是由服务器创建的一个子进程来处理。具体交互流程如图 9-8 所示。

以下是多进程服务器模型的代码实现框架。

```
socket(...);
bind(...);
```

```
listen(...);
while(1)
{
    accpet(...);
    if(fork(...) == 0)
    {
            process(...);
            close(...);
            exit(...);
    }
    close(...);
}
```

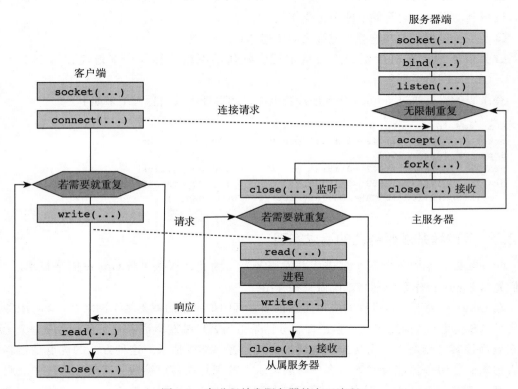

图 9-8　多进程并发服务器的交互流程

还有一种应用场景为多线程服务器模式，该模式今后在云平台数据库中将会被更多采用。多线程服务器模式是对多进程服务器模式的改进，由于多进程服务器在创建进程时要消耗较大的系统资源，所以用线程来取代进程。一个进程内的所有线程共享相同的全局内存、全局变量等信息。这样服务处理程序可以较快地被创建，也能节省内存。多线程服务器的缺点是会带来同步问题。

9.2.3　Oracle 网络连接原理

通过上述内容可知，使用 Bequeath 协议（BEQ）和网络协议（SQL*Net）在服务进程方面还是有所不同的，BEQ 基于 IPC 进行通信，因此不需要使用 socket。如果通过网络协议连接，则客户端进程最初连接的是 Oracle 监听器进程。在监听器进程接收连接请求后，为其创建一个子进程（即服务器进程），然后通知客户端进程重新连接到新创建的子进程上继续工作，这里就出现了一个 socket 重定向的问题。监听器产生子进程时会为新的连接分配一个未使用过的端口号，这个子进程启动后就在该端口上监听。同时，监听器会通知客户端进程，要求它重定向到新的端口号。此时客户端进程会关闭旧的 socket，并打开一个新的 socket，完成登录操作。

现在很多客户端对系统安全性的要求很高，因此服务器上大量的网络端口是被封掉的，只有在必要的时候才会被开放。那么对于 Oracle 数据库来说，只开放监听器所需的端口就可以了吗？事实上不是这样的。除了开放类似 1521 的监听端口外，还需要开放一些高端口，这些端口将被用于 socket 重定向。

不少 DBA 在客户端连接数据库的过程中碰到过 TNS-12535 之类的错误。对于这些问题，DBA 总是会从网络超时的角度进行分析，这样很难找到真正的故障原因。这类问题发生在一个存在防火墙的环境中，往往是由防火墙环境下的 socket 重定向引起的。特别是在有 NAT（网络地址转换）功能的防火墙上，这类问题更容易出现。客户端连接的是一个使用 NAT 功能翻译后的 IP 地址，而重定向的时候，监听器要求客户端连接到真实的 IP 地址上，这样就会出现连接超时，导致连接失败。这种情况的解决方案是使用 Connect Manager（CMAN）或在防火墙上启用针对 SQL*Net 的 ASPF 功能。这是因为二次重定向的 SQL*Net 属于多通道协议，当需要传输多通道协议时，需要配置对应协议的 ASPF 功能。ASPF 功能可以保证系统对多通道协议中临时协商的端口正常进行报文过滤和网络地址转换。

9.2.4　Oracle 连接模式及配置

Oracle 监听程序是连接客户端和 Oracle 数据库的桥梁，远程客户端的用户进程只有通过服务器端的监听认证及转发才能连接数据库。Oracle 的这个组件功能看起来非常简单，但我们不能因此就忽视对其原理的理解，尤其是语法结构、RAC 环境下的配置，DBA 需要正确理解其常用参数。

Oracle 客户端与服务器端的连接模式分为专有模式和共享模式两种，在建库过程中会有模式选项。随着中间件的普及，一般都选择专有模式，共享模式更适用于过去的 C/S 架构应用程序。随着 B/S 架构应用程序的普及和中间件技术的成熟，高并发及多个连接都可以由中间件来处理，而数据库主要通过专有模式来完成应用程序中的某个用户连接。

专有模式下，用户进程和服务器进程间通过监听器建立连接。也就是说，有多少个用户进程就有多少个服务器进程，而这些服务器进程在 PGA 中都拥有各自独立的内存空间。

只有进程连接并不能满足操作数据库的条件，还需要产生会话。会话信息存储在 UGA 中，专有模式下的 UGA 也存在于 PGA 中。因为进程和进程间是相互隔离的，所以会话信息也是相对独立的。这就导致服务器进程只能获知当前用户进程的会话请求信息，只能为当前用户进程服务。因此，每个用户进程需要创建与之对应的服务器进程。

监听程序进程可监听多个数据库。多个监听程序可为一个数据库提供监听服务，以实现负载均衡。可以通过每个监听协议地址上的负载序列值来判断负载使用率最低的监听，比如在 RAC 环境中通过两个节点独立的监听程序以及 remote_listener 参数的配置来实现相互备用。也可以实现连接时的故障转移，如果第 1 个监听失败，则可以请求第 2 个监听。监听程序可监听多个协议，除了常用的 TCP，还包括 ICP、LDAP 等协议。Oracle 网络中监听程序的默认名称是 LISTENER，每个 listener.ora 文件中监听程序的名称必须是唯一的。

监听配置方法有 NETCA 的图形界面向导方式、NETMGR 的图形自定义配置方式和文本编辑器编辑配置文件方式 3 种。其中，文本编辑器编辑配置文件方式能够实现前两种模式无法配置的多种复杂配置，但是需要我们掌握配置文件的语法格式和关键参数的含义。

正确理解 Oracle 网络服务端配置中的注册方式也是非常重要的。实例通过注册监听程序，让监听器得知服务器上运行的数据库信息。注册可分为静态注册和动态注册两种。

静态注册是指监听器主动寻找要支持的实例信息，也就是说在监听器的配置文件中写明了监听哪个实例。这需要配置 SID_DESC 字段。定位实例可以使用 SID_NAME 或者 SERVICE_NAME 来进行。

动态注册是指通过数据库实例的 PMON 告知监听器要监听的具体实例，也就是说在监听器的配置文件中没有写明监听哪个实例，无须在 listener.ora 文件中设置任何信息。PMON 将 SERVER_NAME 告知服务端监听器，在默认情况下一分钟注册一次，也就是说数据库和监听器刚启动时，如果监听启动命令晚于数据库启动，或数据库启动缓慢造成数据库实例的 PMON 进程还没注册，则刚启动监听程序时客户端会无法连接数据库，需要等待一分钟，或在实例中手动执行注册命令 alter system register 后发出 PMON 注册监听程序的请求，等 PMON 注册完成后才能连接数据库。

区分静态注册和动态注册的方法很简单，在服务器端通过执行 lsnrctl status 命令就可以列出当前已经在 Oracle 监听器上注册的所有实例，其中状态为 READY 的就是动态注册，状态为 UNKNOWN 就是静态注册，如下：

```
Instance "orcl", status UNKNOWN, has 1 handler(s) for this service...
```

或者

```
Instance "orcl", status READY, has 1 handler(s) for this service...
```

以下给出了典型的静态注册和动态注册的 listener.ora 文件信息。

```
[oracle@dba admin]$ cat listener.ora
```

静态注册如下。

```
SID_LIST_LISTENER =
    (SID_LIST =
        (SID_DESC =
                (ORACLE_HOME = /u01/oracle/product/10.2.0)
                (SID_NAME =orcl)
        )
        (SID_DESC =
                (ORACLE_HOME = /u01/oracle/product/10.2.0)
                (SID_NAME =ora10g)
        )
    )
```

动态注册如下。

```
LISTENER =
    (DESCRIPTION_LIST =
        (DESCRIPTION =
                (ADDRESS = (PROTOCOL = IPC)(KEY = EXTPROC1))
                (ADDRESS = (PROTOCOL = TCP)(HOST = dba.up.com)(PORT = 1521))
        )
    )
```

9.2.5 远程监听

在 Oracle 集群的 RAC 多实例环境中，当客户端向服务端监听器发出连接请求的时候，通过本地监听器注册的服务将接收这个连接请求，然后由主节点决定这个连接请求由哪个目标实例发出（fork）的服务器进程响应。如果启用负载均衡，那么主节点会选择 CPU 负载最小的那个目标实例。此时，如果主节点分配的目标实例是本地监听器所在的服务器，那么直接通过本地监听开启服务端的服务器进程，处理发出连接请求的客户端请求，建立连接并处理会话。如果主节点分配的目标实例不是本地监听器所在的服务器，那么系统会通过远程监听的参数，把连接请求转移到远程服务器（非本地监听器所在的服务器）的监听器上，然后远程监听器发出一个服务器进程返回客户端，建立连接并处理会话。

连接请求成功建立连接以后，监听器就没有用了。如果这个时候已经连接的那个实例关闭或宕机了，则会重新由新分配的主节点通过远程监听器切换到可用实例，此时客户端不会发现连接中断。

RAC 环境中的监听器可分为本地监听器和 SCAN 监听器，分别对应 LOCAL_LISTENER 和 REMOTE_LISTENER 参数。SCAN 监听器可以监听集群中运行的所有数据库，主要用于实现负载均衡。

SCAN 监听器跟着 SCAN VIP 随机分配到某个节点服务器上。如果任意节点发生故障，那么运行在此节点上的 SCAN VIP 会进行漂移，这时 SCAN 监听器也会跟着漂移到正常的节点上，继续为 SCAN VIP 监听连接请求。例如在以下两个节点 RAC 环境下，连接节点，分别查看结果如下。

```
[oracle@prod-DB-1 ~]$ ps -ef |grep tns
grid     3184     1  0 Apr25 ?    00:01:41 /u01/.../tnslsnr LISTENER -inherit
[oracle@prod-DB-2 ~]$ ps -ef |grep tns
grid    50863     1  0 2020  ?    00:47:01 /u01/.../tnslsnr LISTENER_SCAN1 -inherit
grid    51093     1  0 Apr25 ?    00:02:07 /u01/.../tnslsnr LISTENER -inherit
```

　　SCAN 监听器对应的设置参数为 REMOTE_LISTENER。通过设置这个参数，任何数据库实例都会向 SCAN 监听器注册，主要用于注册远程数据库实例。

　　配置 REMOTE_LISTENER 参数如下。

```
SQL>alter system set remote_listener='prod-db-scan:1521' sid='*';
```

　　其中，prod-db-scan 对应 /etc/hosts 文件里的主机名。该名称在多个节点的 hosts 文件里的 IP 地址不一样，但主机名是一样的，其原理类似于域名或负载均衡对外统一的服务名（IP）。

```
SQL> show parameter listen
NAME                 TYPE         VALUE
----------------     -----------  -----------------------------
local_listener       string       (ADDRESS=(PROTOCOL=TCP)(HOST=192.168.2.34)(PORT
    = 1521))
remote_listener      string       prod-db-scan:1521
```

　　监听文件内容如下，这是默认配置，属于动态注册。当 PMON 进程下次动态更新实例信息到该 SCAN 监听器之后，它就能够接收客户端的连接了。

```
[oracle@prod-DB-1 ~]$ cd /u01/app/grid/11.2.0.1/network/admin/
[oracle@prod-DB-1 admin]$ cat listener.ora
LISTENER=(DESCRIPTION=(ADDRESS_LIST=(ADDRESS=(PROTOCOL=IPC)(KEY=LISTENER))))
LISTENER_SCAN1=(DESCRIPTION=(ADDRESS_LIST=(ADDRESS=(PROTOCOL=IPC)(KEY=LISTENER_
    SCAN1))))
ENABLE_GLOBAL_DYNAMIC_ENDPOINT_LISTENER_SCAN1=ON              # line added by
    Agent
ENABLE_GLOBAL_DYNAMIC_ENDPOINT_LISTENER=ON                   # line added by
    Agent
```

　　SCAN 监听器也能实现静态监听配置，配置方法为在 listener.ora 文件中增加如下配置内容。

```
LISTENER_SCAN1 =
    (DESCRIPTION_LIST =
        (DESCRIPTION =
            (ADDRESS = (PROTOCOL = TCP)(HOST = prod-db-scan)(PORT = 1521))
        )
    )

SID_LIST_LISTENER_SCAN1 =
```

```
(SID_LIST =
        (SID_DESC =
            (GLOBAL_DBNAME = orcl)
            (ORACLE_HOME = /u01/app/oracle/product/11.2.0/dbhome_1)
            (SID_NAME = orcl1)
        )
        (SID_DESC =
            (GLOBAL_DBNAME = orcl)
            (ORACLE_HOME = /u01/app/oracle/product/11.2.0/dbhome_1)
            (SID_NAME = orcl2)
        )
    )
```

9.2.6 SDU 和 TDU

在介绍 SDU 和 TDU 之前，我们以计算机的键盘输入和显示器显示的过程为例进行简要说明。当用键盘输入数据的时候，我们并不是直接得到数据，而是先将其放在缓冲区中，然后从缓冲区中得到我们想要的数据。如果通过 setbuf() 或 setvbuf() 函数将缓冲区的大小设置为 10 字节，而用键盘输入了 20 字节的数据，那么我们输入的前 10 字节的数据就会放在缓冲区中，因为我们设置的缓冲区只能够装下 10 字节的数据。剩下的那 10 字节数据怎么办？答案是暂时放在了输入流中。如图 9-9 所示。

在图 9-9 中，箭头表示的区域就相当于一个输入流，中间的部分相当于一个开关，这个开关可以控制往缓冲区里放入的数据。若输入 20 字节的数据，只往缓冲区中放进了 10 字节，剩下的 10 字节的数据就停留在了输入流里，等待下次放入缓冲区。

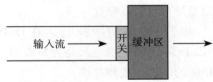

图 9-9　键盘和显示器之间缓冲区的作用

SELECT 语句在抓取阶段将满足条件的行以逻辑读的形式从缓冲区缓存读取到 PGA 中，并以 SDU（Session Data Unit，会话数据单元）为缓冲单位将数据结果从 PGA 发送到客户端。这个过程会涉及 PGA 中 SDU 缓冲区大小的控制问题。

SQL*Net 允许 DBA 通过调整两个参数 SDU 和 TDU（Transmission Data Unit，传输数据单元）在数据包中的大小来进行网络传输控制。这些参数会控制会话层和传输层的缓冲区。SDU 的最大值不能超过网卡中的 MTU 值，Oracle 推荐使其与 MTU 等值，而 TDU 的大小最好为 SDU 的倍数。

修改 listener.ora 中的参数，可以实现修改 SDU/TDU 默认值的目的。下面就来展示将 SDU/TDU 大小修改为 8192 字节的过程。

```
(SID_DESC =
        (ORACLE_HOME = /data/oracle/product/10.2/db1)
        (SID_NAME = kuqlan)
        (SDU = 8192)
        (TDU = 8192)
    )
```

9.3 串联 SQL 语句的整体流程

综上所述，我们再次总结 SELECT 语句的执行流程。在用户通过 SQL Plus 客户端向服务器发起一条 SQL 请求后，具体步骤如下。

1）在客户端程序发出请求串 username/passwd@net_service_name 之后，Oracle 网络首先会在本地查找 sqlnet.ora 文件以确定命名方法。先假设其中的命名方法为 TNSNAMES。

2）Oracle 网络查找 tnsnames.ora，读取该文件，匹配 net_service_name。

3）将连接描述符中的协议、主机、端口信息发给正确的 Oracle 监听器。

4）监听器将连接描述符中的服务名（service_name）或实例名（sid_name）与向它注册了的服务名或实例名进行比对，如果一致，则建立连接。

5）Oracle 监听进程接收连接请求后将产生服务器进程（也称为影子进程），然后将服务器进程连接到 Oracle 实例。

6）服务器进程在 PGA 中打开游标，主要作用是在 PGA 中为 SQL 准备内存。

7）Oracle 优化器对 SQL 进行解析。这一步将形成执行计划，其中会涉及很多因素，具体将在下文中进一步解释说明。

8）如果 SQL 语句使用了绑定变量，那么这一步将为绑定变量赋值；如果没有使用绑定变量，就会省略这一步。

9）SQL 语句的执行，在 DML 的类 SQL 执行阶段将完成实际的用户修改。而 SELECT 语句的执行只是为抓取做一些准备工作。DML 类语句在该步产生事务，也会发生相应的逻辑读或物理读。

10）查询结果数据的抓取、逻辑读、物理读将在这一步产生。满足条件的行将以逻辑读的形式从缓冲区缓存中读取到 PGA 中。如果数据块不在缓冲区缓存中，就会产生物理读并从磁盘读取相关数据块。

11）设定列与变量的对应关系。

12）将抓取到 PGA 中的结果以 SDU 为单位传送给对应的客户端进程（或变量）。如果客户端是在远端使用 JDBC、ODBC 等驱动的程序，则这一步将变量通过网络传送到远端的客户端程序。

13）关闭游标。这一步将删除 SQL 在共享池中所占内存的 Mutex、Library cache lock/pin。

上述就是一条 SQL 语句的完整执行流程。下面从 SQL 语句的解析过程开始进行更详细的描述。

9.3.1 SQL 语句的解析阶段

SQL 语句的解析过程可以分为 5 步：

1）语法检查。

2）语义检查和权限检查。

3）私有区游标匹配。

4）从 Hash Bucket、Object Handle 列表上确定 SQL 语句是否匹配。

5）进行软解析或硬解析。

这 5 步的相关内容已在第 8 章进行过较深入的说明，在此不再赘述。一条 SQL 语句会在解析阶段制订执行计划，接下来按照计划去执行 SQL 语句即可，如图 9-10 所示。

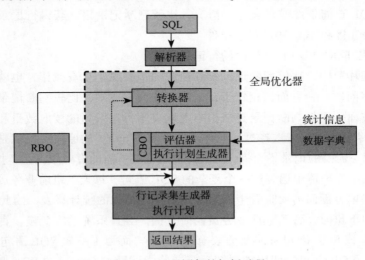

图 9-10　SQL 语句的解析过程

9.3.2　SQL 语句的执行阶段

经过了解析阶段可以得到一份最优的执行计划，而从 SQL 语句执行的角度可以将执行计划分为 3 个部分，即行记录集获取、行记录集间比较，以及将行记录集最终提交给用户进行处理（如 group by、order by 命令）。

执行计划的执行步骤具体如下。

1）准备输出结果定义。

2）捆绑绑定变量。

3）执行 SQL 执行计划。

4）开始读取行记录集。

5）通过比较判断行记录集是否满足要求。

6）输出数据到 PGA 中的服务进程缓冲区。

7）检查输出数据容量是否达到客户端记录数量或 SDU 值的大小要求。

8）将 PGA 中的输出结果数据通过网络（服务器进程和用户进程之间的通信）传送到客户端。

9）重复第 4 ～ 8 步，直到 SQL 查询出所有行记录集，并读取完成。

从以上步骤可看出，执行 SQL 语句的变化主要在于以下几个方面。

1）为了获取数据行所在的对象名称、表空间、用户权限、直方图等信息，需要访问字典缓冲区（Dictionary Cache 或 Row Cache）。如果所需信息不在字典缓冲区，还需要从 SYSTEM 表空间将信息读取到 SGA 的缓冲区缓存，然后转换成字典缓冲区里行记录的形式。

2）对 SQL 查询产生的行记录集的读取，读取过程会产生逻辑读或物理读。

3）根据 SQL 查询条件或多表连接情况，比较判断记录集，获得行记录集中满足条件的数据，实现表连接和 SQL 中的过滤条件。

4）读取参数 Fetch Size 每次取出的行记录数量。

在这些关键环节中，比较判断记录集和抓取的步骤属于私有操作，也就是说不存在所谓的并发性冲突问题。一方面，相较于行记录集的读取成本，比较判断记录集的过程的成本较小。另一方面，比较判断记录集从根本上取决于行记录集的读取数量和次数。这也是在 SQL 优化中尽量优先执行选择过滤操作（过滤条件下沉）的原因。也就是说，在多表连接之前先过滤掉不需要的记录集，将会大大降低表连接所需的有效数据量，提升查询速度。

笔者曾经在生产环境中遇到过一个复杂的 SQL 语句。每天下班前业务员为了核对每日业务量及各类账单金额而需要查看生产系统中对实时结果的统计报表，因此设计了该 SQL 语句。而每天快下班时，各营业厅业务员同时查询，导致系统响应变慢，直接影响了业务员的使用体验。该 SQL 语句所涉及的表有 20 多张，而为了缩短 SQL 语句，在底层做了两个视图，并在 SQL 语句中调用该视图。笔者曾尝试通过 Oracle 的 SQL 调优顾问（SQL Tuning Adviser）来优化该语句，但该语句太复杂，而 SQL 调优顾问给不出执行计划和优化建议。笔者也尝试将底层视图改为物理化视图（这需要采用实时同步模式），但又担心对日常业务产生负面影响。

在一次尝试中，笔者去掉了视图内一个 WHERE 语句所包含的时间过滤条件（只取 200× 年 1 月 1 日之后的数据）后，这个语句的执行速度马上就变快了。这就是一个能够说明 WHERE 子句中比较判断的过滤条件不可忽视的经典案例。

此外，过滤条件并不是越多越好，关键还是要看过滤条件对我们想要获取的行记录集的作用。比如，这个例子中，营业员只需查询当天产生业务受理的相关记录，因此原则上我们已经在时间条件上做了一次过滤；而开发人员觉得如果只增加“日期大于 200× 年”的过滤条件，则会减少查询所需读取的记录集的规模。这样，在 SQL 查询获取数据的过程中就不得不做两次过滤或扫描。第一次筛选出大于 200× 年的记录集（或者筛选出当天的记录集），第二次再对该结果进行过滤（既然是当天的记录，就没有必要再判断是不是 200× 年之前的记录）。表面上 SQL 语句从少量行记录集中获取数据会更快，但是实际上为了满足 WHERE 语句中的两次过滤条件全覆盖却做了两次扫描或过滤判断，反而延长了查询响应时间。

至于执行阶段对字典缓冲区的访问，主要访问两类对象，即绝大部分 seg$ 的对象和个别场景下 seq$ 的对象。seg$ 的访问全部在共享模式下进行，因此只要避免 seg$ 对象在字典缓冲区中的冲突（可以通过 Row cache lock 进行保护）即可。通过 v$ROWCACHE 视图可以获取字典缓冲区统计信息，具体查询语句如下。

```
SELECT parameter, sum(gets), sum(getmisses), 100*sum(gets - getmisses) /
    sum(gets)pct_succ_gets, sum(modifications) updates
FROM v$ROWCACHE WHERE gets > 0 GROUP BY parameter;
```

综上分析，SQL 语句执行过程的主要影响因素在于查询结果数据的读取过程。因此，接下来详细介绍数据块的读取过程。

当我们从表中读取某几行记录时，作为 Oracle 最小 I/O 单位的数据块就是最小的基本读取单元，而所读取的这些行也许在一个数据块或者多个数据块中。数据块的获取过程就是在 Oracle 实例 SGA 的缓冲区缓存中进行搜索和访问的过程。缓冲区缓存的构成及原理已在第 7 章进行过详细介绍，因此在此只对流程步骤进行总结说明。

获取某个数据块的具体步骤如下。

1）根据 SQL 查询中的表名，访问字典缓冲区中的字典视图或基表，并获得需要访问的文件号和数据块号，即从基表 seg$ 中获取这些信息。为此，需要先获取 Row cache lock。

2）依据文件号和数据块号，借助哈希函数获得哈希值并访问缓冲区缓存中的 Hash Bucket。为确保数据一致性，在查找和定位 Hash Bucket 之前需要先获取 CBC latch。

3）获取 CBC latch 后方可访问所匹配的 Hash Bucket 下的 Buffer Header 双向链表，查找其中是否存在对应的 Buffer。

4）如果找到了所需的 Buffer，则可以获得其块地址，并在 Buffer Header 上加 Buffer lock/pin。

5）释放 CBC latch。因为 Latch 是有限资源，所以钉住 Buffer Header 之后立即释放 Latch 有利于减少高并发环境下的 CBC latch 竞争。同样，如果在 Buffer Header 双向链表中查找对应的 Buffer，也会立即释放 CBC latch。

6）读取缓冲区缓存中的 Buffer。

7）检查是否需要构造 CR 块。如果不需构造 CR 块，则将当前块复制到 PGA 中，之后执行下一步。

8）为了释放之前钉住的 Buffer Header，重新获得 CBC latch。

9）释放 Buffer lock/pin。

10）释放 CBC latch。

11）如果需要构造 CR 块，则构造并读取 CR 块。

Oracle 从缓冲区缓存中读取数据时，总是会读取 Buffer，这个过程也叫逻辑读。读取每个数据块都要重复上述过程。在上述过程中获取 CBC latch 和获取 Buffer lock/pin 都存在并发竞争。从 SGA 的缓冲区缓存中读取 Buffer 的 CPU 消耗时间的差异一般很小，因此读取环节中的主要变化在于并发竞争导致的等待，即发生所谓的 CBC latch、Buffer lock/pin

等各类等待事件。

SQL 语句所要获取的数据越多，就越有可能导致并发竞争。大多数情况下，SQL 语句的性能问题与过多的逻辑读有关。过多的逻辑读不仅会造成 CPU 繁忙，也会占用大量内存空间，因此通过有效的过滤条件及其索引减少读取 I/O 次数的方式值得大家重视。这也是最近一段时间内逻辑读的变化情况被作为数据库巡检工作中必查项的原因之一。从数据库总体逻辑读是否发生明显变化等现象中能观察到一些故障隐患。

在上述内容中，我们提到了在 Hash Bucket 下的 Buffer Header 双向链表里查找是否存在对应的 Buffer。如果 SQL 查询从内存中找不到结果，就得从磁盘的数据文件中读入需要的数据块，其步骤如下。

1）将磁盘上的数据块读取到内存之前，需要在缓冲区缓存中腾出空闲或可覆盖的空间，为此，需要先获取 LRU latch。

2）在 LRU latch 保护下，查找定位缓冲区缓存的空闲列表并获取空闲空间。

3）获取 CBC latch，并在 CBC latch 的保护下查找定位新增空闲空间所对应的 Buffer Header。

4）把空闲块所对应的 Buffer Header 钉住，即获取 Buffer pin/lock。

5）释放 CBC latch。

6）释放 LRU latch。磁盘上数据块所需的存放空间问题解决后就可以立即释放 LRU latch 了。因为 LRU latch 也是有限资源，尤其是在高并发场景中不得被长期占用。

7）从磁盘读取数据块（单个或多个），并将其复制到第 4 步中钉住的 Buffer Header 指向的 Buffer 中。

8）读取缓冲区缓存中的 Buffer 并将其复制到 PGA 中，读取前检查是否需要构造 CR 块。如果需要构造 CR 块，则进行 CR 块的构造。所谓读取实际上是从缓冲区缓存中将已钉住的 Buffer 复制到服务器进程的 PGA 中。

9）为释放第 4 步钉住的 Buffer Header 而重新获取 CBC latch。

10）释放 Buffer pin/lock。

11）释放 CBC latch。

上面的第 8 步涉及检查是否需要构造 CR 块，那么下面就对 CR 块的读取过程做进一步说明。

服务器进程在从缓冲区缓存中读取数据块的 Buffer 时，如果发现数据块的 SCN 大于服务器进程所需要的值，就会通过构造 CR 块来实现一致性读。CR 块也存在于缓冲区缓存中。Oracle 构造 CR 块的具体步骤如下。

1）读入当前块，发现当前块的版本比我们要查询的更新。

2）将这个当前块克隆到另一个 Buffer 中。由于 CR 块和当前块的 rdba 是相同的，克隆的块与原当前块在一个哈希链表上。接下来的 4 个步骤就发生在新克隆的块上。

3）如果这个块上存在延迟块清除或者快速块清除的情况，就对它进行块清除操作。

4）对块上所有未提交的事务进行块级别的回滚。注意，这里并不是回滚整个事务，而是只针对事务里修改了的块的操作进行回滚。

5）检查 ITL 槽位里 COMMIT SCN 是否有大于查询时刻 SCN 的条目。如果有的话，就对这个条目涉及的事务进行块级别的回滚（类似于第 4 步）。第 4 步可能会发生很多次。

6）如果回滚后，ITL 槽位里依然有大于查询时刻 SCN 的条目，则重复第 5 步。其中回滚包括如下几个步骤。

❏ 从克隆出的块头部获得 UBA（Undo Block Address）。

❏ 依据 UBA 获得回滚块。回滚块的读取过程与数据块的读取过程一样，需要获取 CBC latch 和 Buffer header pin（或 lock）等。

❏ 将回滚块更新到克隆的块。把回滚块前映像和克隆块合并形成一个 CR 块。

在构造 CR 块或将回滚块读取到内存中时，需要在缓冲区缓存中获取足够大的空闲空间。如果此时无法在 LRU 链表中找到足够大的空闲空间，就会通知 DBWR 后台进程写脏块，并提示" free buffer waits"。缓冲区缓存空间不足的问题会导致 LRU latch 被长时间持有，并且加剧 CBC latch 的竞争，更重要的是会直接导致前台服务进程挂起等待。

由 Free buffer 引起内存空间不足的发生过程如下。

1）为获取空闲块而获得 LRU latch。

2）查找空闲块（即未被使用的 Free buffer）。若在查找过程中遇到脏块，则将其迁移到 LRUW 列表中。

3）持续查找，若查找到一定深度后依然无法获得足够大的空闲空间，就通知 DBWR 进程写脏块，并发布" free buffer waits"信息。

4）延迟之后再次发起 LRU 空闲空间查找。

5）重复第 3 步和第 4 步，直到找到所需的 Free buffer 为止。

9.3.3 Update 流程分解

接下来结合上文分别介绍 Update、Delete、Insert 语句的执行过程。Update 语句更新行的主要流程与 SQL 查询过程差别不大，主要区别在于事务预处理和找到需要的数据块时的处理等方面。Update 语句的执行步骤如下。

1）根据 update SQL 语句中的表名，访问字典缓冲区并获得需要访问的文件号和数据块号，即从 seg$ 中获取这些信息。为此需要先获取 Row cache lock。

2）依据文件号和数据块号，对要访问的块地址执行哈希操作，HASH（FILE#,BLOCK#）= hash_value。根据哈希值找到对应的 Hash Bucket，为此需要先获取 CBC latch。

3）获取 CBC latch 后方可访问所匹配 Hash Bucket 下的 Buffer Header 双向链表，查找是否存在对应的 Buffer。

4）如果存在所查找的 Buffer，则获得其块地址，并在 Buffer Header 上加 Buffer lock(pin)。

5）释放 CBC latch。因为 latch 是有限资源，因此钉住 Buffer Header 之后立即释放有利于减少高并发环境下的 CBC latch 竞争。同样，如果在 Buffer Header 双向链表中找不到对应的 Buffer，也会立即释放 CBC latch。

6）检查是否需要更新块，找到第一个满足条件的行并进行修改。

更新之前需要创建事务，为此需要修改回滚段头块，而修改回滚段头会产生日志。同时，更新当前块之前也需要先完成将改前内容放到回滚块等一系列的准备工作。因此，对于任何块的修改，在非 IMU 方式下都要进行以下步骤。

1）在 PGA 中生成回滚段头事务表的后映像（回滚段头文件号和块号），构造 change #1 OP 5.2，即在回滚段头中的事务表变更所产生的日志记录。

2）在 PGA 中生成回滚块的后映像，将修改旧值复制到 PGA 中构造 change #2 OP 5.1，即回滚块变更产生的日志记录。

3）在 PGA 中生成数据块的后映像，将要修改的新值复制到 PGA 中构造 change #3 OP 11.9，即数据块变更所产生的日志记录。

4）将前 3 个改变向量作为一条重做记录写入日志缓冲区中。

5）修改回滚段头的事务表，代表着事务正式开始。

6）修改回滚块，写入数据块的前映像（数据块内原来的旧值）。

7）修改当前数据块，将新值写入数据块所对应的 Buffer 里。

如果采用的是 IMU 方式，那么需要进行如下步骤。

1）在 PGA 中生成数据块的后映像（OP11.9），即数据块变更所产生的日志记录。

2）在 PGA 中生成回滚段头事务表的后映像（OP5.2），即在回滚段头中的事务表变更所产生的日志记录。

3）在 PGA 中生成回滚块的后映像（OP5.1），即回滚块变更产生的日志记录。

4）将前 3 个改变向量作为一条重做记录写入共享池中的 Private redo 区（也称为 Private strand）。

5）将数据块中的前映像值写入共享池的 IMU 池（In memory）中。

6）修改回滚段头的事务表。

7）修改回滚块，写入数据块的前映像。

8）修改数据块，将新值写入数据块所对应的 Buffer 里。

从以上内容可以看出，在非 IMU 下，相关更新数据的前后映像需要在 PGA 和 SGA 之间跨内存段进行复制。而在 IMU 下，数据仅在 SGA 内部缓冲区缓存和共享池之间进行复制，以减少跨段复制成本。

接着第 6 步、第 7 步应该进行提交操作，提交将产生 OP 5.4 的改变向量。这也分为非 IMU 和 IMU 两种方式，详见下文。

接下来，从 Oracle 获取各类内存锁的角度重复描述以上几个子步骤的过程，在此以非 IMU 场景为主。在查找定位所需修改的块并进行修改之前，会经历如下步骤。

1）获取 CBC latch。

2）读取变化前的行内容。

3）获取回滚段头块的 Buffer pin lock。

4）释放 CBC latch。

5）获取回滚段头块，并读取事务列表（TX list）。

6）获取 Redo allocation latch。

7）获取 Redo space。

8）释放 Redo allocation latch。

9）获取 Redo copy latch。

10）将变化前后的数据复制到重做日志缓冲区中。

11）释放 Redo copy latch。

12）升级 Undo segment header buffer lock。

13）更新 Undo segment header buffer。至此完成事务创建的准备工作，回滚段头的变更意味着事务正式开始。

14）获取 CBC latch。

15）释放 Undo segment header buffer lock。

16）释放 CBC latch。

17）获取 CBC latch。

18）获取回滚块的 block buffer pin，即钉住回滚块。

19）释放 CBC latch。

20）更新回滚块，即将改前记录更新到回滚块。只要完成该步才能对数据块进行更新。至此经历了 CBC latch 多次重复获取和释放，目的是避免减少 latch 持有时间从而降低 Latch 竞争。

21）获取 CBC latch。

22）释放回滚块 block buffer pin，保存回滚块的改前记录后，立即释放钉住的锁标志（相当于对 Buffer Header 做修改）。但修改 pin 标志之前需要获取 CBC latch 以保护并发冲突。

23）释放 CBC latch。

24）获取 CBC latch。

25）升级 Buffer lock，在进行真正修改之前将锁模式升级为排他锁。

26）释放 CBC latch。

27）更新当前块。

28）获取 CBC latch。

29）释放 Current block buffer pin。

30）释放 CBC latch。目前还没涉及索引，如果修改字段中存在索引，那么还需增加索引的维护步骤，即先在原索引块中删除要修改的值，再插入新值。

31）提交操作。如果开创了事务，那么也需要结束事务。

在非 IMU 方式下，最常见的快速提交步骤如下。

❑ 在 PGA 中生成 Commit 操作的重做信息（OP 5.4），另作为一条重做记录写入日志缓冲区。

❑ 修改事务表相应的事务槽，声明事务已提交。

❑ 修改数据块，在 ITL 槽中写入快速提交标志和 SCN。每行上的行锁不清零。

❑ 通知 LGWR，将日志缓冲写入重做日志文件中。

❑ 收到 LGWR 通知，写入完成。

❑ 向用户发送提交完成信息。

在非 IMU 方式下，最常见的快速提交过程如下。

❑ 在 PGA 中生成 Commit 操作的重做信息（OP 5.4），传入共享池中的 Private strand，追加在事务之前、重做记录之后。

❑ 修改事务表相应的事务槽，声明事务已提交。

❑ 修改数据块，在 ITL 槽中写入快速提交标志和 SCN。每行上的行锁不清零。

❑ 将 Private Strand 中的 Redo 数据写入日志缓冲区。

❑ 通知 LGWR，将日志缓冲写入重做日志文件中。

❑ 收到 LGWR 通知，写入完成。

❑ 向用户发送提交完成信息。

9.3.4　Insert 流程分解

Delete 语句在查询搜索和回滚处理上与 Update 语句的执行过程较为相似，不同之处在于前者由于 Delete 行导致数据段空间变化，需要更多的 UNDO 块及数据段变化。这在实操中很容易引起 UNDO 空间不足，所以需要特别注意。

Insert 语句的执行过程与 Update 和 Delete 语句的主要区别在于 Insert 语句执行时不需要搜索行所在块的位置，仅通过访问段头块获得行块所在的位置即可。与 Update、Delete 语句不同，Insert 语句表现出了对段头块更大的访问需求。

Insert 语句更新行的步骤如下。

1）获取 CBC latch。

2）获得 Buffer pin（lock）。

3）释放 CBC latch。

4）访问数据段头块获得需要的 insert 点。

5）获得 CBC latch。

6）释放 Buffer pin(lock)。

7）释放 CBC latch。

8）获得 CBC latch。

9）获得 Current block pin。

10）释放 CBC latch。

11）进行重做和回滚处理，此步骤同更新过程。

12）更新 Current block。

13）获得 CBC latch。

14）释放 Current block pin。

15）释放 CBC latch。

如果插入表中存在索引，那么还需增加索引维护步骤，即向数据块中插入数据的同时，要在对应的索引块中插入新值。因此，如果需要进行批量插入大量记录的操作，则先删除索引（一般在非业务时间或避开业务高峰时间）再进行批量插入，最后重新创建索引方案。

9.4 数据结构在 Oracle 中的应用

通过 9.3 节对 SQL 语句的详细讲解，我们对 Oracle 的 SQL 查询及更新相关的步骤（算法）有了较清晰的认识。因为程序本质上就是数据结构与算法的组合，本节除了算法，还会关联数据结构并进行总结。

简单来说，数据结构就是指设计数据以何种方式组织并存储在计算机中。具体来说，数据结构既包含具有一种或多种关系的数据元素的集合，又包含该集合中数据元素之间的关系。

数据结构按照逻辑结构可分为线性结构、树结构和图结构。线性结构中的元素存在一对一的关系。树结构中的元素存在一对多的关系。图结构中的元素存在多对多的关系。

数据结构通过特定方式组织和存储数据，可以使我们更高效地对存储的数据执行操作。下面就讲解一些常用的数据结构在 Oracle 数据库中的应用实现。

9.4.1 数组

数组是固定大小的结构，可以容纳相同数据类型的项目，具体如图 9-11 所示。数组已建立了索引，这就意味着可以进行随机访问（即随机读取方式）。

数组用于构建其他数据结构的基础，例如数组列表、堆、哈希表、向量和矩阵。它是一组相同类型数据的集合。但在实际的编程过程中，我们往往还需要一组类型不同的数据。v$session 视图的基表 x$ksuse 就是一个固定的数组。

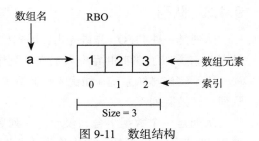

图 9-11　数组结构

在 C 语言中，可以使用结构体（Struct）数组来存放一组不同类型的数据。由于数组中所有对象的大小相同而且带有索引（地址），依次访问其中的对象就会非常方便。而数组是连续的内存空间，但在某些情况下，会出现连续内存"分段"的现象。因为一开始分配了固定大小的内存，后续又按需动态分配了更多的内存空间。不同段之间通过指针来链接或通过独立目录列表进行管理。

9.4.2 指针

可以说内存中的一切皆为地址，指针实际上就是内存的特定位置（字节）的地址。CPU只能通过地址来取得内存中的代码和数据，程序在执行过程中会告知CPU要执行的代码以及要读写的数据的地址。

C语言中内存地址 0x0001 和内存地址 0x0002 之间差的是一字节，而不是一位。这是因为在内存中最小单位就是字节，所以操作系统在管理它的时候，最小单位也就是字节了。因此，我们将字节在内存中的编号称为地址或指针。

两个不同内存段之间通过指针连接，对外展现为更大的连续空间。如果一个数组中的所有元素保存的都是指针，那么我们就称之为指针数组。这样，指针数组中的每一个指针都可以指向另一个内存段。

对于 X$KSMFSV 视图记录 fixed Sga 的所有变量地址，其定义如下。

```
Column          Type            Description
--------        ----            --------
ADDR            RAW(4|8)        address of this row/entry in the array or SGA
INDX            NUMBER          index number of this row in the fixed table array
INST_ID         NUMBER          8.x    oracle instance number
KSMFSNAM        VARCHAR2(19)    name of variable
KSMFSTYP        VARCHAR2(17)    type of variable
KSMFSADR        RAW(4|8)        addr of variable
KSMFSSIZ        NUMBER          size of variable
```

其中，KSMFSADR 字段存储内容就是另一个地址，即指向另一个特定位置或长数组的指针。

9.4.3 队列

队列是一种 FIFO（先进先出，即先放置的元素可以先访问）结构。该结构被称为"队列"是因为它类似于现实世界中人们在队列中排队等待的场景。队列常用于管理多线程中的线程，用于实施排队系统（如优先级队列）。在 Oracle 中队列典型的应用有等待队列、持有者队列、转换队列等。

队列是一个数据集合，仅允许在列表的一端插入，而在另一端删除。进行插入的一端称为"队尾"(rear)，插入动作称为"进队"或"入队"。进行删除的一端称为"队头"(front)，删除动作称为"出队"，如图 9-12 所示。

队列的实现需要创建一个列表和两个变量，front 变量指向队头，rear 变量指向队尾。初始时，front 和 rear 都为 0。进队操作是将元素写到 li[rear] 的位置，rear 自增 1。出队操作是返回 li[front] 的元素，front 自减 1。示例如图 9-13 所示。

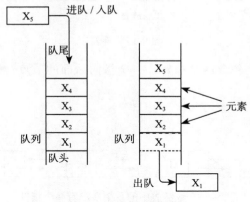

图 9-12 队列结构示例

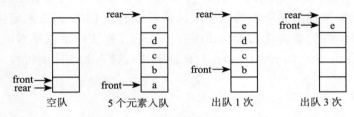

图 9-13 进出队列示例

环形队列（指队头的上一个指针指向队尾，队尾的下一个指针指向队头）的结构特点是，当队尾指针 front == Maxsize + 1 时，再前进一个位置就自动到了 0。如图 9-14 所示，该结构看起来是不是很像重做日志缓冲区呢？

图 9-14 环形队列

9.4.4 链表

链表中的每一个元素都是一个对象，每一个对象都是一个节点，包含有数据域 key 和指向下一个节点的指针 next，通过各个节点之间的互相连接，最终串联成一个列表，如图 9-15 所示。

图 9-15　链表

双链表中的每个节点包含两个指针，一个指向后面的节点，另一个指向前面的节点，如图 9-16 所示。

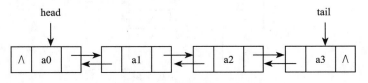

图 9-16　双链表中的每个节点有两个指针

在 Oracle 中执行查询语句时，首先获得 CBC latch，然后在 Buffer Header 双向链表中进行查找。如果找不到所需的数据块，就可以通过 LRU 列表来定位空闲块缓存空间，之后从磁盘中将数据块读入到该块缓存。这个过程实际上就是对内存中的 LRU 列表及 CBC bucket 下连的 Buffer Header 双向链表进行插入和删除的过程。

9.4.5　哈希表

哈希表（又称为散列表）是一种线性表的存储结构。哈希表由一个顺序表（数组）和一个哈希函数组成。哈希函数 h（k）将 k 作为自变量，返回元素的存储下标。简单哈希函数如下所示。

```
除法哈希: h(k) = k modm   #mod 就是 %        # 除法留余数
乘法哈希: h(k) = floor(m(kA mod1))    0<A<1  #floor 表示向下取整
```

假设有一个长度为 7 的数组，则哈希函数 h(k)=k%7。比如，元素集合 {14,22,3,5} 的存储方式如图 9-17 所示。

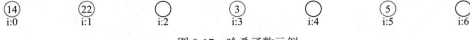

图 9-17　哈希函数示例

哈希表的大小是有限的，而要存储的值的总数量是无限的，因此任何哈希函数都会出现两个不同元素映射到同一个位置上的情况，这种情况叫作哈希冲突，比如，h(k)=k%7，h(0)=h(7)=h(14)=…

解决哈希冲突的办法有开放寻址法和拉链法。开放寻址法是指，如果哈希函数返回的位置已经有值，则可以向后探查新的位置来存储这个值。

拉链法是指哈希表每个位置都连接一个链表，当冲突发生时，冲突的元素将被加到该位置链表的最后，如图 9-18 所示，该结构与我们之前学过的 Oracle 的缓冲区缓存是不是很像呢？

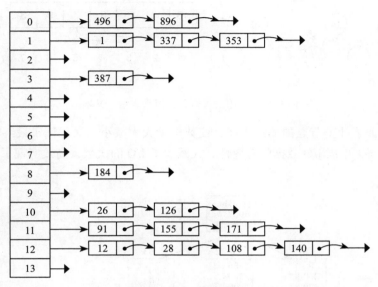

图 9-18　哈希表每个位置连接一个链表

在 Oracle 中，为了提升查询速度，在哈希表后面的拉链式链表采用的是双向链表方式。不仅在缓冲区缓存中采用哈希表结构，在共享池中也采用了哈希表结构加上树形结构的特例。因此了解哈希函数及链表对数据库原理的深入理解和优化很有必要。

9.4.6　树和堆

树是一种层次结构，其中的数据按层次进行组织并链接在一起，看起来就像一个倒挂的树，因此这样的数据结构被称为树。

通俗地讲，树叉的个数叫作度。树中最大的度叫作树的度，也叫作阶。一个二阶树最多有两个子节点（即最多有两个树叉），因此这样的树称为二叉树。二叉树是树家族中最简单的树。二叉树常用于实现表达式解析器（如 SQL 查询树的解析）和表达式求解器等。

堆是二叉树的一种特殊情况，将其父节点与其子节点的值进行比较，并相应地进行排列。堆用于实现优先级队列，因为可以根据堆属性对优先级的值进行排序。堆可以使用树和数组表示，图 9-19a 和图 9-19b 分别显示了如何使用二叉树和数组来表示二叉堆。

在 Oracle 中，共享池相当于树形结构的特例，并且 Oracle 的索引用的也是树形结构的 B+ 树。多叉树之 B+ 树作为数据库的索引已经大大改进了树家族的性能。B+ 树中，非叶子节点只保存索引数据，叶子节点则保存索引（key value）与数据所在的地址（Rowid）。此时，业务数据所在的地址在 B+ 树中充当业务数据。在 Oracle 中 B+ 树索引的实现如图 9-20 所示。

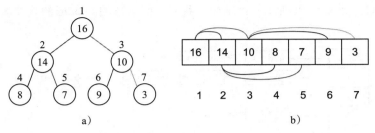

图 9-19 使用二叉树和数组来表示二叉堆

这样既保证了叶子节点的简约干净，使数据量大大减小，又保证了最终能查到对应的业务数；既提高了单次 I/O 数据的有效性，又减少了 I/O 的次数，高效实现了业务数据的快速查询。

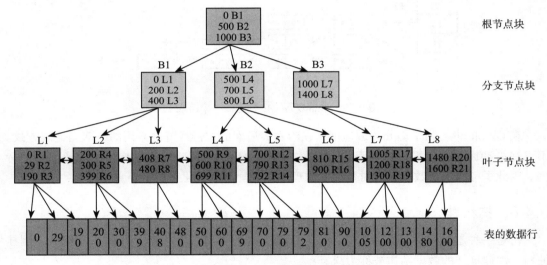

图 9-20 Oracle 中的 B+ 树索引

如果回顾之前所讲的数据文件、段、区、数据块等存储结构，就不难发现它们的存取方式与图 9-20 所示的转换结构有相似之处。虽然 Oracle 对原始数据结构做了很多优化，但是其最终原理还是离不开对这些数据结构基础的理解和关联，所以 DBA 有必要进一步深入学习数据结构，并将这些概念与 Oracle 数据库内存和存储结构的方方面面结合，只有这样才能突破学习中遇到的瓶颈。

9.5　本章小结

Oracle 数据库处理 SQL 语句一般会经过 6 个阶段：会话的建立、解析、执行、返回结果、结果响应、提交或回滚。本章对这些内容进行了梳理和总结。

SQL 是非面向过程的语言，一般普通用户只关心结果的正确输出，而不怎么关心语句执行的顺序或过程，但对于 DBA 来说只懂表象还不够。SQL 语句的执行顺序不是按语句从左到右执行的，本章对这些内容也进行了讨论，为理解 SQL 语句的执行计划打好了基础。

Oracle 创建了 TNS 联网技术，这种技术允许单一的应用程序接口与各种标准网络协议连接。在介绍 Oracle TNS 的基础上，本章对多进程并发服务器的思想、Oracle 网络连接的原理、连接模式、远程监听、SDU 与 TDU 等进行了适当讨论。

数据结构是一种特殊的组织和存储数据的方式，可以使我们更高效地对存储的数据执行操作。本章从常用数据结构在 Oracle 数据库中的应用和实现的角度，对不同的数据结构进行了对比。

Oracle 中的索引通过 B+ 树，以把业务数据与索引数据分离存储的方式来提高了单次 I/O 的有效数据量。同时，利用 B+ 树的多阶特性，使树的结构更“矮胖”和平衡，进一步减少了 I/O 的次数。索引针对的是单个字段或部分字段，数据量本身比一条记录的数据量要少得多，在表中数据量很大的情况下，即使通过索引全扫描的方式查询索引也比表的扫描快得多。

Chapter 10 第 10 章

AWR 数据解读

Oracle 的 CPU 消耗主要是看运行一段 Oracle 内核代码所需的持续时间，Oracle 仅简单地统计运行代码的时间，并以此作为持续时间。Oracle 的 AWR、ASH、ADDM 等报告为更准确地衡量数据库的负载情况、运行瓶颈、等待情况之类的动态特性，提供了比较完善的解决方案。本章将在讨论 AWR 报告数据的基础上，结合排队论的相关知识，综合分析数据库系统 CPU 和 I/O 等性能数据。

10.1 AWR 的数据来源和操作

Oracle 提供了一些用于性能调优和诊断的软件工具。Web 界面的工具有 OEM 和 Grid Control。通过 SQL*Plus 也能直接使用动态性能视图，在发现问题的时候可以查看数据库的运行情况。Oracle 9i 版本引入的 Statspack 工具为 Oracle 综合调优打下了基础，Oracle 10g 版本作为 Statspack 的延伸，提供了 AWR 性能调整工具。

10.1.1 AWR 简介与数据来源

与 Statspack 不同，AWR 快照默认由一个称为 MMON 的新的后台进程每小时自动采集一次数据。为了节省空间，采集的数据在 7 天后自动清除。快照频率和保留时间都可以自行定义。它产生了两种类型的输出，包括文本格式（类似于 Statspack 报表的文本格式，但来自 AWR 信息库）和默认的 HTML 格式，也提供了非常友好的报表。

为了减少 SYSTEM 表空间的压力，Oracle 10g 引入了一个叫作 SYSAUX 的表空间，所有的 AWR 表都存储在 SYSAUX 表空间中的 SYS（AWR_STAGE）模式下，并且以

WRM$_* 和 WRH$_* 的格式命名。WRM$_*用于存储元数据信息（如检查的数据库和采集的快照），WRH$_*用于保存实际采集的统计数据。其中，H 代表"历史数据"，而 M 代表"元数据"。Oracle 在这些表的基础上又构建了几种前缀为"DBA_HIST_"的视图，视图的名称直接与基础表相关。例如，视图 DBA_HIST_SYSMETRIC_SUMMARY 是在 WRH$_SYSMETRIC_SUMMARY 表上构建的，如图 10-1 所示。

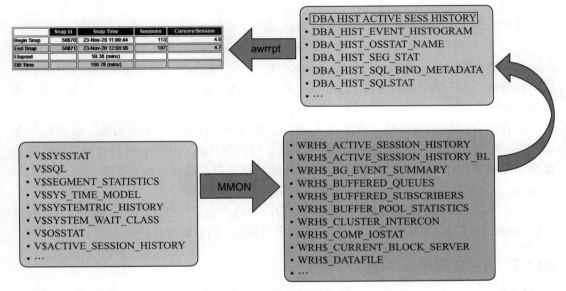

图 10-1　AWR 报告数据来源

可以根据 AWR 表数据的来源，将其分为如表 10-1 所示的基础指标统计信息。

表 10-1　AWR 部分裸数据对应性能视图及其作用

裸数据	对应性能视图	作用
DBA_HIST_SYSSTAT	V$SYSSTAT	系统计数
DBA_HIST_SYSMETRIC_SUMMARY/HISTORY	V$SYSMETRIC_SUMMAR Y/HISTORY (V$SYSSTAT)	系统度量值
DBA_HIST_SYSTEM_EVENT	V$SYSTEM_EVENT	等待事件
DBA_HIST_SQLSTAT/SQLTEXT	V$SQLSTATS	SQL 信息
DBA_HIST_SQLPLAN	V$SQLPLAN	执行计划
DBA_HIST_SEG_STAT/STAT_OBJ	V$SEGSTAT	对象信息
DBA_HIST_ACTIVE_SESS_HISTORY	V$ACTIVE_SESSION_HIST ORY (V$SESSION)	活动会话信息

有一个参数需要特别注意，即 STATISTICS_LEVEL。它与 AWR 采集有关，其默认值是 typical，在 Oracle 10g 表监控中是激活状态的。如果将 STATISTICS_LEVEL 设置为 basic，不仅不能监控表，还会禁用一些 Oracle 10g 提供的新功能或新工具，例如，ASH、

ASSM、AWR、ADDM 等。

AWR 报告最常见的使用方法如下。

❑ @?/rdbms/admin/awrrpt.sql：生成标准报告，也就是特定时间段内整体性能的报告。

❑ @?/rdbms/admin/awrddrpt.sql：生成对比报告，常用于两个时间段内性能的对比。

❑ @?/rdbms/admin/ashrpt.sql：生成 ASH 报告，也就是特定时间段内历史会话性能的报告。

❑ @?/rdbms/admin/awrsqrpt.sql：生成 SQL 报告，也就是特定时间段内 SQL 性能的报告。

AWR 中的数据可分为 3 种，其中最常见的一种是"累计值"。举个例子：dba_hist_sysstat 会记录数据库的逻辑读，但它记录的不是一个小时内产生的逻辑读，而是从数据库启动到最新产生快照时总的逻辑读，这就叫累计值。在 AWR 报告中大多数指标属于累计值类型的指标。

也有部分数据记录的是"当前值"，比如，数据库当前的 PGA 使用量、数据库的会话数等。还有比较特殊的情况是记录两次快照之间的变化值。这是一种预计算，最常见的记录变化值的两类数据分别是 SQL 语句相关统计信息以及段相关统计信息。当然，SQL/Segment 记录变化值的同时记录了累计值。

还有一类记录的是"统计值"，就是把一段时间内的数据经过统计之后保存起来。这些主要是 Metric 类的数据，比如，每秒 CPU 处理的数据、每秒最大等待时间等。

10.1.2 AWR 操作

AWR 操作的核心是 dbms_workload_repository 包，可以通过它对 AWR 进行各类操作。常用命令如下。

1）查看快照日期周期和数据保留时间。

```
SQL> select * from dba_hist_wr_control;
```

2）将收集间隔时间改为每 30min 一次，并且保留 32 天时间。

```
SQL> exec dbms_workload_repository.modify_snapshot_settings(interval=>30,
    retention=>32*24*60);
```

3）创建 AWR 报告。

```
SQL>@?/rdbms/admin/awrrpt
SQL>@?/rdbms/admin/awrrpti
SQL>@?/rdbms/admin/awrddrpt
SQL>@?/rdbms/admin/awrgrpt
```

4）手工创建 AWR 快照。

```
SQL> exec dbms_workload_repository.create_snapshot();
```

5）将 AWR 数据导出并迁移到其他数据库以便进行异地分析。

```
SQL> exec DBMS_SWRF_INTERNAL.AWR_EXTRACT(dmpfile => 'awr_data.dmp', mpdir =>
    'DIR_BDUMP', bid => xxx, eid => 1013);
```

将 AWR 数据文件导入其他数据库。

```
SQL> exec DBMS_SWRF_INTERNAL.AWR_LOAD(SCHNAME => 'AWR_TEST', dmpfile => 'awr_
    data.dmp', dmpdir => 'DIR_BDUMP');
```

导出 AWR 数据的另一个方法是直接运行导出脚本。在实际应用中，我们经常需要远程分析确定数据库运行的稳定性。下面就通过一个实际案例对导出脚本的方法进行介绍。

1）建立导出（或导入）路径。因为在导出（或导入）时，我们需要指出导出（导入）文件存放的路径，所以首先建立导出（或导入）路径。

```
SQL>connect sys/password as sysdba;
SQL>create directory dump_awr as '/home/oracle/DBwork';
SQL>grant read, write on directory dump_awr to system;
```

2）执行 awrextr.sql 脚本。利用有权限的用户调用 $ORACLE_HOME/rdbms/admin/awrextr.sql 脚本并按提示操作，就可以导出了。

```
SQL> @?/rdbms/admin/awrextr.sql
```

3）执行 awrload.sql 脚本。利用有权限的用户调用 $ORACLE_HOME/rdbms/admin/awrload.sql 脚本，并按提示操作就可以实现导入。如果需要导入，则按如下步骤执行。

```
SQL> @?/rdbms/admin/awrload.sql
```

在按提示输入数据文件名时，一般不填写后缀".dmp"，否则系统会报 ORA-31640 错误，而无法导入成功。

4）执行导入至另一个库的 awrrpti.sql 脚本。本地导入的是别的数据库的 AWR 数据表，因此需要调用 $ORACLE_HOME/rdbms/admin/awrrpti.sql 脚本。按提示操作即可，代码如下。

```
SQL> @?/rdbms/admin/awrrpti.sql
列出当前数据库实例
~ ~ ~ ~ ~ ~ ~ ~ ~ ~ ~ ~ ~ ~ ~ ~ ~ ~ ~ ~ ~ ~ ~ ~ ~ ~ ~ ~ ~ ~ ~ ~ ~ ~ ~ ~ ~ ~ ~ ~
输入目标数据库的 DBID
------------ -------- ------------ ------------ ------------
3747980894 1 db db1 test-db1
3747980894 2 db db2 test-db2
* 1875960175 1 KUQLAN10 kuqlan10 abc123
输入 dbid 的值为 3747980894 ----- 此时要选择导入数据所对应的数据库的 DBID
以 3747980894 为数据库 ID
输入 inst_num 的值为 1
以 1 为实例数
......
```

新生成的 AWR 报告一般存放于执行命令的当前目录下，该路径在 sqlplus / as sysdba 指令执行前通过 Linux 的 PWD 命令进行提示。

10.2　AWR 分析

作为优化 Oracle 性能的官方工具，AWR 报告所包含内容的演进和完善过程也反映了 Oracle 发展历史中的各个阶段。首先，内存命中率相关的动态视图和系统负载信息分别对应于 AWR 报告中的 Instance Efficiency Percentages (Target 100%) 和 Load Profile。其次，从 Oracle 8i 开始引入的 Oracle 等待事件接口（OWI）对应于 AWR 报告的中的 Top 5 Timed Events（在 Oracle 11g 中，该项更新为 Top 10 Timed Events）。最后，Oracle 9i 开始引入了 TBA（Time Based Analyze，时间分析）和基线管理等功能。

虽然 TBA 所对应的 DB Time 和 DB CPU 等指标可以让我们以更细的粒度看到数据库的运行概况，但为了进一步解决现实工作中经常遇到的与系统扩容需求相关的预测问题，仍有必要引入排队论的到达率和响应时间等概念及方法。Oracle 目前并没有对外提供能起到类似效果的工具或方法，但是业内的专家（如 Graig Shallahammer 等）给出了解决方案。

AWR 核心指标及其含义如表 10-2 所示。

表 10-2　AWR 核心指标及其含义

AWR 核心指标	含义
Elapsed Time	数据库运行所消耗的总时钟时间
DB Time	数据库调用消耗的总 CPU 时间
Load Profile	系统负载
Instance Efficiency Percentages	实例效率命中率
Top 5 Timed Events	首要的 5 个等待事件
Wait Events	所有等待事件的统计信息
Latch Waits	所有 Latch 等待的统计信息
Top SQL	消耗资源最高的 SQL 列表
Instance Activity	各类活动的汇总信息
File and Segment I/O	文件和段的 I/O 统计信息
Memory Allocation	内存组件的配置和使用信息
Buffer waits	与缓冲区相关的所有等待事件

在实际工作中，对初学者来说，AWR 报告分析可从以下几点入手。
- Oracle 实例效率分析
- Oracle 负载情况分析
- Oracle 首要事件分析
- SQL 开销情况分析
- Oracle 共享池数据分析

❑ 文件和段 I/O 信息分析

❑ Oracle 主机资源开销及负载情况分析

在理解 AWR 数据时需要明确的是，通过 AWR 快照收集的信息大多数是累计值，而在性能诊断的过程中，DBA 更多时候需要的是变化差异值，因此了解 AWR 底层裸数据并能用 SQL 语句获取特定的结果很有必要。为了便于 DBA 理解这些内容，接下来我们就对 Oracle 的核心统计信息进行讲解。

10.2.1　实例效率命中率

在 Oracle 8i 的年代，系统的内存很小且很昂贵，Oracle 能否充分利用内存资源就显得十分重要了。实例效率命中率（Instance Efficiency Percentages）体现在图 10-2 所示的几种不同的颗粒度上。

Instance Efficiency Percentages (Target 100%)

Buffer Nowait %	98.92	Redo NoWait %	100.00
Buffer Hit %	98.01	In-memory Sort %	100.00
Library Hit %	12.34	Soft Parse %	98.59
Execute to Parse %	37.28	Latch Hit %	95.09
Parse CPU to Parse Elapsd %	6.28	% Non-Parse CPU	91.01

图 10-2　实例效率命中率

顾名思义，命中率就是 Oracle 实例组成的各个内存区域的使用率。比如 Buffer Hit % 即缓冲区缓存命中率 =（逻辑读数 / 物理读数）× 100%。关于这些定义，最好的学习途径是回归 Statspack 报告。在 Oracle 9i 里面，我们可以通过查看 Statspack 生成脚本来帮助理解报告的内容，但是 Oracle 10g 的 AWR 是通过 dbms_workload_repository 包来实现的。该包把代码都封装了起来，我们无法查看。Statspack 的生成脚本的位置为 $ORACLE_HOME/rdbms/admin/sprepins.sql，代码很长，但理解该代码（也可以选择性查看）有助于我们理解 Statspack 和 AWR 报告中各个指标数据的含义。对于 OLTP 系统而言，图 10-3 的值都应该尽可能地接近 100%。

❑ Library Hit %：库缓存命中率，指申请库缓存对象（如 SQL cursor）时，该对象已经在库缓存中的比例。数据来源于 v$librarycache 的 pins 和 pinhits，合理值 >95%。

❑ Soft Parse %：软解析比例，一个普通认识的经典指标。数据来源于 v$sysstat statistics 的 parse count(total) 和 parse count(hard)，合理值 >95%

❑ Execute to Parse %：反映了 SQL 执行与解析的比，公式为 1-(parse/execute)，目标为 100%，即只执行而不解析。数据来源于 v$sysstat 中的 statistics parse count (total) 和 execute count。

❑ Latch Hit %：无须等待即可获得 Latch 的比例。数据来源于 V$latch gets 和 misses。

❑ Parse CPU To Parse Elapsd %：反映了快照内解析 CPU 的时间和总解析时间的比，公式为 Parse CPU Time/ Parse Elapsed Time。若该指标水平很低，就说明在整个解析过程中实际在 CPU 上运算的时间是很短的，而主要的解析时间都耗费在各种非空闲的等待事件（如 latch:shared pool、Row Cache Lock 之类等）上了。数据来源于 V$sysstat 的 parse time cpu 和 parse time elapsed。

❑ % Non-Parse CPU：非解析 CPU 比例，公式为 (DB CPU-Parse CPU)/DB CPU。若大多数 CPU 时间都用在解析上，则可能表示该时间没用在"刀刃"上。数据来源于 v$sysstat 的 parse time cpu 和 cpu used by this session。

上述指标对于 OLAP 系统的意义并不大。因为随着物理内存容量的扩展，这部分指标已经有些过时。但如果这些指标出现 80% 以下的数据，也需要加以关注。例如，图 10-2 中的 Library Hit % 为 12.34%，这说明共享池中 SQL 解析的命中率出了问题，需要结合报告的其余相关内容进一步分析。针对该数据，在该报告中 Top 5 Timed Events 的相关内容如图 10-3 所示。

Top 5 Timed Events

Event	Waits	Time(s)	Avg Wait(ms)	% Total Call Time	Wait Class
latch: library cache	434,350	159,861	368	17.2	Concurrency
latch: library cache lock	583,278	119,821	205	12.9	Concurrency
cursor: mutex X	21,633,830	74,401	3	8.0	Concurrency
CPU time		69,014		7.4	
kksfbc child completion	409,354	44,232	108	4.8	Other

图 10-3 AWR 首要等待事件示例

其中 latch:library cache 与 latch:library cache lock 事件每次发生的平均等待时间高达 368ms 和 205ms，这是极为异常的（正常时间为几微秒）。进一步分析可知，latch:library cache 和 Library Cache Lock 等待事件与数据库共享池中的高版本（High version count）有关。而 Cursor:Mutex 类等待的保护位置对应于父游标的堆 0。因为在父游标堆 0 里还有子游标堆句柄地址和 SQL 执行计划描述符 DS6，而 DS6 里存的就是子游标堆 6 的地址。这说明了 SQL 执行计划不共享，导致 SQL 版本过高。进一步查看 SQL 版本计数信息，会发现当前数据库中存在着大量高版本 SQL 查询，如图 10-4 所示。

Version Count	Executions	SQL Id	SQL Module	SQL Text
1,007	364	829ty3k588z2f		select * from (select subscri...
997	67	8a2h9xdup86p7		select * from (select subscri...
991	312	73pgnsrtk8kbw		select indcusfavo0_.IND_CUS_FA...
988	123	ct8vyyrb695f1		select contact0_.CONTACT_ID as...
903	163	4xx1xfmkwi04g		select payment0_.PAYMENT_ID as...

图 10-4 AWR 中的高版本 SQL 示例

可以看到，数据库中存在大量的高版本 SQL 查询。再进一步查看 init.ora 参数文件相关的 cursor_sharing 参数，会发现其值为 SIMILAR。高版本与数据库参数 cursor_sharing 有关。目前，参数 cursor_sharing 为 similar，该参数在 10.2.0.5 版本中有较多 bug，如图 10-5 所示。

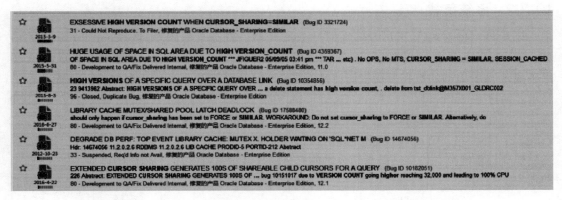

图 10-5　cursor_sharing 为 similar 时在 10.2.0.5 版本中有较多 bug

彻底解决该问题的措施是设置 cursor_sharing 为 force，避免出现高版本的情况，进而提高 SQL 的共享效率。临时解决措施是在业务低峰期设置参数，设置命令为 alter system set cursor_sharing=force scope=both sid='*';。在 Rac 环境下，只在一个节点中运行该命令即可。

关于命中率的具体细节，在此不做更多解释，相关细节可以回看第 7 章和第 8 章的内容。Shared Pool Statistics 部分的数据对 SQL 重用及共享池内存使用提供了参考，如图 10-6 所示。

Shared Pool Statistics

	Begin	End
Memory Usage %	96.53	98.49
% SQL with executions>1	84.79	65.92
% Memory for SQL w/exec>1	80.54	53.02

图 10-6　共享池统计信息

通过这些评估指标可以初步判断应用间是否共享 SQL，有多少内存被只运行了一次的 SQL 语句占用，以及共享 SQL 语句的对比等情况。

如果该环节中 % SQL with executions>1 的值小于 90%，那就考虑用下面的方法去抓取硬解析的非绑定变量 SQL 语句。利用 FORCE_MATCHING_SIGNATURE 捕获非绑定变量 SQL 如下。

```
select FORCE_MATCHING_SIGNATURE,count(1)  from v$sql
where FORCE_MATCHING_SIGNATURE > 0
```

```
and FORCE_MATCHING_SIGNATURE != EXACT_MATCHING_SIGNATURE
group by FORCE_MATCHING_SIGNATURE
having count(1) > 10
order by 2;
```

10.2.2　系统负载

自从 Oracle 对外公开其内部性能计数器开始，就有了系统负载（Load Profile）的内容。Oracle 称这些内部计数器为 V$ 动态性能视图。V$ 视图（在 RAC 集群中，GV$ 视图用于显示整个集群的数据）及它们所基于的 X$ 固化表是对 Oracle 内存结构和性能状态的展示。通过 select count（*）from fixed_table 命令，我们可以知道 Oracle 中所有 V$ 视图列表。其中作为系统负载的主要来源的一些重要 V$ 视图有 v$sysstat、v$session、v$sesstat、v$process、v$sql、v$sql_plan 和 v$sql_plan_statistics 等。

要理解系统负载信息，需要结合之前提出的排队论基础知识，如图 10-7 所示。

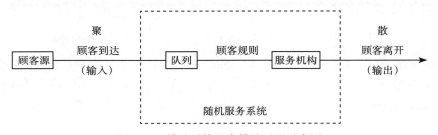

图 10-7　排队系统基本排队过程示意图

系统负载表中第一列的内容可以认为是图 10-8 中的顾客源，也是到达率的基本工作单位，或者称为事务项目。第二列是每秒时间内达到数据库（排队论中的随机服务系统）的事务数量，或者称为吞吐量。就像在交通拥塞时可以根据排队车辆的长度判断道路的交通压力一样，将第二列的每秒事务数量结合等待事件接口和时间模型，一般能初步判断该数据库正在遭受的压力是偏重于 I/O 消耗型还是 CPU 消耗型。

该部分常用的重要指标有逻辑读和物理读。每秒的逻辑读代表从内存读取的 Buffer 块数量，因此偏向于消耗 CPU 资源。每秒的物理读代表从磁盘读取数据块至内存的过程，意味着更多对 I/O 资源的需求。数据库默认的数据块大小一般为 8KB，则指标数值乘以 8 即可获得每秒的逻辑读和物理读的大小。根据图 10-8 算出来的逻辑读和物理读结果具体如下。

❑ 逻辑读：145 584.99 × 8KB=1 164 679.92KB=1.16GB

❑ 物理读：2 899.13 × 8KB=23 193.04KB=23MB

那么这个结果是否在合理范围内呢？这需要对比平时系统正常运行时的变化值。如果没有建立基线或没有正常状态的 AWR 报告（或没有记录）则不好判断。以下的逻辑读和物理读查询 SQL 可以直接从 AWR 历史快照数据里获取逻辑读和物理读的变化数据，并能通过绘制柱状图来观察系统 I/O 的变化情况（可以利用 PL/SQL Developer 里内置的制图功能）。

Load Profile

	Per Second	Per Transaction
Redo size	150,745.82	2,648.05
Logical reads	145,584.99	2,557.39
Block changes	794.43	13.96
Physical reads	2,899.13	50.93
Physical writes	58.14	1.02
User calls	1,616.25	28.39
Parses	480.55	8.44
Hard parses	6.78	0.12
Sorts	68.15	1.20
Logons	0.67	0.01
Executes	766.21	13.46
Transactions	56.93	

% Blocks changed per Read	0.55	Recursive Call %	25.26
Rollback per transaction %	9.20	Rows per Sort	26.13

图 10-8　AWR 系统负载示例

逻辑读历史数据查询 SQL 如下。

```
SELECT TO_CHAR (b.begin_interval_time, 'yyyy-mm-dd hh24:mi:ss') sdate,
    ( a.value - lag(a.value,1) over (order by a.snap_id) ) value
FROM (SELECT snap_id ,value FROM dba_hist_sysstat WHERE stat_name='session
    logical reads'
    and INSTANCE_NUMBER=1 ) a , dba_hist_snapshot b
    WHERE a.snap_id =b.snap_id and b.INSTANCE_NUMBER=1
    and TO_CHAR (b.begin_interval_time, 'yyyy-mm-dd hh24:mi:ss') >'2019-08-01
        00:00:35'
ORDER BY 1;
```

物理读历史数据查询 SQL 如下。

```
SELECT TO_CHAR (b.begin_interval_time, 'yyyy-mm-dd hh24:mi:ss') sdate,
    ( a.value - lag(a.value,1) over (order by a.snap_id) ) value
FROM  (SELECT snap_id ,value FROM dba_hist_sysstat WHERE stat_name='physical
    reads'
and INSTANCE_NUMBER=1 ) a, dba_hist_snapshot b
WHERE a.snap_id =b.snap_id and b.INSTANCE_NUMBER=1
and TO_CHAR (b.begin_interval_time, 'yyyy-mm-dd hh24:mi:ss') >'2019-08-01
    00:00:35'
ORDER BY 1;
```

从以上代码可以看出，单个的报告数据只能说明应用的负载情况，很多时候数据并没有一个所谓"正确"的值，然而数据库登录大于 1 ～ 2 次 /s、硬解析大于 100 次 /s、全部解析超过 300 次 /s 表明可能存在资源争用的问题。

Oracle 从 11g 版本开始，在 Load profile 中引入了 DB Time 和 DB CPU 的指标。DB CPU

对应于排队论中顾客接受服务的时间 τ。DB Time 则对应于顾客在系统内停留的时间 s，也称为逗留时间，即顾客从进入服务系统到服务完毕的整个时间。对于 Oracle 来说，排队论中的顾客就是进程，进程从进入 Oracle 服务系统到服务完毕的整个时间为 DB Time，而进程得到 CPU 服务的时间为 DB CPU。根据这两个指标可以大致判断 Oracle 进程得到 CPU 服务或等待 CPU 的排队情况。对比可以回顾第 6 章排队论的相关内容。

正确理解 DB Time 和 DB CPU 非常重要，因此下面进一步展开讨论。DB CPU 是一个衡量 CPU 使用率的重要指标。假设系统有 N 个 CPU，如果 CPU 全部处于繁忙状态的话，1s 内的 DB CPU 就是 $1 \times N$s。假设系统有 M 个会话在运行，同一时刻，有的会话可能会利用 CPU，有的会话可能在访问磁盘，那么，在 1s 内，所有会话的时间之和就可以代表系统在这 1s 内的繁忙程度，一般其最大值应该为 M。这就是 Oracle 提供的另一个重要指标——DB Time，它用于衡量前端进程所消耗的总时间。因此每秒的 DB Time 的值相当于当前活动的会话数。该值也可以通过报告中的 DB Time 值除以 Elapsed Time 值来计算得出。

当 CPU 很忙时，如果系统里存在着很多进程，就会发生进程排队等待 CPU 的现象。在这种情况下，DB Time 是包含进程排队等待 CPU 的时间的，而 DB CPU 仅指得到 CPU 服务的时间合计，不包括等待时间。这是造成 "DB CPU + FG Wait Time < DB Time" 的一个重要原因。如果一个系统的 CPU 不忙，那么两者的值应该就比较接近。结合图 10-7 和图 10-9 来理解其关系，会更加清晰。

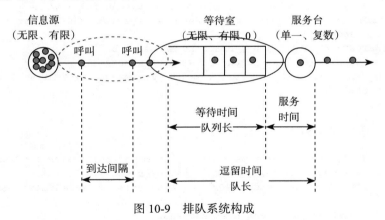

图 10-9　排队系统构成

Oracle 访问 CPU 以外的资源时，用等待事件进行描述。等待事件也可以分为前台等待事件和后台等待事件。DB Time 一般来说应等于 DB CPU 与前台等待事件所消耗时间的总和。等待时间通过 V$SYSTEM_EVENT 视图进行统计，DB Time 和 DB CPU 则是通过另一个视图（即 V$SYS_TIME_MODEL）进行统计。

以下是对系统负载中各指标的简要说明。

1）DB Time：DB Time 等于所有活动会话在系统内停留的总时间，单位为 s。每秒 DB Time 值等于平均活动的会话数。

2）DB CPU：服务器进程得到 CPU 服务的总时间，不包括等待 CPU 的时间。每秒 DB CPU 要结合服务器的 CPU 核数来看，如果该值超过 CPU 的核数，则说明 CPU 出现了排队现象。

3）Redo size：每秒产生的日志大小，单位为字节，可表示数据的变更频率，数据库任务的繁重与否。该值乘以 1200s（20min）的值能够作为大致判断在线重做日志文件的大小是否合理的依据。

4）Logical reads：每秒 / 每事务逻辑读的块（Buffer）数。也可以表示为 Logical Reads= Consistent Gets + DB Block Gets，其中 Consistent Gets 是读取的块数，DB Block Gets 是读取数据库块头数。

5）Block changes：每秒 / 每事务修改的块数。

6）Physical reads：每秒 / 每事务物理读的块数。

7）Physical writes：每秒 / 每事务物理写的块数。

8）User calls：每秒 / 每事务用户调用的次数。

9）Parses：SQL 解析的次数。每秒产生的解析次数包括软软解析、软解析和硬解析 3 种类型。软解析次数每秒超过 300 次意味着"应用程序"效率不高，需要调整 session_cursor_cache。在这里，软软解析指的是直接在 PGA 中命中的情况，软解析是指在共享池中命中的情形，硬解析则是指都不命中的情况。从这点可以看出，解析数需要结合 init.ora 初始化中的 process、sessions、session_cached_cursors 和 open_cursors 等参数进行综合分析，以便于发现及准确诊断问题的根源。

10）Hard parses：指硬解析的次数。硬解析太多则说明 SQL 重用率不高。每秒产生的硬解析次数如果超过 100 次，就说明绑定得不好，或者共享池设置得不合理。这时候可以启用参数 cursor_sharing=similar|force，该参数的默认值为 exact。但将该参数设置为 similar 时，可能会遇到 bug，导致执行计划不够优化。硬解析数与报告中 Time Model Statistics 部分的 Hard parse elapsed time 指标对应，由此可初步判断该系统是不是解析敏感的。

11）Sorts：每秒 / 每事务的排序次数。该指标要结合 In-memory Sort %、sorts (disk) PGA Aggr 一起分析，还可以参考 W/A MB processed（单位为 MB，指在 W/A workarea 中处理的数据量）。pga_aggregate_target 过小会导致 PGA overalloc 过载。但对于不合理的 HASH/SORT 需求，再大的 PGA 也达不到 100% 的缓存命中率。

12）Logons：每秒 / 每事务登录的次数。一般 Logons 大于每秒 1 ~ 2 次时就需要引起注意。logon storm（登录风暴）需要结合 AUDIT 审计数据一起看。

13）Executes：每秒 / 每事务的 SQL 执行次数，反映执行频率。

14）Transactions：每秒事务数，实际上就是 User commits 数，即每秒产生的用户提交次数。该指标反映了数据库任务繁重与否。如果每秒事务数不高而 TOP 5 Timed Event 中 DB CPU 与 DB Time 的比值较高（一般超过 40%），就需要进一步结合逻辑读、segment stats 等指标来分析。因为数据库中除了事务以外，还有查询中的逻辑读会占用 CPU（即 DB

CPU)。也就是说，可能有大量低效查询消耗了 I/O 资源，而 I/O 资源中的逻辑读比物理读要更加消耗 CPU 资源。

15）% Blocks Changed per Read：表示逻辑读用于修改数据块的比例。

16）Recursive Call %：递归调用占所有操作的比例，即递归调用的百分比。如果有很多 PL/SQL，那么这个值就会比较高。

17）Rollback per transaction %：每事务的回滚率。回滚率的大小很重要，因为回滚很耗资源，如果回滚率过高，则说明数据库可能经历了太多的无效操作，过多的回滚可能还会带来回滚块的竞争。该参数计算公式为 Round(User rollbacks / (User commits + User rollbacks)，4)×100%。

18）Rows per Sort：每次排序的行数。

要判断系统的负载是轻还是重，需要将 Load profile 结合 Elapsed Time 和 DB Time、CPU 核数、初始化文件 init.ora 的相关参数等指标进行综合分析，才能更好地诊断系统负载。也可以结合排队论为该数据库生成到达率和响应时间的曲线图，从而更准确地预测系统负载的承受能力、扩容规划方案等。

10.2.3 首要的 5 个等待事件

当 Oracle 响应应用请求时，它会消耗部分时间来执行 Oracle 的代码，从而消耗 CPU。这时 Oracle 需要不时等待一些其他活动的完成，尤其是等待 I/O 请求的完成，有时还需要等待排队锁与内存共享资源并发访问所需要保护的锁资源等。精确统计这些等待时间是十分复杂的，Oracle 可以做到近似的精确统计。如下是 3 种锁的持有次数统计。

❑ v$lock：统计高级队列锁的持有与竞争次数。

❑ v$librarycache：统计共享池内存 Heap 锁的持有与竞争次数。

❑ v$latch 和 v$latch_children：统计 Latch 锁的持有与竞争次数。

除了以上 3 种类型的锁能够统计持有次数外，缓冲区缓存中 Buffer 上的 Pin 锁和 Mutex（共享池堆中的轻量级 Latch 锁）这两种锁保护方式无法统计持有次数，但竞争次数可以统计。Oracle 在没有竞争时不记录这两种锁保护方式的持有次数，在产生竞争时再记录相关信息。

Buffer Busy Waits 等待事件的次数能够反映 Buffer Pin 锁的竞争次数。Mutex 的竞争次数在 v$mutex_sleep 和 v$mutex_sleep_history 中。只有当某个 Mutex 产生竞争时，它的信息才会出现在这两个视图中。

发生这些情况时，Oracle 进程发生状态改变而不再持有 CPU 资源。等待接口（WI）将记录这些等待发生的次数和持续时间。AWR 报告中的首要的 5 个等待事件的主要来源就是这些等待接口。对应首要的 5 个等待事件的主要来源的一些重要 V$ 动态性能视图有 v$system_event、v$session_event、v$sesstat、v$session、v$total_waits、v$wait_calss、v$time_waited_micro 等。

使用如下的 SQL 查询语句可以查询到类似首要的 5 个等待事件结果的信息。从这点可以看出，该等待信息是系统级别的，要明确具体的等待信息需要结合报告中其他部分的内容。

```
SELECT    wait_class,event,total_waits AS waits,
    ROUND (time_waited_micro / 1000) AS total_ms,
    ROUND (time_waited_micro * 100 / SUM (time_waited_micro) OVER (),2 ) AS pct_
        time,
    ROUND ((time_waited_micro / total_waits) / 1000, 2) AS avg_ms
    FROM v$system_event
    WHERE wait_class <> 'Idle'
ORDER BY time_waited_micro DESC;
```

接下来我们通过实际案例进一步讨论从首要的 5 个等待事件中发现问题的过程。某个数据仓库系统使用人员反映几乎所有的业务操作都比较缓慢，这种现象的持续时间已经有 3 天左右。通过检查数据库业务高峰期的 AWR 报告，可以发现数据库存在大量与 I/O 相关的等待事件。该 AWR 中首要的 5 个等待事件如图 10-10 所示。

Top 5 Timed Foreground Events

Event	Waits	Time(s)	Avg wait (ms)	% DB time	Wait Class
DB CPU		1,004		63.74	
log file sync	786	176	224	11.17	Commit
log buffer space	142	93	657	5.92	Configuration
db file sequential read	9,248	85	9	5.38	User I/O
direct path write temp	250	31	125	1.98	User I/O

图 10-10　AWR 中首要的 5 个等待事件的示例

报告说明数据库所在的存储出现了较为严重的 I/O 问题，尤其是写 I/O 延迟较为严重，达到了几百毫秒，而正常情况下仅为 5ms 左右。

此时，通过系统负载可以查看存储的物理读和物理写（即排队论中的顾客或事务到达率）的数量。AWR 报告中系统负载如图 10-11 所示。

故障期间，使用操作系统命令 sar -d 可以观察存储的 I/O 响应时间，同样可以发现其延迟较为严重。相关截图如图 10-12 所示。

在事务到达率只有几百的情况下，存储的单块写效率如此之低，这是极不正常的。在存储厂家的指导下检查存储的监控页面，我们发现问题的原因是存储内置电池过期导致存储缓存机制失效。更换存储电池后系统响应恢复正常。

再举一个实际案例。某客户网管数据库在业务期间出现较为严重的性能问题。首先，故障期间数据库出现大量的"read by other session"等待事件，每次等待时间高达 50ms 左右（正常情况下应该是 5ms 左右），AWR 报告如图 10-13 所示。

Load Profile

	Per Second	Per Transaction	Per Exec	Per Call
DB Time(s)	0.2	11.4	0.06	0.04
DB CPU(s)	0.1	7.3	0.04	0.03
Redo size	1,177,094.9	61,596,649.9		
Logical reads	11,218.6	587,063.5		
Block changes	5,619.4	294,057.4		
Physical reads	152.0	7,953.3		
Physical writes	104.0	5,442.9		
User calls	5.1	266.7		
Parses	0.8	39.8		
Hard parses	0.0	1.5		
W/A MB processed	0.2	10.8		
Logons	0.2	8.6		
Executes	3.9	206.1		
Rollbacks	0.0	0.0		
Transactions	0.0			

图 10-11　AWR 中系统负载示例

时间	DEV	tps	rd_sec/s	wr_sec/s	avgrq-sz	avgqu-sz	await	svctm	%util
17时26分36秒									
17时26分37秒	dev8-0	0.00	0.00	0.00	0.00	0.00	0.00	0.00	0.00
17时26分37秒	dev8-1	0.00	0.00	0.00	0.00	0.00	0.00	0.00	0.00
17时26分37秒	dev8-2	0.00	0.00	0.00	0.00	0.00	0.00	0.00	0.00
17时26分37秒	dev8-16	2.91	0.00	2.91	1.00	0.26	90.67	90.67	26.41
17时26分37秒	dev8-17	0.97	0.00	0.97	1.00	0.11	116.00	116.00	11.26
17时26分37秒	dev8-18	0.97	0.00	0.97	1.00	0.14	148.00	148.00	14.37
17时26分37秒	dev8-19	0.97	0.00	0.97	1.00	0.01	8.00	8.00	0.78
17时26分37秒	dev8-32	107.77	59681.55	0.00	553.80	0.33	3.03	2.05	22.14
17时26分37秒	dev8-33	107.77	59681.55	0.00	553.80	0.33	3.03	2.05	22.14
17时26分37秒	dev8-48	116.50	59805.83	0.00	513.33	0.64	5.47	3.37	39.22
17时26分37秒	dev8-49	116.50	59805.83	0.00	513.33	0.64	5.47	3.37	39.22
17时26分37秒	dev8-64	110.68	57631.07	0.00	520.70	0.63	5.68	3.16	34.95
17时26分37秒	dev8-65	110.68	57631.07	0.00	520.70	0.63	5.68	3.16	34.95
17时26分37秒	dev8-80	0.00	0.00	0.00	0.00	0.00	0.00	0.00	0.00
17时26分37秒	dev8-81	0.00	0.00	0.00	0.00	0.00	0.00	0.00	0.00
17时26分37秒	dev8-96	1.94	1957.28	0.00	1008.00	0.96	530.00	494.00	95.92
17时26分37秒	dev8-97	1.94	1957.28	0.00	1008.00	0.96	530.00	494.00	95.92
17时26分37秒	dev8-98	0.00	0.00	0.00	0.00	0.00	0.00	0.00	0.00
17时26分37秒	dev8-99	0.00	0.00	0.00	0.00	0.00	0.00	0.00	0.00
17时26分37秒	dev8-112	0.00	0.00	0.00	0.00	0.07	0.00	0.00	6.99
17时26分37秒	dev8-113	0.00	0.00	0.00	0.00	0.07	0.00	0.00	6.99
17时26分37秒	dev8-128	5.83	0.00	3495.15	600.00	2.09	568.67	167.33	97.48
17时26分37秒	dev8-129	5.83	0.00	3495.15	600.00	2.09	568.67	167.33	97.48
17时26分37秒	dev8-144	0.00	0.00	0.00	0.00	0.00	0.00	0.00	0.00

图 10-12　利用 sar -d 命令观察存储的 I/O 响应时间

Top 5 Timed Foreground Events

Event	Waits	Time(s)	Avg wait (ms)	% DB time	Wait Class
read by other session	724,153	34,039	47	73.75	User I/O
db file sequential read	90,763	4,777	53	10.35	User I/O
DB CPU		3,859		8.36	
enq: TX – row lock contention	14	1,878	134120	4.07	Application
log file sync	6,522	804	123	1.74	Commit

图 10-13　5 个首要的等待事件示例

同时，数据库出现了其他 I/O 类等待事件，如 log file sync 每次等待时间高达 123ms，所以几乎可以肯定数据库的存储性能有问题。且每次 I/O 读高达 60ms 左右（正常情况下应该在 10ms 以内），AWR 报告如图 10-14 所示。

Tablespace IO Stats

- ordered by IOs (Reads + Writes) desc

Tablespace	Reads	Av Reads/s	Av Rd(ms)	Av Blks/Rd	Writes	Av Writes/s	Buffer Waits	Av Buf Wt(ms)
USERS	98,208	27	41.79	44.91	9,323	3	521,082	48.95
COLLDATA	29,353	8	43.51	3.13	2,252	1	199,949	42.07
UNDOTBS1	6	0	56.67	1.00	1,295	0	0	0.00
CMMSDATA	209	0	69.04	1.00	526	0	13	56.92
SYSAUX	243	0	42.35	1.00	372	0	0	0.00
SYSTEM	24	0	66.25	1.00	72	0	1	0.00

图 10-14 AWR 中表空间 I/O 统计示例

通过 Linux 的 top 命令查看系统状态，可以发现性能故障期间有个 crontab 脚本正在运行 gzip 和 tar 操作，加重了存储的 I/O 压力。经过与客户的 DBA 的沟通，我们发现在性能出现故障之前，DBA 做了数据文件 resize 操作，这进一步加重了存储的 I/O 压力。

在存储 I/O 压力比较大的情况下，上述 2 个操作使得存储性能急剧恶化，数据库性能出现严重迟缓的问题。解决办法是清除 gzip 和 tar 操作，并紧急重启数据库，之后数据库的性能恢复正常。经过 SQL ordered by Reads 调查发现，存储的 I/O 压力主要是以下 SQL 语句引起的。

```
select max(t.time_stamp) time_stamp from xxx_onlinedensity t where t.xxxx_mts_ip=:1
```

经过查看，发现该 SQL 执行计划的问题不大，但它涉及的表较大，所以消耗了比较大的 I/O 资源。从整体考虑，解决措施有以下几点。

- ❑ 调整存储的 I/O 能力，目前存储的单块读效率很低，耗时达 60ms 左右。
- ❑ 降低 xxx_onlinedensity 表的高水位线，比如，通过导出 / 导入的方式。
- ❑ 降低 SQL 语句的执行频率或者改写 SQL 语句，命令为 select max(t.time_stamp) time_stamp from xxx_onlinedensity t where t.xxxx_mts_ip=:1。
- ❑ 减少 xxx_onlinedensity 表的数据，比如，对该表中的历史数据进行归档清理或进行分区等。

从以上的两个案例可以看出，将首要的 5 个等待事件列出来能帮助我们将诊断和调优的精力放在系统中最紧迫的问题上。Oracle 从 11g 版本开始将这个列表增加为首要的 10 个等待事件列表。Oracle 基于等待事件的处理逻辑真正体现了故障排除的思想。在实际工作中，做性能优化的管理员对常见等待事件的原理的掌握程度和经验积累能起到决定性作用。关于等待事件，网上或其他书籍（有专门介绍等待接口的书籍）中都有详细说明，在此不再重复。很多时候首要的 5 个等待事件需要结合 Host CPU、Instance CPU、初始化参数、封锁统计、I/O 统计、SQL 统计信息等指标一起分析。

10.2.4 等待接口和时间模型的整合

从以上分析可以看出，仅靠等待接口并不能判断 Oracle 性能的全貌。Oracle 每个版本的更新都在等待接口测量指标体系上做出了持续改进。Oracle 10g 中等待事件的 12 种分类如图 10-15 所示。

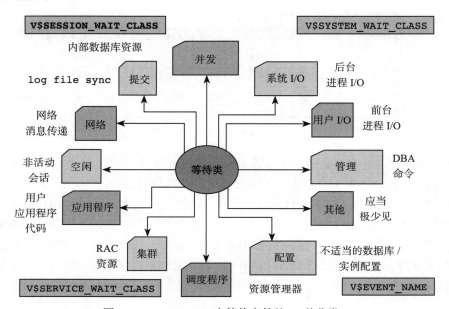

图 10-15　Oracle 10g 中等待事件的 12 种分类

Oracle 11g R2 版本中又增加了 enqueue 的分类。这些分类可通过如下 SQL 语句查到。

```
select name,wait_class from v$event_name order by 2;
或者
select wait_class,count(*)  from v$event_name group by wait_class;
```

从 Oracle 9.2 版本开始新增了响应时间分析，这标志着 Oracle 的性能优化从基于等待事件的分析转向最终端（或用户）的响应时间分析。响应时间可以采用下面的公式来描述。

$$响应时间（R_t）= 服务时间（T_s）+ 等待时间（T_w）$$

其中，T_s 和 T_w 又可以通过如下几种方式表达。

$$服务时间（T_s）= CPU\ 时间 = Oracle\ 内核代码执行时间$$

$$等待时间（T_w）= 排队时间 = Oracle\ 等待事件时间 = I/O\ 等待时间 + 网络等待时间 +$$
$$并发等待时间 + 其他等待时间$$

从以上公式可以看出，为了提高最终用户的体验，除了减少等待时间，还可以优化改进 CPU 执行所需的时间，比如减少逻辑读、减少 SQL 硬解析，使用更好的 CPU 硬件等。

从全局或系统级的角度出发，DBA 通常想要了解业务用户获得的平均响应时间是多少、哪些活动对总响应时间的影响最大等问题。在 Oracle 10g 推出之前，DBA 很难准确回答这些问题，但自从 Oracle 10g 开始，DBA 就可以轻松获得这样的度量数据。例如，在 Oracle 10g 数据库中利用以下查询语句可以大体上获知数据库的运行状况。

```
select  METRIC_NAME,VALUE from  SYS.V_$SYSMETRIC
where   METRIC_NAME IN ('Database CPU Time Ratio','Database Wait Time Ratio')
    AND
INTSIZE_CSEC = (select max(INTSIZE_CSEC) from SYS.V_$SYSMETRIC);
METRIC_NAME                          VALUE
------------------------------ ----------
Database Wait Time Ratio              6
Database CPU Time Ratio              94
```

Oracle 10g 数据库的 V$sysmetric 视图中包含几个优秀的响应时间度量，其中包括 Database Wait Time Ratio（数据库等待时间比）和 Database CPU Time Ratio（数据库 CPU 时间比）。以上查询显示了这两个统计信息的最新快照，通过这些快照可以粗略确定数据库当前是正在经历高等待比还是处于高效运行比（平稳运行）的状态。V$sysmetric 存储的是某些系统指标的短时间（5s）平均值和长时间（1min）平均值。针对 sysmetric 这个系统级的指标，Oracle 还提供了 V$SYSMETRIC_SUMMARY 和 V$sysmetric_history 视图。而 V$SYSMETRIC_SUMMARY 视图里存储的是一个时间段内（比如 60min）的统计信息。V$sysmetric_history 视图里存储的则是较长时间内的历史数据，对于 DBA 分析问题来说更有价值，设计也更为合理。可以使用以下查询语句快速了解数据库在前 1h 内运行时整体性能变化情况。

```
select  end_time,value  from   sys.v_$sysmetric_history
where   metric_name = 'Database CPU Time Ratio' order by 1;
END_TIME                   VALUE
-------------------- ----------
22-NOV-2004 10:00:38        98
22-NOV-2004 10:01:39        96
22-NOV-2004 10:02:37        99
22-NOV-2004 10:03:38       100
22-NOV-2004 10:04:37        99
22-NOV-2004 10:05:38        77
22-NOV-2004 10:06:36       100
22-NOV-2004 10:07:37        96
22-NOV-2004 10:08:39       100
```

Oracle 10g 版本引入了时间模型。时间模型精确地记录了总体时间消耗、CPU 时间及非空闲等待时间等信息。通过各种等待时间在总体时间中所占的比例，可以进一步诊断其性能瓶颈所在。在时间模型中，v$sys_time_model 视图提供了整个数据库的时间模型数据，而 v$session_time_model 视图则提供了每个会话的时间模型数据。在 Oracle 11g R2 版本中有关时间模型的可检测视图如下。

```
System Level : v$sys_time_model
Session Level : v$sess_time_model
SQL Level    : v$sqlsstat, v$sql_monitor
Realtime Level: v$active_session_history
Snapshot Level: dba_hist_sess_history
Minter Level : v$metric ,v$metric_history
```

在 AWR 报告中，时间模型的统计信息如图 10-16 所示，该图为 10.2.1 节中实例效率命中率案例所对应的时间模型统计信息。从图中可以看到，SQL 解析时间占 DB Time 的 86.89%，这有助于进一步确认问题的根源所在。

Time Model Statistics

Statistic Name	Time (s)	% of DB Time
parse time elapsed	211,049.41	86.89
sql execute elapsed time	73,605.29	30.30
hard parse elapsed time	42,207.68	17.38
DB CPU	5,399.84	2.22
sequence load elapsed time	1.16	0.00
connection management call elapsed time	0.45	0.00
hard parse (sharing criteria) elapsed time	0.27	0.00
repeated bind elapsed time	0.17	0.00
PL/SQL execution elapsed time	0.07	0.00
hard parse (bind mismatch) elapsed time	0.01	0.00
failed parse elapsed time	0.00	0.00
DB time	242,888.04	
background elapsed time	1,200.30	
background cpu time	1,045.85	

图 10-16　AWR 报告中的时间模型统计信息

其中有几个特别有用的时间指标，说明如下。

❑ 将 parse time elapsed 和 hard parse elapsed time 结合起来判断解析是否为主要矛盾，若是，则重点查看是软解析还是硬解析。

❑ sequence load elapsed time：sequence 序列争用是否为问题的焦点所在。

❑ PL/SQL compilation elapsed time：即 PL/SQL 对象编译，值得注意的是 PL/SQL execution elapsed time 仅是指耗费在 PL/SQL 解释器上的时间，不包括花在执行和解析其所包含的 SQL 上的时间。

❑ connection management call elapsed time：建立数据库会话连接和断开的时间。

❑ failed parse elapsed time：表示解析失败，例如 ORA-4031 等原因导致的失败。

❑ hard parse (sharing criteria) elapsed time：无法共享游标造成的硬解析。

❑ hard parse (bind mismatch) elapsed time：bind type or bind size 不一致造成的硬解析。

关于表中最后一列"% of DB Time"，其下有些指标实际上存在包含关系，所以该列的值加起来超过100%，而这些指标之间的包含关系如图10-17所示。从该图中可以看到 SQL execute elapsed time 包含 Repeated bind elapsed time；Parse time elapsed 包含 Hard parse (sharing criteria) elapsed time；而 Hard parse (sharing criteria) elapsed time 又包含 Hard parse (bind mismatch) elapsed time，以此类推。

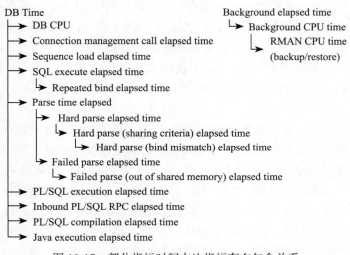

图 10-17　部分指标时间占比指标存在包含关系

结合以上分析可以得出的结论：只有将时间模型和等待接口结合起来，才能获得 CPU 与等待时间的分类细节和占比信息。AWR 报告中首要的 5 个等待事件的查询 SQL 语句如下。

```
SELECT    event, total_waits,ROUND (time_waited_micro / 1000000) AS time_waited_
    secs, ROUND (time_waited_micro * 100 / SUM (time_waited_micro) OVER (),2) AS
    pct_time
FROM (SELECT event, total_waits,time_waited_micro FROM v$system_event
        WHERE wait_class <> 'Idle'
        UNION
        SELECT stat_name,NULL,VALUE
        FROM v$sys_time_model
        WHERE stat_name IN ('DB CPU', 'background cpu time'))
ORDER BY 3 DESC;
```

10.2.5　DB Time

DB Time 是指所有前台会话花费在数据库调用上的总时间，包括 CPU 时间、I/O 时间和其他一系列非空闲等待时间，以及在 CPU 上的等待事件所花费的时间。DB Time 代表数据库在个某时间段内总体负载或利用率的表达手段。DB Time 需要与 Elapsed time 结合起来进行分析判断。

平均活动会话数等于 DB time/Elapsed Time。如果 DB Time =60min、Elapsed Time =60min，则 AAS=60/60=1 个，意味着负载一般。DB Time= 6000min、Elapsed Time= 60min，则 AAS=100 个，意味着系统负载很重。一般来说，系统负载超过 25 左右，就会开始表现出较慢的状态。

DB Time 作为系统在某段时间内的负载，也可以用 DB CPU、Non-Idle Wait、Wait on CPU queue 等的累加结果来描述。如果仅有 2 个逻辑 CPU，而 2 个会话在 60 min 内都没有等待事件、一直在 CPU 上运行，那么 DB CPU= 2 × 60=120min，DB Time = 2 × 60 + 0 + 0 = 120min，AAS = 120/60=2 个，正好相当于操作系统负载为 2 的状态。如果有 12 个会话在 1h 内都仅消耗 CPU，那么总有 10 个会话要在排队队列中，DB CPU = 2 × 60=120min，wait on CPU queue=10 × 60=600min，则平均活动会话数 = (120 + 600)/60=12 个，操作系统负载亦为 12。

在一个生产系统中，每个进程不仅要消耗 CPU，还要消耗 I/O 资源和内存资源。如果这些资源出现不足则需要等待，也就是平时所说的非空闲等待事件。为了保证并发控制和数据一致性，数据库还引入了各类 Lock 和 Latch 等封锁机制，如果获取不到这些封锁资源，就会出现队列上的等待事件（Waiter List、Holders list）或多次尝试获取而产生的等待（spin、sleep、gets 等），还有 SQL 语句的解析、结果集的排序，等。进行生产系统分析时需要结合以上因素综合分析才能诊断系统性能根源。具体来说，首先需要确定负载较高或出现系统运行较慢现象的时间段，其次根据该时间段的 AWR 报告判断哪些等待事件及资源出现了不足或异常指标的情况，最后结合数据库的运行原理逐步确定性能瓶颈根源。通过如下 SQL 查询语句能够查出最近 7 天的 DB Time 变化情况。

```
WITH sysstat AS (select sn.begin_interval_time begin_interval_time, sn.end_
    interval_time end_interval_time, ss.stat_name stat_name, ss.value e_value,
    lag(ss.value, 1) over(order by ss.snap_id) b_value from dba_hist_sysstat ss,
    dba_hist_snapshot sn where trunc(sn.begin_interval_time) >= sysdate - 7 and
    ss.snap_id = sn.snap_id and ss.dbid = sn.dbid and ss.instance_number =
    sn.instance_number and ss.dbid = (select dbid from v$database) and ss.
    instance_number = (select instance_number from v$instance) and ss.stat_name
    = 'DB time') select to_char (BEGIN_INTERVAL_TIME, 'mm-dd hh24:mi') || to_
    char (END_INTERVAL_TIME, ' hh24:mi') date_time, stat_name, round((e_value -
    nvl(b_value, 0)) / (extract(day from(end_interval_time - begin_interval_
    time)) * 24 * 60 * 60 + extract(hour from(end_interval_time - begin_interval_
    time)) * 60 * 60 + extract(minute from(end_interval_time - begin_interval_
    time)) * 60 + extract(second from(end_interval_time - begin_interval_
    time))), 0) per_sec from sysstat where(e_value - nvl(b_value, 0)) > 0 and
    nvl(b_value, 0) > 0
```

结果如图 10-18 所示。

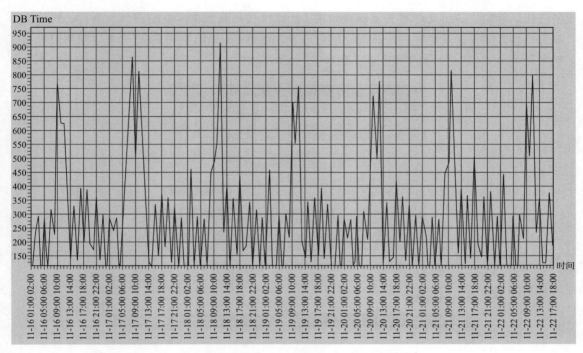

图 10-18　最近 7 天的 DB Time 变化情况示例

10.2.6　操作系统统计指标

AWR 中的操作系统统计指标如图 10-19 所示。

Host CPU (CPUs: 64 Cores: 32 Sockets: 4)

Load Average Begin	Load Average End	%User	%System	%WIO	%Idle
13.21	5.48	7.2	1.1	6.8	91.6

图 10-19　AWR 中操作系统统计指标示例

在图 10-20 中，Sockets 代表 CPU 数，这里的 CPU 数是指可用的逻辑 CPU 数。打开硬件线程技术时，一个 CPU 内核被视作 2 个或更多个逻辑 CPU。例如，POWER SMT(Simultaneous Multi-Thread)、Intel HT(Hyper Thread)。

Load Average 的 Begin/End 值约等于 CPU 运行队列的大小。在图 10-19 所示的快照中，从开始到结束，平均 CPU 负载减少了。%User 和 %System 的值等于或大于总的 CPU 使用率，在这里是 8.3%。而 Operating System Statistics 部分的 LOAD 指标与图 10-20 中的 Load Avergage 指标相呼应。

在 Oracle 的多租户实例模式出现之前，会有一个数据库服务器专用于一个实例。但某些情况下也需要判断在数据库服务器中有没有除了数据库的意外消耗以外的其他进程或程序消耗。例如，备份文件异地复制导致的 I/O 操作会影响数据库的响应性时间等，也许在该服务器上部署了多个实例或其他应用程序等。在 AWR 中的实例 CPU 中可以获取这些数据库实例占用 CPU 资源的情况，如图 10-21 所示。

Statistic	Value	End Value
BUSY_TIME	1,929,222	
IDLE_TIME	20,905,004	
IOWAIT_TIME	1,544,051	
NICE_TIME	0	
SYS_TIME	240,606	
USER_TIME	1,647,041	
LOAD	13	5
PHYSICAL_MEMORY_BYTES	135,313,686,528	
NUM_CPUS	64	
NUM_CPU_CORES	32	
NUM_CPU_SOCKETS	4	

图 10-20　AWR 中操作系统统计明细示例

Instance CPU

%Total CPU	%Busy CPU	%DB time waiting for CPU (Resource Manager)
6.8	80.8	0.0

图 10-21　实例 CPU 示例

❑ %Total CPU：指该实例所使用的 CPU 占总 CPU 的比例。

❑ %Busy CPU：指该实例所使用的 CPU 占总的被使用 CPU 的比例。

例如，共有 4 个逻辑 CPU，其中 3 个被完全使用，这 3 个中的 1 个完全被该实例使用，则 %Total CPU =1/4=25%，而 %Busy CPU =1/3=33%

当 CPU 占用率较高时，一般查看 %Busy CPU 就可以确定 CPU 到底是被本实例消耗，还是被主机上的其他程序消耗。如图 10-20 和图 10-22 所示，通过如下公式可以推导出这几个指标。

% Busy CPU = (DB CPU + background cpu time) / (BUSY_TIME / 100)= (1 807.13 + 13 789.98)/ (1 929 222/100)= 80.8%

% Total CPU = (DB CPU + background cpu time) / ((BUSY_TIME + IDLE_TIME) / 100)= (1 807.13 + 13 789.98)/((1 929 222 + 20 905 004)/100)= 6.0%

Busy Time = Elapsed Time × NUM_CPUS × CPU utilization= 59.38 × 60 × 64 × 8.3%= 1 892 559.36min ≈ 1 929 222s

操作系统统计信息的数据来源于 v$OSSTAT 和 DBA_HIST_OSSTAT，相关的指标单位均为百分之一秒。

❑ BUSY_Time=SYS_TIME+USER_TIME

❑ AVG_BUSY_TIME= BUSY_TIME/NUM_CPUS

❑ BUSY_TIME + IDLE_TIME = ELAPSED_TIME × CPU_COUNT=59.38 × 60 × 64=
228 019.2s ≈ (1 929 222 +20 905 004)/100=228 342.26

Statistic Name	Time (s)	% of DB Time
RMAN cpu time (backup/restore)	12,282.29	104.03
sql execute elapsed time	9,382.36	79.47
DB CPU	1,807.13	15.31
sequence load elapsed time	74.44	0.63
parse time elapsed	15.60	0.13
PL/SQL execution elapsed time	12.68	0.11
connection management call elapsed time	5.72	0.05
hard parse elapsed time	1.69	0.01
hard parse (sharing criteria) elapsed time	0.33	0.00
PL/SQL compilation elapsed time	0.06	0.00
repeated bind elapsed time	0.00	0.00
DB time	11,806.77	
background elapsed time	33,488.82	
background CPU time	13,789.98	

图 10-22　AWR 中事件模型统计示例

从这些指标的计算公式可以看出，计算以上各类时间的主要目的是进一步细化系统负载或 CPU 利用率情况。这些指标有利于进行自顶而下的性能优化及确定诊断思路。

对于虚拟内存利用情况 VM_IN_BYTES 和 VM_OUT_BYTES 以及网络相关的 TCP 参数，在此不再一一解释。

内存统计功能是 Oracle 从 11g 版本以后才提供的，借此可以了解主机物理内存、SGA、PGA 等的大致使用情况。如图 10-23 所示，其中 % Host Mem used for SGA+PGA 可以大致反映本实例占用主机物理内存的情况。

	Begin	End
Host Mem (MB)	129,045.2	129,045.2
SGA use (MB)	30,976.0	30,976.0
PGA use (MB)	688.5	668.8
% Host Mem used for SGA+PGA	24.54	24.52

图 10-23　AWR 中内存统计示例

在图 10-24 所示的操作系统详细统计信息（OS Statistics-Detail）表中，每个快照对应一行记录。该信息既有助于了解操作系统过去的负载情况，也能大致判断 CPU 利用率的走势。虽然替代不了 NMON、OSW 等第三方工具，但它是 AWR 自带的，因此不必安装其他软件。

Snap Time	Load	%busy	%user	%sys	%idle	%iowait
23-Nov 10:00:33	6.08					
23-Nov 11:00:44	13.21	9.11	7.80	1.10	90.89	6.68
23-Nov 12:00:06	5.48	8.45	7.21	1.05	91.55	6.76
23-Nov 13:00:17	3.54	8.63	7.16	1.23	91.37	4.69
23-Nov 14:00:24	0.92	3.40	2.25	0.99	96.60	2.82

图 10-24　AWR 中操作系统详细统计信息示例

10.3　AWR 中 RAC 指标的解读

解读 Oracle RAC 的 AWR 报告之前，我们需要建立对 RAC 结构及运行原理的整体认识，尤其是对缓存融合技术和非 RAC 环境新增的数据块缓存状态（XI 和 PI 映像等）的理解等。这些内容将在第 11 章进行详细说明，如果你对这些内容不太熟悉，则请先阅读第 11 章相关内容。本节先对 RAC 环境下常见的主要等待事件进行简要讨论，并在此基础上对 RAC 环境下的 AWR 报告进行适当说明。

10.3.1　RAC 环境中的全局缓存等待时间

不管集群中有多少个节点，在最坏的情况下，在集群中传送一个块涉及的节点最多是 3 个，分别是：想要访问块的节点；对应资源的主节点；当前保留有块的"最好"的复制节点。

这就是为什么会出现如 gc current block 2-way 和 gc current block 3-way 这样的等待事件，而从不会出现诸如 4-way 或 5-way 的类型。常见的全局缓存等待事件如图 10-25 所示。

gc cr multiblock request 实际就是 global cache cr multiblock request。Oracle 10g 以后，全局缓存（Gglobal Cache）简称为 GC，在 RAC 应用系统里面，这是一个常见的等待事件。一般情况下，multiblock 都是全表扫描或全索引扫描导致的，gc cr multiblock request 会造成 CPU 对内存的调度和管理，会消耗 CPU 时间。

全局缓存等待事件中的 gc buffer busy 是指多个进程同时访问一个数据块而造成锁竞争。用 RAC 就一定要将各个节点隔离化，访问不同的数据对象，最大可能地减少节点间的资源争用，只有这样才能发挥 RAC 集群系统的最大性能。

在 RAC 环境下，从远程缓存运输块到本地缓存所花费的时间取决于这些块是共享模式还是独占模式。如果块是共享的，那么远程缓存就会将克隆信息传送过来，否则就要产生一个 PI（Past Image）块，然后再传送过去。如果等待事件是 2-way，那主节点和持有者节点就应该是同一个节点实例。这应该是最好的情况，因为获得了请求的数据块既没有处于 busy 状态，也没有在请求的过程中等待。该类事件表示进行了数据块的网络传递，会产生流量，而等待事件 grant 2-way 的网络流量应该相对较小。

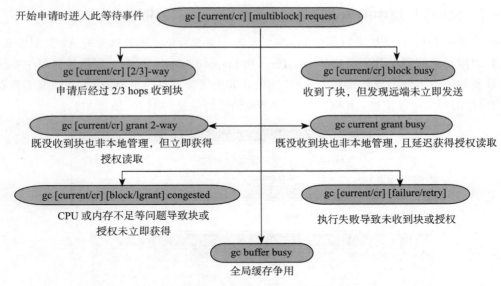

图 10-25　常见的全局缓存等待事件

gc[current/cr] block busy 与 gc [current/cr] [2/3]-way 是相对应的。虽然返回了 gc [current/cr] block busy，但是没有立即发送数据块。也就是说，控制流程返回了，但是实际的数据块并没有马上传递到请求节点实例上。gc [current/cr]grant 2-way 在请求一个数据块时，接收了一个 message。该 message 赋予了请求节点实例访问这个数据块的权限。如果这个数据块不在本地缓存中，则随后的动作就是去磁盘上读取该数据块。

gc buffer busy acquire/release 往往是 gc current block busy 的衍生产品。当同一实例内的多个进程并发地访问同一个数据块时，首先发起的进程将进入 gc current block busy 等待事件，而在 buffer waiter list 上的后续进程会陷入 gc buffer busy acquire/release 等待。这里存在一个排队效应，即 gc current block busy 是缓慢的，那么在排队的 gc buffer busy acquire/release 就会更慢。

当用户进程建立会话时，从开始提交一致性读请求到获取请求信息，整个过程都是处于 SLEEP（休眠）状态的，从用户角度来看就是 global cache cr request 等待事件，而 wait time 就是记录这个过程的时间。通常大量的 global cache cr request 等待事件主要是由以下几个原因造成的。

❑ 节点之间内部连接慢或节点之间传输带宽窄。这可以通过重新连来接获取高速连接。

❑ 存在热点数据块的竞争。

❑ CPU 负载过高或者 LMS 后台进程不够。正常情况下，只有两个 LMS 后台进程从 CPU 那里获取资源，增加 LMS 进程的数量或者提高它的优先权能够帮助进程从 CPU 那里获取更多的资源。隐藏参数 _lm_lms 是用于设置 LMS 进程数量的。

❑ 大量未提交的事务或者系统磁盘设备传输慢。

10.3.2 RAC 环境中的 AWR

查看或分析 RAC 环境下数据库的 AWR 报告，与查看单实例数据库的 AWR 报告一样，先查看快照时间间隔及其所对应的 DB Time 和 Elapsed Time，接着查看报告概要中系统负载及首要的等待事件的等待是否与 RAC 相关，如果等待事件与 RAC 相关，则继续查看报告中 RAC 的相关统计信息。RAC 环境下 AWR 的概要信息如图 10-26 所示。

	Snap Id	Snap Time	Sessions	Cursors/Session
Begin Snap	50870	23-Nov-20 11:00:44	113	4.6
End Snap	50871	23-Nov-20 12:00:06	107	4.7
Elapsed		59.38 (mins)		
DB Time		196.78 (mins)		

Top 5 Timed Foreground Events

Event	Waits	Time(s)	Avg wait (ms)	% DB time	Wait Class
db file sequential read	61,641	5,465	89	46.28	User I/O
log file sync	665,738	2,179	3	18.46	Commit
DB CPU		1,807		15.31	
gc current block 2-way	562,637	648	1	5.49	Cluster
gc buffer busy acquire	65,387	466	7	3.95	Cluster

图 10-26 RAC 环境下 AWR 的概要信息

RAC 的缓存融合就是通过集群节点之间的私有网络在集群内各节点的 SGA 之间传递数据缓存块，以免造成先将块推送到磁盘，再重新读入其他实例的缓存中这样一种低效的实现方式。RAC 私有网络性能的两个维度分别为可用带宽（Estd Interconnect traffic）和网络延迟（Avg message sent queue time on ksxp）。下面就对 AWR 报告中与 RAC 相关的指标做一个简要总结。

（1）Global Cache Load Profile

类似于单实例的 Load profile，显示全局缓存负载情况，如图 10-27 所示。

Global Cache Load Profile

	Per Second	Per Transaction
Global Cache blocks received	233.31	1.25
Global Cache blocks served	212.44	1.14
GCS/GES messages received	564.79	3.03
GCS/GES messages sent	618.29	3.32
DBWR Fusion writes	10.18	0.05
Estd Interconnect traffic (KB)	3,797.09	

图 10-27 RAC 全局缓存负载信息

其中，全局缓存数据块发送（Global Cache blocks served）中的 served 就是"发送"的意思。可以简略地进行评估。

实际传输的带宽 = (received + send) × db_block_size= (Global Cache blocks received +

Global Cache blocks served) $\times$ 8KB = (233.31+212.44) $\times$ 8KB = 3.6MB/s=28.53MB/s

实际传输的带宽 =Estd Interconnect traffic = 3 797.09KB

所以在这个系统中，只要心跳线带宽大于 28.53MB/s 即可，私有网络连接带宽一般都是千兆、万兆级网卡，除非网络设备或端口发生故障，一般都能满足内部网络传输带宽的要求。

（2）Global Cache Efficiency Percentages (Target local+ remote 100%)

该指标类似于单节点实例的内存使用率指标，如图 10-28 所示。其中，我们一般希望 Buffer access - local cache % 的值接近 100%，其他两个指标值越小越好，因为全局缓存的传输过程一般只发生在本地，因为网络再快也不如访问本地内存快。

Global Cache Efficiency Percentages (Target local+remote 100%)

Buffer access - local cache %	98.38
Buffer access - remote cache %	1.51
Buffer access - disk %	0.12

图 10-28　RAC 全局缓存效率占比

（3）Global Cache and Enqueue Services-Workload Characteristics

其中有 2 个至关重要的指标：Avg global cache cr block receive time (ms)、Avg global cache current block receive time (ms)，如图 10-29 所示。下面结合其他节点的 AWR 报告一起分析这两个指标。

一个节点的 receive time 的值小并不代表其他节点的也小，可能其他节点接收很慢，所以其 receive time 的值很大，一般要求小于 2ms。若在 RAC 实例之间这 2 个指标的差异很大，则说明 interconnect 问题出现于 OS Buffer 层或者网卡上，具体需要结合节点之间的 Ping 延时指标来看。比如，是否存在两个节点实例是不同的，是否平均延迟指标看起来明显是不正常的（超过几百毫秒）等。

Global Cache and Enqueue Services - Workload Characteristics

Avg global enqueue get time (ms)	0.3
Avg global cache cr block receive time (ms)	1.6
Avg global cache current block receive time (ms)	1.9
Avg global cache cr block build time (ms)	0.0
Avg global cache cr block send time (ms)	0.0
Global cache log flushes for cr blocks served %	4.3
Avg global cache cr block flush time (ms)	4.3
Avg global cache current block pin time (ms)	0.5
Avg global cache current block send time (ms)	0.1
Global cache log flushes for current blocks served %	7.5
Avg global cache current block flush time (ms)	3.3

图 10-29　RAC 全局缓存与队列响应时间特性

计算公式如下。

Avg global cache cr block receive time (ms)=

10×gc cr block receive time / gc cr blocks received =10×33 691/213 744=1.58

即

一致性读块平均接收时间 =10× 总接收时间 / 总接收块数

Avg global cache current block receive time (ms)=

10×gc current block receive time / gc current blocks received=10×114 811/617 451=1.86

即

当前块平均接收时间 =10× 当前块总接收时间 / 当前块总接收块数

图 10-30 中的数据来自 Instance Activity Stats，单位是百分之一秒，而图 10-29 中的指标单位是 ms，所以图 10-30 中的指标数据需要乘以 10 换算成 ms。

gc cr block receive time	33,691	9.46	0.05
gc cr block send time	1,091	0.31	0.00
gc cr blocks received	213,744	60.00	0.32
gc cr blocks served	229,117	64.31	0.35
gc current block flush time	13,139	3.69	0.02
gc current block pin time	25,014	7.02	0.04
gc current block receive time	114,811	32.23	0.17
gc current block send time	2,640	0.74	0.00
gc current blocks received	617,451	173.31	0.93
gc current blocks served	527,742	148.13	0.79

图 10-30　RAC 实例活动统计信息

等待事件 Gc cr[multiblock] request 和本地 Avg global cache cr block receive time (ms) 是同步变化的，若出现了等待事件则 receive time 的值肯定也很大。Gc cr[multiblock] request 也与异地 Avg global cache cr block flush time (ms)、Avg global cache cr block build time (ms)、Avg global cache cr block send time (ms) 这 3 个指标相关，可以查看具体是哪个指标导致 receive time 值太大或出现了等待事件。

等待事件 Gc current[multiblock] request 与本地 Avg global cache current block receive time (ms) 是同步变化的。若出现了等待事件，则 receive time 的值肯定很大，Gc current [multiblock] request 也与异地 Avg global cache current block flush time (ms)、Avg global cache current block pin time (ms)、Avg global cache current block send time (ms) 这 3 个指标相关，可以查看具体是哪个指标有问题。

虽然 receive time 的值实际上并不是下面三者简单相加的值，但可以姑且这么认为。

本地缓存一致性读块请求处理时间 = 异地 (build time + flush time + send time)
本地缓存当前块请求处理时间 = 异地 (pin time + flush time + send time)

若 pin time\build time \flush time\send time 值较大，则说明本地 SGA 和 GRD 慢，异地 receive time 的值也较大。其中 Flush time 是在 Redo 块上的操作时间。Flush 操作是指 Oracle 为了保证实例恢复机制的正常运行，要求每个当前块在本地节点被修改后，必须要将与该当前块相关的日志写入日志文件（要求 LGWR 必须完成写入后才能返回），然后才能由 LMS 进程传输给其他节点使用。RAC 的 Redo Flush 慢会造成 gc buffer busy release/acquire 等待事件。

当前块的 Flush 相关指标一般都要求小于 5ms，如图 10-31 所示，在 Global CURRENT Served Stats 部分可以看到当前块的 flush time 分布在哪些范围内。

Statistic	Total	% <1ms	% <10ms	% <100ms	% <1s	% <10s
Pins	526,156	95.71	2.72	1.57	0.00	0.00
Flushes	39,754	26.49	69.95	3.39	0.17	0.00
Writes	36,137	6.97	67.75	13.07	9.66	2.55

图 10-31　Global CURRENT Served Stats

（4）Global Cache and Enqueue Services - Messaging Statistics

其中，Avg message sent queue time 是指一条信息从进入队列到发送它的时间，也就是在发送队列中的等待时间。Avg message sent queue time on ksxp 是指对方一端收到该信息并返回 ACK 的时间，这个指标很重要，直接反映了网络延迟，一般要求小于 1ms。Avg message received queue time 是指一条信息从进入队列到接收的时间，也就是在接收队列中的等待时间。此外，如下百分比指标也较为重要。

❑ % of direct sent messages：指直接发送信息的比例，该值越大越好。

❑ % of indirect sent messages：指间接发送信息的比例，一般是排序信息或大型信息。

❑ % of flow controlled messages：指流控制信息的比例，该指标出现问题最常见的原因是网络状况不佳，该值应当小于 1%。

RAC 全局缓存与队列服务响应时间指标如图 10-32 所示。

（5）Global Cache Transfer Stats

从图 10-33 可以看出 gc buffer busy 的块占总块数的百分比分别如下：cr 块为 4.71%；当前块为 8.28%。

（6）Global Cache Transfer Times (ms)

从图 10-34 可以看出，gc buffer busy 的块延迟时间分别如下：cr 块所需时间为 5.23ms；当前块所需平均时间为 8.55ms。想象一下，若 gc buffer busy 收到一个当前块就要 8.55ms，那收 1 万个块就要 85.5s。结合图 10-33，发现幸好 gc buffer busy 的占比不是特别高，也就是说 gc buffer busy 块的总量不大。

Avg message sent queue time (ms)	0.0
Avg message sent queue time on ksxp (ms)	1.0
Avg message received queue time (ms)	0.0
Avg GCS message process time (ms)	0.1
Avg GES message process time (ms)	0.0
% of direct sent messages	75.47
% of indirect sent messages	23.98
% of flow controlled messages	0.55

图 10-32 RAC 全局缓存与队列服务响应时间特性

Inst No	Block Class	CR				Current			
		Blocks Received	% Immed	% Busy	% Congst	Blocks Received	% Immed	% Busy	% Congst
2	data block	192,207	94.07	4.71	1.22	606,806	91.24	8.28	0.48
2	undo header	17,415	86.01	13.56	0.44	1,078	88.03	11.60	0.37
2	Others	440	97.73	2.05	0.23	8,052	98.83	0.66	0.51
2	undo block	2,947	91.55	7.97	0.48	0			

图 10-33 RAC 全局缓存传输占比统计

Inst No	Block Class	CR Avg Time (ms)				Current Avg Time (ms)			
		All	Immed	Busy	Congst	All	Immed	Busy	Congst
2	data block	1.59	1.39	5.23	3.29	1.87	1.26	8.55	1.66
2	undo header	1.52	1.09	4.27	1.32	2.10	1.18	9.07	1.42
2	others	1.12	1.09	2.44	1.60	1.16	1.14	3.12	1.48
2	undo block	1.25	1.05	3.63	1.17				

图 10-34 RAC 全局缓存传输响应时间统计

10.4 本章小结

AWR 报告的演进和完善程度反映了 Oracle 发展的各个阶段。为了便于理解，本章按照 Oracle 性能统计信息的演进顺序进行解释与讨论。首先是内存命中率和系统负载信息，其次为 Oracle 等待事件接口，最后是 Oracle 时间模型等。

DB Time 是数据库在某时间段内的总体负载或利用率的表达手段，DB Time 需要与 Elapsed time 结合起来进行分析判断。通过 DB Time 与 Elapsed Time 的比值可以得到平均活动会话数。AWR 报告中的操作系统统计信息有助于从全局角度进行分析和诊断，本章对 AWR 中操作系统的相关指标也进行了简要介绍。

解读 Oracle RAC 的 AWR 报告之前，需要理解 RAC 结构及运行原理的基础知识。本章在适当引入 RAC 相关概念和等待事件的基础上，解读并讨论了 AWR 报告内容中与 RAC 相关的指标。关于集群及 RAC 的更多内容将在第 11 章进行讨论。

第 11 章 *Chapter 11*

集群与多租户

集群是将完整、独立的服务器节点用标准网络连接起来进行统一调度和管理的一组计算机。商业计算机时代，为了提高数据库服务器的横向扩展能力，Oracle 提出了 RAC 解决方案。过去，商业环境中的关键业务大多数都部署在基于小型机集群和集中式存储的 Oracle RAC 环境上。

随着 PC 服务器和 Linux 操作系统的改进，以及 Intel CPU 在性能和稳定性方面的不断提高，人们逐渐用 PC 服务器构成的分布式系统代替商业集群计算机（小型机）。进入分布式 PC 时代后，虚拟化和云计算技术成为主流。为此，Oracle 提供了基于云计算租用模式的容器数据库解决方案。

11.1 Oracle 集群的演变

集群中多台相互独立的、通过高速网络互联的计算机构成了一个组，并以单一系统的模式加以管理。一个客户与集群相互作用时，集群就像是一个独立的服务器。理论上，其中任一个节点宕机，对客户来说都是无感知或透明的。集群配置的目的是提高可靠性和可缩放性。

11.1.1 并行计算需求的由来

可以通过提高处理器频率来提高计算机的性能，但随着单核处理器性能的提升逐渐接近极限，芯片集成度已进入极小尺度级别（8nm 级别），集成度不可能无限制提高。另外，处理器速度与存储器速度的差异也越来越大，处理器性能每 2 年翻一倍，而存储器性能每

6年才翻一倍。为了匹配两者在速度上的差异，处理器需要做越来越大的缓存，功耗和散热也大幅增加，超过了芯片的承受能力。因此单处理器向多核并行计算发展成为必然趋势。采用多核/众核构架，简化单处理器的复杂设计，代之以在单个芯片上设计多个简化的处理器核，以多核/众核并行计算提升计算性能成为主流。典型的双核处理器结构如图11-1所示。

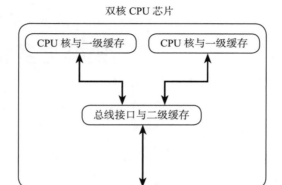

图11-1 双核处理器结构

经过多年的发展，业内出现了不同类型的并行计算技术和系统，同时存在不同的分类方法。

1）按存储访问结构分类，可分为如下3种。

❑ 共享内存，是指在一个计算机上汇集了一组处理器（多CPU），各CPU之间共享内存子系统以及总线结构，SMP（Symmetrical Multi-Processing，对称多处理）也称为UMA（Uniform Memory Access）结构，如图11-2a所示。

❑ 分布式共享内存，是指各个处理器在拥有本地内存的同时共享一个全局内存，如图11-2b所示。接下来要讲解的Oracle RAC采取的就是类似的架构。

❑ 分布式内存，各个处理器使用本地独立的内存，如图11-3所示。图11-2b和图11-3统称为NUMA（Non-Uniform Memory Access）结构。

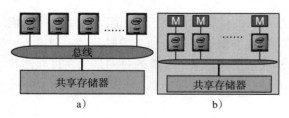

图11-2 共享内存与分布式共享内存结构图

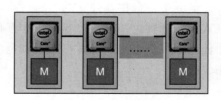

图11-3 分布式内存结构图

2）按系统类型分类，可分为以下3种。

❑ 多核/众核并行计算系统（MultiCore/ManyCore, MC 或 Chip-level Multi Processing, CMP）。

❑ 对称多处理系统（Symmetric Multi Processing, SMP）：多个相同类型的处理器通过总线连接并共享存储器。

❑ 大规模并行处理（Massive Parallel Processing, MPP）：通过专用内联网连接一组处理器并形成一个计算系统。

从 1995 年开始，集群和网格并行的计算技术逐步成为主流，但目前网格的发展已呈下降趋势，基于集群的占大多数。网格用网络连接一组远距离分布的异构计算机构成计算系统。集群用网络连接一组商业计算机构成计算系统。作为并行计算的两大分支，并行计算的主要技术问题是数据怎么存和怎么算，这涉及并行算法、软件架构、硬件架构等方面。

从存储访问体系结构角度看，并行计算主要研究不同的存储结构以及在不同存储结构下的特定技术问题。针对共享内存体系结构的问题主要有共享数据访问与同步控制。而针对分布内存体系结构的问题主要有数据通信控制和节点计算同步控制等。

并行计算有一个致命的弱点，根据 Amdahl 定律来说，一个并行程序可加速的程度是有限制的，既不可以无限加速，也不是处理器越多越好。加速度和多节点并行 CPU 数量之间的关系如图 11-4 所示。

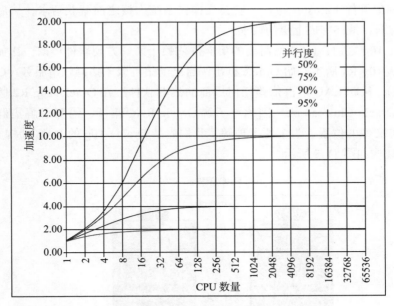

图 11-4 Amdahl 定律

Oracle RAC 运行于集群之上，为 Oracle 数据库在计算能力上提供了最高级别的可用性和可伸缩性。即使集群内的一个节点发生故障，Oracle 数据库也可以继续在其余的节点上运行。Oracle 的主要创新是一项称为高速缓存融合的技术。集群各节点可以通过集群互联的高速内网高效地同步其内存中的高速缓存，从而最大限度地降低磁盘 I/O。高速缓存最重要的优势在于它能够使集群中所有的节点共享对磁盘中所有数据的访问，数据无须在节点间进行分区。

　　RAC 需要两类软件，一类是集群软件，另外一类就是 Oracle 数据库软件及分布式集群组件（DLM）。从逻辑结构上看，每个参加集群的节点都有一个独立的实例，这些实例会访问同一个数据库。RAC 中所有的节点都共享数据库的数据文件和控制文件，其余文件则是每个实例私有的。接下来我们进一步探讨 Oracle RAC 是怎么解决多个节点之间共享数据访问与同步控制问题的。

11.1.2　Oracle 10g RAC 架构

　　在单机环境下，Oracle 是运行在操作系统内核之上的。操作系统内核负责管理硬件设备，并提供硬件访问接口。Oracle 不会直接操作硬件（例如读写磁盘），而是由操作系统内核代替它来完成对硬件的调用请求。

　　在集群环境下，存储设备是共享的。操作系统内核的设计都是针对单机的，只能控制单机上多个进程间的访问。如果还依赖操作系统内核的服务，就无法保证多个主机间的协调工作。这时就需要引入额外的控制机制。在 RAC 中，这个机制就是位于 Oracle 和操作系统内核之间的集群件（clusterware），它会在操作系统内核之前截获请求，然后与其他节点上的集群件协商，最终完成上层的请求。

　　在 Oracle 10g 之前，RAC 所需要的集群件依赖于第三方硬软件厂商，比如 SUN、HP、Veritas 等。从 10g R1 版本开始 Oracle 推出了自己的集群服务集群就绪服务（Cluster Ready Service, CRS），从此 RAC 不再依赖任何厂商的集群软件。在 Oracle 10g R2 版本中，这个产品改名为 Oracle Clusterware。因此要了解 Oracle RAC 集群，需要了解集群的组成、进程及相关日志文件的位置。为了便于理解，我们先从 Oracle 10g 的 RAC 架构开始。Oracle 10g 的 RAC 架构如图 11-5 所示。

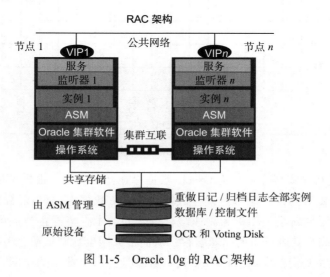

图 11-5　Oracle 10g 的 RAC 架构

Oracle 集群是一个单独的软件安装包。安装后，各个节点上的 Oracle Clusterware 会自动启动。Oracle Clusterware 的运行环境由 2 个磁盘文件（OCR、Voting Disk）、若干个进程和网络元素组成。

11.1.3 Oracle 11g RAC 架构

从 Oracle 11g R2 开始，RAC 架构又发生了变化：多了 grid 用户，警告日志的位置发生了变化，CRS 的信息放在了 ASM 存储里。而 Oracle 10g 的 RAC 环境中，CRS 的信息是放在裸设备中的。

从 Oracle 11g R2 开始，Clusterware 作为 GI 安装包的一部分发布。GI 包含两个最主要的组件：Clusterware 集群软件和 ASM 存储软件。Clusterware 是 Oracle 的集群解决方案，ASM 是 Oracle 的存储解决方案，在这两大方案基础上搭建的 Oracle 数据库共同构成了 RAC 高可用解决方案。

Oracle 11g R2 中的 ASM 从 DBMS 中脱离出来进行单独的部署，并进行了增强和扩展。ASM 使用独立的用户和权限进行管理，形成了一套较为完整、可支持非 Oracle 产品的存储解决方案。对 ASM 存储软件与 Clusterware 集群软件进行整合和打包，形成了一个支撑软件高可用运行的基础架构，同时支持 Oracle 和非 Oracle 产品，如图 11-6 所示。

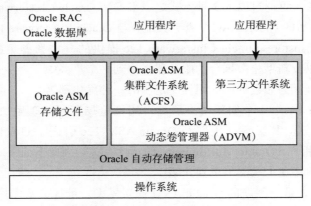

图 11-6   Oracle 11g "RAC+ASM" 结构图

GI 组件使用独立的操作系统用户安装方式，具备独立的操作系统组管理权限，安装在独立的目录中。虽然 GI 所属的用户名可以随意起名，但是一般做法是对 GI 用户起名为 grid，默认主（home）目录为 $GRID_HOME。而 Oracle 10g 版本中没有独立用户，一般用 $ORA_CRS_HOME 来描述。使用分离的角色管理使得集群、存储和数据库的管理被严格分离。

在 Oracle 10g 中，集群在 ASM 之下、操作系统之上，而 Oracle 11g 发布了 GI 架构时，两者的位置又发生了颠倒，ASM 变成操作系统之上、集群之下的存储组件了，不仅仅是位置发生了变化，其灵活性、可扩展性、所能承载的数据类型也发生了很大的变化。猜想

Oracle 开发者考虑到 ASM 既然能够承载最核心的数据库，肯定也能承载其他数据，而且 ASM 已经拥有了支持集群文件系统的能力。

这样就形成了 ASM 存储软件、Clusterware 集群软件和数据库软件高度集成的软件环境。但这些集成环境的管理还保持着原来通过 Clusterware 的命令来对整个 RAC 进行管理的方式。RAC 的管理命令还在沿用最早的命名方式，即在 crs 的缩写后面加 ctl 后形成的 crsctl 命令。Clusterware 具备在集群中管理资源、进程和应用的能力，同时具备维护节点间的关系，以及确保异常情况下节点间的相互隔离的能力。

11.1.4　Oracle 12c RAC 架构

谈到这里我们对 Oracle 的 RAC 有了较为清晰的认识。针对 Oracle 12c，根据官方描述，Oracle RAC 数据库要求首先在系统上安装 Oracle Clusterware，然后安装支持 Oracle RAC 的数据库主目录（软件）。Oracle Clusterware（OCW）是 Oracle GI 产品套件的一个不可或缺的组成部分，该产品套件还包括自动存储管理（ASM）和 Oracle 云文件系统（CloudFS）。包含 Oracle ASM/CloudFS 和 Oracle Clusterware 的 Oracle GI，以及包含 Oracle Real Application Clusters（RAC）选件的 Oracle 数据库，共同构成了 Oracle RAC 体系。

Oracle Clusterware 是一种将服务器转换为集群的技术。在 Oracle 12c 的环境中，根据集群部署和管理需求，可通过以下 3 种方式之一来安装 Oracle Clusterware 12c。

- ❑ 标准集群：典型的 Oracle RAC 集群，其配置与 Oracle Clusterware 12c 之前的版本类似。
- ❑ Oracle Flex Cluster：Oracle Clusterware 12c 提供的一种新型集群拓扑，将传统的、紧密耦合的以及新型松散耦合的服务器组合到一个集群中。
- ❑ 应用程序集群：为非数据库应用程序定制的一种优化部署。

Oracle Flex Cluster 是一个创新型多层高可用性全局资源管理解决方案，用于业务关键型端到端的云计算。其灵活性主要与 Oracle ASM 12c 引进了 Oracle Flex ASM 技术和 Oracle RAC 支持多租户（Oracle Multitenant）的特性有关。因此下面将对这两个特性进行简要介绍，多租户特性将在 11.4.2 节单独介绍。

Oracle Flex ASM 是一种新的 Oracle ASM 部署模型，可提高数据库实例的可用性并降低 Oracle ASM 带来的资源占用率。Oracle Flex ASM 简化了基于集群的数据库整合，当特定服务器上的 Oracle Flex ASM 实例出现故障时，能够确保该服务器上的 Oracle Database 12c 实例继续运行，如图 11-7 所示。

由图 11-7 可以看出，在 Flex ASM 架构中即使本地节点无 Oracle ASM 实例，也能确保数据库的操作继续运行。如果特定节点上的 Oracle Flex ASM 实例出现故障，则 Oracle Flex ASM 实例就会将故障切换到集群中的其他节点上，而 Oracle Database 12c 实例或更高版本的数据库实例将使用集群中的非本地 Flex ASM 实例继续运行。

有了这样的灵活性，传统集中式存储架构就可以改为分布在 x86 服务器的本地 SSD 硬盘的分布式架构上了。这些服务器之间通过 InfiniBand 网络互连，并通过多路径技术构建分布在不同服务器的磁盘上。在此基础上，ASM磁盘组的冗余模型将来自不同服务器的ASM磁盘按冗余方式构成ASM磁盘组。再加上ASM高效的集群文件系统特性，这些存储资源池对外就是一个云存储资源。一般的分布式存储系统很难满足数据库的低延迟、高并发I/O需求，而Oracle的ASM集群文件系统能够突破这个瓶颈，这样最终就形成了Oracle CloudFS。

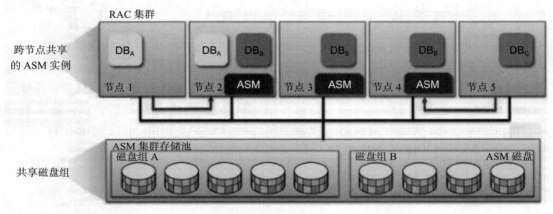

图 11-7　Oracle Flex ASM 解除了集群中实例与节点的一对一映射

　　Oracle Flex ASM 中的每个计算节点会同时从多个存储节点读数据。其中每个计算节点都能操作一部分数据。而每个存储节点都在为不同的计算节点输送数据。所以，数据分散存储在多台PC服务器上。这不仅是一套分布式的系统，还是一套集中式的数据库系统，这套系统就能够支持更大的I/OPS和更高的I/O吞吐量。而且，由于它对外是一个统一的、集中的数据库，这样的方案还有纯分布式不能提供的好处。

11.1.5　集群磁盘文件

　　集群在运行期间需要OCR和表决磁盘两个文件，这两个文件必须存放在共享存储上。在Oracle 11g R2版本以前，需要裸设备来存储这两个集群文件。为了便于理解，接下来我们从Oracle 10g集群环境开始讨论。

　　OCR中保存了整个集群的配置信息，在Oracle 10g以前，这个文件叫作SRVM（Server Manageability Repository）。在Oracle 10g版本中，这部分内容被重新设计并重命名为OCR。在Clusterware的安装过程中，安装程序会提示用户指定OCR的位置，并且用户指定的位置会被记录在Linux下的/etc/oracle/ocr.Loc文件中。在Clusterware启动时会根据其中的内容从指定位置读入OCR内容。

　　在Clusterware运行过程中，并不是所有节点都能操作OCR磁盘。在每个节点的内存中都有一份OCR内容的复制，这份复制叫作OCR Cache。每个节点都有一个OCR进程来读写OCR Cache。但只有一个节点的OCR进程能读写共享磁盘上OCR文件的内容，这个节点叫作 OCR 主节点。这个节点的 OCR 进程负责更新本地和其他节点的 OCR Cache 内容。

所有需要 OCR 内容的其他进程（比如 OCSSD、EVM 等）都叫作 Client 进程，这些进程不会直接访问 OCR Cache，而是向 OCR 进程发送请求，借助 OCR 进程获得内容。如果想要修改 OCR 内容，也要由该节点的 OCR 进程向主节点的 OCR 进程提交申请，由 Master OCR 进程完成物理读写，并同步所有节点 OCR Cache 中的内容。

表决磁盘这个文件主要用于记录节点成员的状态，在出现脑裂时，决定由哪个节点获得控制权，而其他的节点必须从集群中剔除。在安装 Clusterware 时也会提示指定该文件位置。

从 Oracle 11g R2 开始，Oracle 也允许将这两个集群文件存放到 ASM 或共享文件系统中，但在新安装时不再支持裸设备。当 Oracle 10g 升级到 Oracle 11g R2 中允许暂时使用裸设备（以便允许在条件成熟时迁移到 ASM），但 Oracle 12c 已经不再允许通过裸设备升级。

在 ASM 中，表决磁盘文件并不是以标准的 ASM 文件进行存储的，也就说我们用 asmcmd 的 1s 命令是无法看到该文件的，但可以查询 v$ASM_DISK.votign_file 字段来进行判断，内容为"Y"即代表表决磁盘。另一个查询方法如下所示。

```
$  crsctl query css votedisk
##  STATE     File Universal Id                File Name          Disk group
--  -----     ----------------                 ---------          ---------
    1. ONLINE  8ceaf54e94074fbbbffbad41a7e54e14 (ORCL:CRS_DISK1)   [CRS_DG]
    2. ONLINE  6093c07d43214f01bf48a3ad79d52af7 (ORCL:CRS_DISK2)   [CRS_DG]
    3. ONLINE  6e6009f2a5484f14bf2a0cd4feafd20b (ORCL:CRS_DISK3)   [CRS_DG]
```

11.1.6　CSS 备份和恢复

当集群配置发生变化时，表决磁盘也会备份到 OCR 中，可以使用 crsctl 命令来还原表决磁盘。OCR 文件在 ASM 中的存储方式与普通的 ASM 文件一样，可以在 asmcmd 命令环境下执行如下命令来查询。

```
ASMCMD> find - type OCRFILE / *
+OCR1/cr-db-cluster/OCRFILE/REGISTRY.255.868483627
```

/etc/oracle/ocr.loc 文件也记录了默认情况下 OCR 的存储位置，具体如下。

```
$ cat /etc/oracle/ocr.loc
ocrconfig_loc=+OCR1
local_only=FALSE
```

还有一种方法也能查看，具体如下。

```
$ asmcmd lsof
DB_Name  Instance_Name      Path
+ASM     +ASM1              +ocr1.255.4294967295
```

这里的 255 就是 OCR 的文件编号，使用该编号可以在 ASM 内确定 OCR 文件的位置。操作系统上还有如下命令可以查看 OCR 的备份位置，如下。

```
$ ocrconfig -showbackup
dwdb2      2020/02/16  16:38:12      /u01/app/11.2.0/grid_home/cdata/dwdb-cluster/
    backup00.ocr
dwdb2      2020/02/16  12:38:05      /u01/app/11.2.0/grid_home/cdata/dwdb-cluster/
    backup01.ocr
dwdb2      2020/02/16  08:37:57      /u01/app/11.2.0/grid_home/cdata/dwdb-cluster/
    backup02.ocr
dwdb2      2020/02/15  12:37:24      /u01/app/11.2.0/grid_home/cdata/dwdb-cluster/
    day.ocr
dwdb2      2020/02/07  16:32:26      /u01/app/11.2.0/grid_home/cdata/dwdb-cluster/
    week.ocr
```

以上为 Oracle 11g R2 在 Linux 系统中的环境，可以看出本路径为 $ORACLE_HOME/
cdata/$DBNAME-cluster/ 目录，用的是本地文件系统，每个节点各自自动保存 5 份。Oracle
Clusterware 每隔 4 小时，CRSD 进程会自动对 OCR 进行一次备份。在任意时刻，Oracle 总
会保留最近 3 次的 OCR 备份信息，以及前一天、前一周的最后一个备份。

从 Oracle 12c 开始，OCR 备份默认放到了 ASM 磁盘上，具体如下。

```
$ ocrconfig -showbackup
erp-db2 2020/02/16  13:23:55  +DATA:/erp-db-cluster/OCRBACKUP/backup00.ocr.264.
    1032528225
```

如果担心文件放到 ASM 上却在关键时刻因打不开 ASM 而没法获取备份，则可以采用
如下命令定期将文件备份到文件系统上，执行该命令需要 root 用户身份。

```
$ ocrconfig -backuploc /home/grid/cdata/backup001.ocr
```

11.2　集群启动顺序及进程日志

集群技术跨越多台独立的服务器节点，为此除了需要高速网络连接外，还需要通过心
跳机制来确保彼此的实时状态一致性。在 Oracle 中有两种心跳机制，一种是基于私有网
络的网络心跳，即 Network Heartbeat；另一种是基于表决磁盘的共享存储心跳，即 Disk
Heartbeat。为此，掌握一组集群设备的启动顺序及其进程日志对 DBA 来说也是必须掌握的
知识点。

11.2.1　集群组件及其进程

Oracle 集群的两大主要组件分别为 CRS 和 CSS。

1）CRS 在集群中提供高可用性操作。CRS 守护进程（CRSd）基于永久存储在 OCR 中
的配置信息来管理集群资源。这些集群资源包括数据库实例、监听器、VIP、SCAN IP 以及
ASM。CRSd 进程提供对所有集群资源的启动、关闭、监控以及故障转移操作，当资源状态
改变时，该进程也会生成相应的事件。集群资源包括 GSD（Global Service Daemon）、ONS
（Oracle Notification Service）、VIP、Database、Instance、Service 等。这些资源被分成了以

下 2 大类。

❑ GSD、ONS、VIP 和 Listener 属于 Nodeapp 类。

❑ Database、Instance 和 Service 属于 Database-Related Resource 类。

2）CSS 通过控制集群的成员来管理集群配置，并且当成员加入或离开集群时通知其他成员。Oracle CSS 守护进程（OCSSD）提供了如下功能。

❑ 组服务可用于分布式组成员关系，系统能够实现不同节点之间的服务同步。

❑ 锁服务可用于提供集群范围内基本的串行化锁机制功能。

❑ 节点服务可使用 OCR 来存储节点状态数据，并在集群重配置期间更新这些数据。

OCSSD 进程是 Clusterware 最关键的进程，如果这个进程出现异常，就会导致系统重启。CSS 服务通过多种心跳机制实时监控集群状态，提供脑裂保护等基础集群服务功能。

CSS 服务的两种心跳机制都有最大延时。对于 Disk Heartbeat，这个延时叫作 IOT（I/O Timeout）。对于 Network Heartbeat，这个延时叫作 MC（Misscount）。这 2 个参数都以 s 为单位，默认设置是 IOT 大于 MC。在默认情况下，这 2 个参数是 Oracle 自动判定的，并且不建议作调整。可以通过如下命令来查看参数的值。

```
$crsctl get css disktimeout
$crsctl get css misscount
```

OHAS（Oracle High Availability Service）是服务器启动后打开的第一个 GI 组件。它被配置为以 init(1) 方式打开，并负责生成 agent 进程。在 11g R2 版本中，Oracle 集群引入了新的 agent 的概念，这使得集群资源的管理变得更加高效并具有可伸缩性。这些 agent 进程均为多线程守护进程，用来实现多种类型的资源的入口点，并为不同的用户衍生出新进程。这些 agent 包括 oraagent、orarootagent 以及 cssdagent/ cssdmonitor 等，都具有高可用的特性。

接下来我们以 Oracle 19c 的实际环境为例，讨论集群的启动顺序及每一个层面的启动过程。通过 crsctl check crs 命令，也能看到集群的主要分层结构，具体如下。

```
[grid@erp-db1 ~ ]$ crsctl check crs
CRS-4638: Oracle High Availability Services is online
CRS-4537: Cluster Ready Services is online
CRS-4529: Cluster Synchronization Services is online
CRS-4533: Event Manager is online
```

根据以上输出，集群大概可分为 4 个层次。

❑ 层次 1：OHAS 层面，负责集群的初始化资源和进程。

❑ 层次 2：CSS 层面，负责构建集群并保证集群的一致性。

❑ 层次 3：CRS 层面，负责管理集群的各种应用程序资源。

❑ 层次 4：EVM 层面，负责在集群节点间传递集群事件。

在 OHAS 层面主要是启动集群的初始化资源和进程，如下为 Oracle 11g R2 的环境。

1）调用 /etc/inittab 中以下行。

```
[grid@CR-DB-1 ~ ]$ cat /etc/inittab |grep init.d
h1:35:respawn:/etc/init.d/init.ohasd run >/dev/null 2>&1 </dev/null
```

2）启动操作系统进程 init.ohasd run。init.ohasd run 进程负责启动 ohasd.bin 守护进程。

```
[grid@CR-DB-1 ~ ]$  ps -ef | grep ohasd | grep -v grep
root      6337  6310  0 2019 ?      00:00:00 /bin/sh /etc/init.d/init.ohasd run
root      6357     1 13 2019 ?      12-21:35:56 /u01/app/grid/11.2.0.1/bin/ohasd.
    bin reboot
```

3）ohasd.bin 开始启动集群的初始化资源和进程。

根据上述介绍，ohasd.bin 会启动 4 个代理进程来启动所有的集群初始化资源。

❑ oraagent：启动 ora.asm、ora.evmd、ora.gipcd、ora.gpnpd、ora.mdnsd 等。

❑ orarootagent：启动 ora.crsd、ora.ctssd、ora.cluster_interconnect.haip、ora.crf、ora. diskmon 等。

❑ cssdagnet：启动 ora.cssd。

❑ cssdmonitor：启动 ora.cssdmonitor。

OHAS 所启动的进程的整个架构如图 11-8 所示。

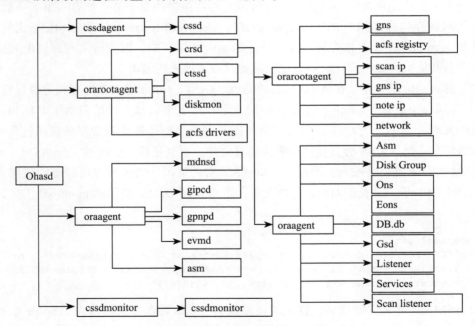

图 11-8 Oracle 11g R2 进程架构

物理层面集群的主要组成部分是服务器（也叫节点）。对这些服务器，不仅需要配置私网和公网连接的网络，还需要在每台服务器的操作系统上安装集群软件。就像开源的分布式集群计算系统中存在主节点和从节点，且从节点通过本机上 agent（或 worker）客户端软件与主节点进行协同管理一样，Oracle 11g R2 也开始引入了 agent 的概念。这样一方面

agent 可以使用更高效的内部协议，另一方面还可以提升横向扩展能力、扩展节点数。

我们知道市面上开源的分布式集群架构中，主节点一般固定在几台服务器中，而 Oracle 的集群中这些主服务器和从服务器根据资源需求动态漂移在各集群节点上。Oracle 集群中做到了各节点的对等，并且主节点可以在整个集群组员中动态调度和漂移。但要做到这一点，肯定需要满足两个最基本的条件，一个为共享存储，另一个为各节点之间的高效同步机制。

各集群节点的共享存储就是 OCR 和表决磁盘，Oracle 11g R2 之前这两个配置信息存储在裸设备上，因此各节点的 OHASd 进程初始化完后先读取 OCR 和表决磁盘中的信息，接着启动 ASM，再启动数据库。

在 Oracle 11g R2 之后，作为集群核心文件的 OCR 和表决磁盘都被放到 ASM 磁盘里管理，但从 Clusterware 和 ASM 层次架构来看，首先成功启动 Clusterware 服务才能打开 ASM 文件。在 ASM 没有打开的情况下，集群启动时所需的这两个文件该如何获取呢？为此 Oracle 引入了 GPnP 服务及其配置文件。

就像初始化参数文件 spfile 在数据库启动阶段提供初始化和引导信息一样，GPnP 配置文件包含了集群启动所需的引导信息，而且该文件在集群的每个节点都有一份。一般 GPnP 配置文件默认存储在 $CRS_HOME/gpnp/profiles/peer/profile.xml 中，是 XML 格式的文件。该文件被 gpnpd 进程管理并存放在每个节点的 gpnpd 缓存中。因为该文件通过配置文件签名来维护与其他节点的一致性，所以建议不要对该文件进行编辑。

在集群启动阶段，存储在 ASM 的表决磁盘、OCR、spfile 等文件的查找定位过程如下。

1）访问表决磁盘。GPnP 配置文件中记录了存储表决磁盘文件的磁盘组名称和磁盘组所对应的发现字符串。当 CSS 启动时，会使用该字符串扫描各个磁盘组来找到包含表决磁盘的磁盘信息，然后 CSS 会直接读取表决磁盘文件。也就是说，CSS 独立于 ASM，能够在 ASM 启动之前发现表决磁盘。因此，就算 ASM 实例关闭，CSS 照样可以继续访问表决磁盘而不会出现中断。要查询 GPnP 配置文件，可以使用 Oracle 提供的 gpnptool 工具，具体如下。

```
$ gpnptool get
<orcl:CSS-Profile id="css" DiscoveryString="+asm" LeaseDuration="400"/><orcl:ASM-
    Profile id="asm" DiscoveryString="/dev/mapper/hdisk*" SPFile="+OCR1/cr-db-
    cluster/asmparameterfile/registry.253.868483625"/>
```

2）ASM spfile 文件的存储位置记录在磁盘头中。该磁盘头中就包含了 spfile 数据，一般占用一个 AU，其处理逻辑与 CSS 类似。ASM 通过 GPnP 文件找到该参数文件并完成引导过程。

3）OCR 文件被当成一个普通的 ASM 文件进行存储。ASM 实例一旦启动，就会挂载 CRSd 所需的磁盘组。

ASM 磁盘组拥有强大的自解释性，甚至不启动 ASM 实例也能根据磁盘组的信息读取其内容。除此之外，集群的另一个关键点就是集群之间的高效同步机制，而这个任务将由CSS 进程来完成。CSS 进程在 ASM 实例没有启动的前提下也能根据磁盘路径解读 ASM 磁盘组中信息。这里的关键点还是 ASM 磁盘文件头。在 ASM 中，文件编号是从 1 开始的。其中 1 至 255 号文件都是元数据文件，256 号之后的是其他各种数据文件。1 号文件包含了所有文件的磁盘占用信息。因此启动阶段 CSS 所需扫描的范围也不大。

11.2.2 集群的启动顺序

有了以上技术基础后，接下来我们更进一步细化集群的启动步骤。具体如下。

1）OHASd 进程维护资源之间的依赖关系，也是每个集群节点首要启动的进程。

2）OHASd 进程启动后衍生出 GPnP 进程。gpnpd 守护进程被启动后开始读取本地节点的 GPnP profile，之后与远程节点的 gpnpd 守护进程通信，以便获得集群中最新的 GPnP profile 信息。gpnpd 启动完毕，向本地节点的其他集群初始化资源提供 GPnP profile 服务。这样每个节点都能知道表决磁盘、ASM spfile 和 OCR 的位置。

3）cssdagent 代理进程启动 ocssd.bin 守护进程，也就是说 CSS 服务开始启动。CSS 在初始化过程中执行 ASM 磁盘发现操作以定位表决磁盘。一旦表决磁盘和 OCR 定位成功，CSS 进程的初始化就能顺利完成。CSS 根据表决磁盘中集群节点的状态信息保证各节点状态的一致性。

4）cssdmonitor 守护进程启动，并开始监控 ocssd.bin 守护进程的状态。

5）oraagent 代理进程启动 ora.asm 进程，ASM 根据 GPnP profile 的 spfile 信息进行初始化，并在启动后挂载各数据磁盘组。

6）orarootagent 代理进程启动 ora.crsd 进程，因为 OCR 以普通数据文件的方式保存，只有 ASM 启动并挂载磁盘组成功后才能被读取和打开。这些过程如图 11-9 所示。

启动了 OHASd 进程但还没启动 CSSd 进程阶段的集群初始化过程也能进一步展开说明。具体步骤如下。

1）mdnsd 守护进程被启动，并启动 mDNS 服务，以便 gpnpd 能够通过 mDNS 在节点之间传输 GPnP profile 文件。

2）gpnpd 守护进程被启动，gpnpd 开始读取本地节点的 GPnP profile，之后与远程节点的 gpnpd 守护进程通信，以便获得集群中最新的 GPnP profile 信息。

3）gpnpd 启动完毕，向本地节点的其他集群初始化资源提供 GPnP profile 服务。

4）gipcd 守护进程被启动，从 gpnpd 守护进程获得集群的私网信息，并与远程节点的gpipcd 守护进程通信，建立节点间私网。

5）cssdagent 代理进程启动 ocssd.bin 守护进程。

6）cssdmonitor 守护进程启动，并开始监控 ocssd.bin 守护进程的状态。

在整个过程中，可能导致集群的初始化过程无法成功的主要原因如下。

1）集群中有其他的 mDNS 软件运行，这会导致 GI 的 mdnsd，服务无法正常工作。

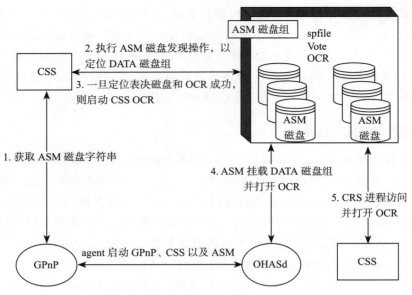

图 11-9　集群的启动顺序

2）GPnP profile 文件中的信息出现错误，这会导致集群的初始化过程无法完成。

3）节点之间的网络通信存在问题，这会导致 GPnP profile 无法正常传输。

4）GPnP 的一些线程被挂起，这会导致 gpnpd 守护进程无法成功完成启动任务。

5）集群的私网网卡出现问题，这会导致 gipcd 无法和其他节点的 gipcd 进行通信或者集群没有可用的私网进行通信。

6）gipcd 存在问题，这会导致它错误地认为集群私网网卡存在问题。

7）以上守护进程的套接字文件丢失。

针对初始化失败原因的进一步诊断，可以通过查看相关进程日志进行。例如，gpnpd 进程日志位于 <GRID_HOME>/log/<host>/gpnpd 中，gipcd 进程的日志位于 <GRID_HOME>/log/<host>/gipcd 中，mdnsd 进程日志位于 <GRID_HOME>/log/<host>/mdnsd 中，等。

11.2.3　集群进程的日志

Oracle Clusterware 的辅助诊断要通过日志和跟踪文件进行，而它的日志体系比较复杂。Oracle 11g R2 版本之前的各类日志目录结构如图 11-10 所示。

alert<nodename>.log 集群警告日志文件 $ORA_CRS_HOME/log/hostname/alert<nodename>.log，这是首选的日志查看文件。Clusterware 后台进程有以下几个日志。

❏ crsd.log：$ORA_CRS_HOME/log/hostname/crsd/crsd.log

❏ ocssd.log：$ORA_CRS_HOME/log/hostname/cssd/ocsd.log

❏ evmd.log：$ORA_CRS_HOME/log/hostname/evmd/evmd.log

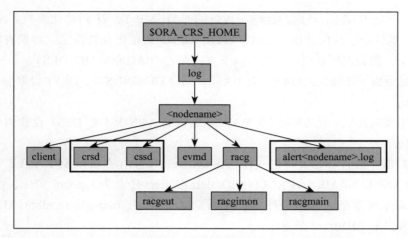

图 11-10 Oracle 11g R2 版本之前的各类日志目录结构

nodeapp 日志位于 $ORA_CRS_HOME/log/hostname/racg/ 目录下，其中存放的 nodeapp 日志包括 ONS 和 VIP，如 ora.Rac1.ons.Log 等。

以 Solaris 环境的 Oracle 10g 为例，日志内容具体如下。

```
bash-3.00$ cat .profile
ORA_CRS_HOME=/oracle/product/10.2/crs
ORACLE_HOME=/oracle/product/10.2/database
…
bash-3.00$ cd /oracle/product/10.2/crs
bash-3.00$ ls log/dbserv1/
admin    alertdbserv1.log   client   crsd    cssd    evmd    racg
```

Clusterware 后台进程日志位置的示例如下。

```
bash-3.00$ pwd
/oracle/product/10.2/crs
bash-3.00$ cd  log/dbserv1/crsd/
bash-3.00$ ls
crsd.log
bash-3.00$ cd ../cssd/
bash-3.00$ ls
dbserv1.pid  oclsmon        ocssd.101     ocssd.103     ocssd.105     ocssd.107
    ocssd.109   ocssd.log
cssdOUT.log  oclsomon       ocssd.102     ocssd.104     ocssd.106     ocssd.108
    ocssd.110
```

nodeapp 日志位置的示例如下。

```
bash-3.00$ cd ../racg/
bash-3.00$ ls
ora.dbserv.db.log      ora.dbserv1.ons.log   ora.dbserv1.vip.log   ora.dbserv2.vip.
    log  racgeut                racgevtf                racgmain
```

Oracle 从 11g R1 版本开始，忽略了传统的 *_DUMP_DEST 初始化参数。ADR 根目录又称为 ADR 基目录，其位置由 DIAGNOSTIC_DEST 初始化参数设定。如果省略此参数或将其保留为空，则数据库在启动时将按以下方式设置 DIAGNOSTIC_DEST。

❑ 如果已设置了环境变量 ORACLE_BASE，则将 DIAGNOSTIC_DEST 设置为 $ORACLE_BASE。

❑ 如果未设置环境变量 ORACLE_BASE，则将 DIAGNOSTIC_DEST 设置为 $ORACLE_HOME/log。

同样，数据库警告日志文件也一样，在 Oracle 11g 中，在目录 $ORACLE_BASE/diag/rdbms/$INSTANCE_NAME/$ORACLE_SID/alert 中 alert 日志为 log.xml 文件，该文件不是文本文件。原来文本格式的警告日志被放到了 $ORACLE_BASE/diag/rdbms/$INSTANCE_NAME/$ORACLE_SID/trace 目录中。

Oracle 自 11g R2 版本开始引入 grid 用户，并将原来 ORA_CRS_HOME 命名格式改为 GRID_HOME 命名格式，因此其日志目录结构如图 11-11 所示。

```
Important files to review:
  ● Clusterware alert log in <GRID_HOME>/log/<nodename>
  ● The cssdagent log(s) in <GRID_HOME>/log/<nodename>/agent/ohasd/oracssdagent_root
  ● The cssdmonitor log(s) in <GRID_HOME>/log/<nodename>/agent/ohasd/oracssdmonitor_root
  ● The ocssd log(s) in <GRID_HOME>/log/<nodename>/cssd
  ● The lastgasp log(s) in /etc/oracle/lastgasp or /var/opt/oracle/lastgasp
  ● IPD/OS or OS Watcher data
  ● 'opatch lsinventory -detail' output for the GRID home
  ● *Messages files:
```

图 11-11　Oracle 11g R2 引入的 grid 用户目录结构

```
    [grid@servdb1 ~ ]$ cat .bash_profile
ORACLE_BASE=/u01/app/11.2.0/grid_base;
ORACLE_HOME=/u01/app/11.2.0/grid_home;
...
cd /u01/app/11.2.0/grid_home/
[grid@servdb1 grid_home]$ ls log/servdb1/
acfs     acfsrepl     acfssec agent  client  crfmond  cssd   cvu      evmd
    gnsd  mdnsd  racg   acfslog  acfsreplroot  admin   alertservdb1.log
    crflogd  crsd   ctssd diskmon gipcd gpnpd ohasd srvm
```

这里首要查看的就是 alert<nodename>.log 日志。就像数据库的警告日志记录着数据库中发生的各类事件一样，集群日志文件 alert<nodename>.log 中也记录着集群近期发生的各类事件及报错信息，并且会提供更详细的日志位置信息。因此，对该日志文件需要定期查看并按时排查其中存在的问题。

```
$cd log/servdb1
[grid@servdb1 servdb1]$ tail -100lf alertservdb1.log
```

```
[cssd(9055)]CRS-1605:CSSD 表决文件联机：ORCL:CRS_DISK3；详细资料见 /u01/app/11.2.0/
    grid_home/log/servdb1/cssd/ocssd.log。
2020-05-09 16:49:28.738
  ...
2020-05-09 16:50:01.221
[/u01/app/11.2.0/grid_home/bin/oraagent.bin(8944)]CRS-5011：检查资源 +ASM 失败：详
    细资料见 "(:CLSN00006:)" （位于 "/u01/app/11.2.0/grid_home/log/servdb1/agent/
    ohasd/oraagent_grid/oraagent_grid.log"）
2020-05-09 16:50:21.750
[crsd(9995)]CRS-1012：已在节点 servdb1 上启动 OCR 服务。
2020-05-09 16:50:21.917
[evmd(9261)]CRS-1401：已在节点 servdb1 上启动 EVMD。
2020-05-09 16:50:23.584
[crsd(9995)]CRS-1201：已在节点 servdb1 上启动 CRSD。
2020-05-09 16:50:25.607
...
```

CSSD 进程日志也在该目录的 cssd 目录下，定期归档并以循环覆盖方式存放，具体如下。

```
[oracle@servdb1 servdb1]$ pwd
/u01/app/11.2.0/grid_home/log/servdb1
[oracle@servdb1 servdb1]$ cd cssd/
[oracle@servdb1 cssd]$ ll
-rw-rw-r-- 1 grid oinstall  1502149 05-09 16:49 cssdOUT.log
-rw-r--r-- 1 grid oinstall 52482015 05-10 20:05 ocssd.101
-rw-r--r-- 1 grid oinstall 52953608 04-28 20:53 ocssd.102
-rw-r--r-- 1 grid oinstall 52925430 04-15 23:01 ocssd.103
-rw-r--r-- 1 grid oinstall 52907823 04-03 19:51 ocssd.104
-rw-r--r-- 1 grid oinstall 52942097 03-23 04:50 ocssd.105
-rw-r--r-- 1 grid oinstall 52886008 03-11 10:59 ocssd.106
-rw-r--r-- 1 grid oinstall 52517448 02-29 20:35 ocssd.107
-rw-r--r-- 1 grid oinstall 52940496 02-19 04:48 ocssd.108
-rw-r--r-- 1 grid oinstall 52943464 02-07 12:33 ocssd.109
-rw-r--r-- 1 grid oinstall 52943296 01-26 17:12 ocssd.110
-rw-r--r-- 1 grid oinstall  3067280 05-11 12:42 ocssd.log
```

从上面的代码可以看出，历史归档日志大小每次达到 512MB 的时候就会生成新的日志文件，并且归档文件后面会带有数字。最新的日志大小超过 3MB 且后缀为 ".log"，这就是当前日志。

在 Oracle 集群或数据库中，如果不定期清理日志，日志文件就会不断增加，就会对系统性能带来负面影响。比如，监听日志太大会导致一些数据库链接问题。

接下来讨论一下 agent 进程的日志文件目录结构，其目录及命名格式如下。

```
<GRID_HOME>/log/<hostname>/agent/ohasd/orarootagent_root/orarootagent_root.log
```

如果多个资源由同一个 agent 进程来管理，那么同一个 agent 日志文件可以包含多个资源的日志信息。如果代理进程崩溃，就将进程日志写入一个核心文件，如下。

```
<GRID_HOME>/log/<hostname>/agent/{ohasd|crsd}/<agentname>_<owner>
```

下面为 Linux 环境下的 Oracle 11g R2 的目录结构。

```
[grid@servdb1 grid_home]$ cd $GRID_HOM/log/servdb1/agent/ohasd/
[grid@servdb1 ohasd]$ ll
drwxr-xr-t 2 grid oinstall  4096 05-10 00:09 oraagent_grid
drwxr-xr-t 2 root root      4096 2012-08-12 oracssdagent_root
drwxr-xr-t 2 root root      4096 2012-08-12 oracssdmonitor_root
drwxr-xr-t 2 root root      4096 05-09 21:02 orarootagent_root
```

调用栈（call stack）日志将被写入如下文件里。

```
Grid_home/log/<hostname>/agent/{ohasd|crsd}/<agentname>_<owner>/<agentname>_<own
    er>OUT.log
```

调用栈其实就是一段连续的地址空间，由一个叫作 SP 的寄存器（在 32-bit 系统中叫 ESP，在 64-bit 系统中叫 RSP）指向栈顶。因为它是连续的，在使用上更接近数组而不是链表，可以访问任意元素，但进栈出栈只能在栈顶进行。Oracle 在多个进程之间进行递归调用就是借助调用栈来实现的，因此当出现异常时，错误日志会被写入 agent 日志文件里。

一般来说，agent 日志文件格式如下。

```
<timestamp>:[<component>][<threadid>]…
<timestamp>:[<component>][<threadid>][<entry point>]…
```

下面再列举几个具体的例子。

```
[grid@servdb1 ohasd]$ ls oraagent_grid/
oraagent_grid.101   oraagent_grid.103   oraagent_grid.105   oraagent_grid.107
    oraagent_grid.109 oraagent_grid.log      oraagent_grid.pid
oraagent_grid.102   oraagent_grid.104   oraagent_grid.106   oraagent_grid.108
    oraagent_grid.110 oraagent_gridOUT.log
[grid@servdb1 ohasd]$ ls oracssdagent_root/
oracssdagent_root.log
[grid@servdb1 ohasd]$ ls oracssdmonitor_root/
oracssdmonitor_root.log
[grid@servdb1 ohasd]$ ls orarootagent_root/
orarootagent_root.101   orarootagent_root.104   orarootagent_root.107
    orarootagent_root.110   orarootagent_root.pid
orarootagent_root.102   orarootagent_root.105   orarootagent_root.108
    orarootagent_root.log
orarootagent_root.103   orarootagent_root.106   orarootagent_root.109
    orarootagent_rootOUT.log
[grid@servdb1 ohasd]$
```

11.2.4 关闭及启动 RAC 集群

可以把 Oracle GI 的启动过程分成 3 个阶段：OHASd 阶段、构建集群阶段和启动资源阶段。接下来，在具有两个节点的 RAC 环境下，以关闭其中一个节点的操作为例，对 RAC

集群的关闭过程进行说明。RAC 关闭的合理顺序具体如下。

1）停止各节点的监听服务。

2）关闭数据库（实例）。

3）关闭节点集群服务。

4）关闭服务器。假设只需要关闭单节点 1，则正确的操作步骤为：停止节点 1 的监听服务→关闭数据库（实例）→关闭节点集群服务 CRS →关闭服务器

在如下的案例中，crsctl 命令均使用 root 用户身份执行，如果 root 用户环境变量没有进行 path 路径配置，则需要进入正确的目录后才能执行命令。

```
[root@dbts-rac1 ~ ]# which crsctl
/oracle/app/11.2.0/grid/bin/crsctl
```

1）先检查集群的运行状态，命令为 crs_stat -t -v 或者 crsctl stat res -t。Oracle 从 12c 版本开始已经不支持 crs_stat -t -v 命令，只能使用 crsctl stat res -t 命令。

```
[root@dbts-rac1 ~ ]# crsctl stat res -t
```

2）停止节点 1 的监听服务（以 oracle 用户权限操作）。

```
[oracle@dbts-rac2 ~ ]$ srvctl stop listener -n dbts-rac1
```

或者，登录节点 1 的服务器，在本地用 lsnrctl stop listener 命令。

停止后查看状态信息如下。

```
[oracle@dbts-rac1 ~ ]$ srvctl status listener -n dbts-rac1
Listener LISTENER is enabled on node(s): dbts-rac1
Listener LISTENER is not running on node(s): dbts-rac1
```

再或者，在本机使用 lsnrctl status 命令。

3）检查实例运行状态，以实例 dbts 为例进行说明。

本案例中 db_unique_name 为 dbts，检查方式如下。

```
SYS@dbts2> show parameter unique
```

查看两节点上数据库的实例运行状态。

```
[oracle@dbts-rac1 ~ ]$ srvctl status database -d dbts
Instance dbts1 is running on node dbts-rac1
Instance dbts2 is running on node dbts-rac2
```

关闭节点 1 上的实例，可以使用以下 3 种方式。

❑ 方式 1：指定实例名称 dbts1。

```
[oracle@dbts-rac1 ~ ]$ srvctl stop instance -d dbts -i dbts1 -o immediate
```

❑ 方式 2：指定节点名称 dbts-rac1。

```
[oracle@dbts-rac1 ~ ]$ srvctl stop instance -d dbts -n dbts-rac1 -o immediate
```

❑ 方式 3：直接登录节点 1 的实例（oracle 用户）执行关闭命令。

```
$sqlplus / as sysdba
SQL>shutdown immediate
```

查看实例状态，发现节点 1 上的实例已经关闭。

```
[oracle@dbts-rac2 dbs]$ srvctl status database -d dbts
Instance dbts1 is not running on node dbts-rac1
Instance dbts2 is running on node dbts-rac2
```

4）检查集群运行状态。

方式 1：检查本节点的集群运行状态。

```
[root@dbts-rac1 ~ ]# crsctl check crs
CRS-4638: Oracle High Availability Services is online
CRS-4537: Cluster Ready Services is online
CRS-4529: Cluster Synchronization Services is online
CRS-4533: Event Manager is online
```

方式 2：检查所有节点的集群运行状态。

```
[root@dbts-rac1 ~ ]# crsctl check cluster —all
**************************************************************
dbts-rac1:
CRS-4537: Cluster Ready Services is online
CRS-4529: Cluster Synchronization Services is online
CRS-4533: Event Manager is online
**************************************************************
dbts-rac2:
CRS-4537: Cluster Ready Services is online
CRS-4529: Cluster Synchronization Services is online
CRS-4533: Event Manager is online
**************************************************************
```

5）停止节点 1 的集群服务。

```
[root@dbts-rac1 ~ ]# crsctl stop crs
[root@dbts-rac1 ~ ]# crsctl check has
CRS-4639: Could not contact Oracle High Availability Services
```

查看 has 服务是否配置为开机自动启动（可选）。

```
[root@dbts-rac1 ~ ]# crsctl config has
CRS-4622: Oracle High Availability Services autostart is enabled.
```

这里可以先设置 has 为开机不可用，后续再开启 has，也可以关闭 has。

配置 has 开机不可用的目的在于，重启服务器后避免其自动启动。因此，该步骤也是根据需求而配置的，日常关闭流程不需要执行（可选）。

```
[root@dbts-rac1 ~ ]# crsctl disable has
CRS-4621: Oracle High Availability Services autostart is disabled.
```

此时节点 1 上的集群成功停止，再次检查节点 1 的集群状态，如下。

```
[root@dbts-rac1 ~ ]# crsctl check cluster -all
CRS-4639: Could not contact Oracle High Availability Services
CRS-4000: Command Check failed, or completed with errors.
```

或使用如下方式。

```
[root@dbts-rac1 ~ ]# crsctl check has
CRS-4639: Could not contact Oracle High Availability Services
```

从这里可以看到，节点 1 上的集群已经停止了，crsctl 命令已经不能使用。此刻在节点 2 上查看集群状态，如下所示。

```
[root@dbts-rac2 ~ ]# crsctl check crs
CRS-4638: Oracle High Availability Services is online
CRS-4537: Cluster Ready Services is online
CRS-4529: Cluster Synchronization Services is online
CRS-4533: Event Manager is online
```

以"查看集群所有资源"的方式查看集群状态，如下所示。

```
[root@dbts-rac2 ~ ]# crsctl check cluster -all
**************************************************************
dbts-rac2:
CRS-4537: Cluster Ready Services is online
CRS-4529: Cluster Synchronization Services is online
CRS-4533: Event Manager is online
**************************************************************
```

可以看到，节点 2 上的集群处于正常运行状态。对比关闭之前的输出结果，通过 crsctl check cluster -all 命令已经看不到节点 1 的运行信息。使用以下命令可以查看节点 2 上的集群接管的所有服务，原本节点 1 上的服务处于 offline 状态。

```
[root@dbts-rac2 ~ ]# crsctl status res -t
```

在节点 2 上查看集群服务，可以看到节点 1 上的相关服务也已经关闭，VIP 也已经切换至节点 2。这就说明通过以上步骤，节点 1 的集群已经正常关闭。

6）启动节点 1 的集群服务。

关闭后需要重新启动，可使用 #crsctl start crs 命令，在节点 1 上以 root 用户身份操作。

```
[root@dbts-rac1 ~ ]# crsctl start crs
CRS-4123: Oracle High Availability Services has been started
…
[root@dbts-rac1 ~ ]# crsctl check crs
CRS-4638: Oracle High Availability Services is online
```

```
CRS-4535: Cannot communicate with Cluster Ready Services
CRS-4530: Communications failure contacting Cluster Synchronization Services
    daemon
CRS-4534: Cannot communicate with Event Manager
[root@dbts-rac1 ~ ]# crsctl check cluster -all
******************************************************************
dbts-rac1:
CRS-4535: Cannot communicate with Cluster Ready Services
CRS-4530: Communications failure contacting Cluster Synchronization Services
    daemon
CRS-4534: Cannot communicate with Event Manager
******************************************************************
dbts-rac2:
CRS-4537: Cluster Ready Services is online
CRS-4529: Cluster Synchronization Services is online
CRS-4533: Event Manager is online
******************************************************************
```

在以上状态查询中为什么会出现上述的 CRS 集群检查错误？这是因为 CRS 集群还没有完成启动，集群的启动需要等待一定的时间（1min 左右）。1min 后，再次检查集群状态，如下所示。

```
[root@dbts-rac1 ~ ]# crsctl check cluster -all
******************************************************************
dbts-rac1:
CRS-4537: Cluster Ready Services is online
CRS-4529: Cluster Synchronization Services is online
CRS-4533: Event Manager is online
******************************************************************
dbts-rac2:
CRS-4537: Cluster Ready Services is online
CRS-4529: Cluster Synchronization Services is online
CRS-4533: Event Manager is online
******************************************************************
```

11.3 Oracle RAC

集群解决了一组服务器（或节点）之间同步协调以及为这些服务器提供共享存储的问题。数据库管理系统将集群作为基础，还需要解决并发访问控制、数据一致性、备份恢复等方面的一系列问题。Oracle 的 RAC 通过缓存融合等技术巧妙地解决了多台服务器之间的数据一致性和它们之间的网络流量的最小化目标。

11.3.1 RAC 文件结构

RAC 数据库中的多个实例能够同时访问数据库，所有的数据文件和控制文件必须保存在共享磁盘上。虽然参数文件和日志文件并不强制要求必须被放到共享磁盘中，但从不同节点参数一致性和备份恢复方便性的角度考虑,一般还是放到共享磁盘中,并且要求能被所有节点同时访问,这就涉及裸设备和集群文件系统等。

　　RAC 数据库在结构上与单实例的不同之处在于 RAC 数据库至少为每个实例多配置一个 Redo 线程。比如,两个实例组成的集群至少要 4 个 Redo Log Group,每个实例分别要两个 Redo Group。另外,每个实例都需要一个 UNDO 表空间,具体如图 11-12 所示。

　　❑ 重做和回滚日志会在每个实例修改数据库时单独使用,各自锁定自己修改的数据,使不同实例的操作相对独立,这就避免了数据不一致的问题。当进行备份或者恢复时,重做日志和归档日志需要满足从各节点都能访问(读取)的需求。这也是将重做日志文件和归档日志统一放到共享存储中的原因。

　　❑ 各个节点的实例都有自己的内存结构和进程结构。内存和进程各节点之间的结构基本上是相同的。通过缓存融合技术,RAC 在各个节点之间同步 SGA 中的缓存信息,以达到提高访问速度的效果,同时保证了数据的一致性。

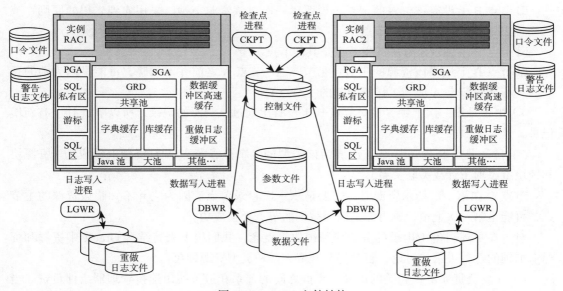

图 11-12　RAC 文件结构

11.3.2　Oracle 分布式锁(DLM)

　　Oracle RAC 的缓存融合技术在多个实例节点操作相关联数据块时,需要对数据块上锁,因此就需要一个高性能分布式锁的组件。Oracle RAC 的分布式锁参考了 20 世纪 80 年代 DEC 公司的 VAX/VMS 分布式操作系统中锁的设计。

　　DLM 是分布式锁管理器(Distribute Lock Manager)的简称,也能理解为去中心化锁管理器。因为在 Oracle 中使用的 DLM 是去中心化的设计,所有的节点是对等的,每个节点都只存储了一部分锁信息。一个锁涉及如下 3 个角色。

❑ 请求者节点（Requester node）：发起上锁请求的节点。

❑ 目录节点（Directory node）：该锁的目录节点。

❑ 主节点（Master node）：该锁内容的维护节点。

在 DLM 中，一个锁的信息有两个副本：一个称为 Master，是这个锁的真正管理者，维护该锁的 2 个队列以及状态；另一个称为 Shadown，存在于请求者本地的一个结构，维护当前节点上的锁以及锁的模式等。

通过一个例子来说明上锁的数据流。假设有 3 个节点，分别为 A、B、C。节点 A 对资源上锁的步骤如下。

1）在本地构建资源和锁（Root-Lock）的相关结构：资源块（Resource Block）和锁块（Lock Block）。

2）对资源唯一标识符（资源 ID）进行哈希计算，找到目录节点 B。

3）向目录节点 B 询问该资源的锁的主节点是哪个节点，有以下 3 种情况。

❑ 节点 B 上没有该资源的记录，说明第一次对该资源上锁，采用先到先得的原则，节点 A 成为该资源的主节点。

❑ 节点 B 上记录该资源的主节点是其他节点。

❑ 节点 B 上记录该资源的主节点是节点 A（节点 A 之前并不知晓，可能是因为锁的迁移导致节点 A 成为了该资源新的主节点）。

4）由于是第一次上锁，目录节点 B 上没有出现过该资源的记录，所以节点 B 上有新增记录。

5）目录节点 B 告知节点 A 已成为该资源的主节点，节点 A 对资源上锁成功（资源块和锁块上添加指针或关联关系）。

节点 C 在第一次请求资源时，需要请求一次目录节点。因为它并不知晓该资源的主节点，可能是第一次上锁，也可能是已经被别的节点上锁成功。

对于在上述讨论中出现的资源块和锁块等概念，我们接下来将结合 Oracle 中资源和资源上加锁的过程进一步讨论，暂时将其理解为两种类型资源即可。

DLM 只负责完成锁相关的语义，集群之间的关系和上下线由连接管理器组件负责。当发生网络分区时，连接管理器通过表决算法选举出一个最大的联通的节点集合，然后由 DLM 完成节点之间关系的变更。连接管理器的另一个作用是提供 DLM 各个节点间的虚拟网络链路。因此，连接管理器的实现思想是在每个运行 DLM 进程的节点上运行一个连接管理器进程，负责监控 DLM 相关进程状态、网络分区情况和网络转发功能等，保证消息按序达到，减少或平衡总的连接数。

Oracle RAC 在 DLM 上积累了很多优化的方法，在节点数目变更时使用主节点迁移的方法，优化了目录节点（引入 GRD）和主节点的关系，引入了 GCS 和 GES 服务等。虽然本节未对相关概念和术语进行进一步解释，但掌握了分布式锁实现的基本思想之后，接下来我们讨论这些概念在 Oracle RAC 中的改造和实现。

11.3.3 Oracle 资源及加锁

Oracle 中有许多资源，如表、文件、表空间、数据块、并行执行从属进程和重做线程等。为了利用一种标准方式来处理不同类型的资源，Oracle 在 SGA 中保存了一个数组（实际上类似 C 语言中的结构体数组）。可以通过 x$ksksqrs 和 v$resource 来查看数组内容，数组中的每个元素（每行记录）用来表示一个资源。数组中的关键共用列（字段）对应于 v$lock 视图中的 TYPE、ID1、ID2 等列。TYPE 有 TM、TX 两种类型，TX 为行级锁（事务锁），TM 锁为表级锁。TYPE、ID1、ID2 这 3 个列的具体含义如表 11-1 所示。

表 11-1 v$lock 视图中 TYPE、ID1、ID2 的含义

TYPE	ID1	ID2
TM	被修改表的标识（object_id）	0
TX	以十进制数值表示该事务所占用的回滚段号以及该事务在该回滚段的事务表中所占用的槽号，其组成形式为 0xRRRRSSSS（RRRR = RBS number, SSSS = slot）	以十进制数值表示环绕次数，即该槽被重用的次数

结果如下查询所示，当 TYPE 为 TM 时，6718 为对象 ID 号。

```
SQL> select type,id1,id2 from v$lock;
TYPE       ID1        ID2
----  ----------  ----------
TX        65572         56
TM         6718          0
SQL> select object_id from DBA_OBJECTS WHERE object_name='TEST';
 OBJECT_ID
----------
      6718
```

当 TYPE 为 TX 时，65572 通过以下换算方式得到回滚段号和回滚段所占用的事物槽号。

```
SQL> select trunc(65572/65536),mod(65572,65536) from dual;
TRUNC(65572/65536) MOD(65572,65536)
------------------ ----------------
                 1               36
```

通过以上例子可以看出，一旦我们在内存中拥有了一个表示特定资源的对象，就可以附加一些内容来表示哪个会话想要使用该资源，以及它们在使用过程中想要对资源做什么限制。在对资源的限制方面，Oracle 使用若干数组结构来实现这些操作，其中最常用的结构有 x$ksqeq（常规排队）、x$ktqdm（表/DML 锁）和 x$ktcxb（事务），还有其他更多结构。对于资源表示及其加锁的实现，每个结构中有一个列 ksqlkses，它是正在锁定资源的会话地址，间接表现为 v$lock 的 SID（会话 ID）列；还有一个列 ksqlkres，它是正在锁定的资源地址，间接表现为 TYPE、ID1、ID2 列。

有了以上表示资源和锁队列的内存结构之后，当我们想要保护一项资源的时候，就从 x$ksqrs 中获取一行，并把该行标记成资源，再从 x$ksqeq 中获取一行，设置加锁模式，然

后将其链接到 x$ksqrs 中的那一行即可。当然，还有许多其他细节需要考虑，但基本思想与此类似，此处不再展开讨论。

知道了 Oracle 在单节点实例中表示资源及其加锁的方法之后，来看看 Oracle RAC 中的扩展思路。在 RAC 中生成更多的资源，不仅需要在单个节点实例内的一种机制来锁住（或排队）这些资源，还要在多个节点上的实例之间都能读取和操作。这将引入 v$dlm_ress（分布式锁管理器资源）和 v$ges_enqueue（全局队列服务）两个视图，以及 GRD 的策略。这里 GRD 相当于 10.3.2 节分布式锁管理所介绍的目录节点的角色。

Oracle 必须要处理 GRD 中的两个主要问题：首先，它必须要覆盖大量的对象；其次，我们有多个节点上的实例，并且需要考虑复制锁信息到每个节点上的问题，这会在节点之间产生大量的信息传递。对此，Oracle 采取了这样一种方法：不需要复制相同的 GRD 到每个实例，而在集群的所有实例间共享相同的一份拷贝。共享这些资源的方法非常灵活，接下来我们将进一步讨论。

11.3.4　全局资源目录

全局资源目录，即 GRD 实际上是保存和组织与缓存融合相关的所有资源的一种方式，而且每个数据实例都包含 GRD 的信息，所有实例的缓存融合信息构成整个的 GRD。GRD 中的资源需要能被多个实例同时访问，这就需要一个协调者记录对应资源上的锁信息，并负责协调资源的申请，它就是主节点，集群中的每个节点都可能是主节点。这种去中心化分布式的主节点的好处在于高可用型工作负载，缺点是主节点消息的通信量比较大。可以通过如下查询查看其内容。

```
select BYTES NAME POOL from v$sgastat
where name like '%gcs%' name like '%ges%' order by name
```

GRD 基于哈希计算分布的元数据集用来描述 Oracle RAC 数据库服务器中数据块的状态、属主信息以及数据块内部和自身的锁信息。GRD 分布在所有实例的共享池中，每个实例维护 GRD 的一部分。所有实例维护的 GRD 合起来形成哈希分布式的整体集。既然 GRD 是分布式的整体，那么对于一个数据块而言，管理该数据块的状态和属主信息以及数据块锁信息的实例只有一个。这个实例就被称作为该数据块（或资源）的主实例。Oracle 这样做是为了将数据块状态和属主等信息均衡地哈希分布在不同实例上。

当一个实例第一次读取数据块时，它还属于本地角色，也就是说集群中没有其他实例拥有该块的副本，处于这种状态的块称为当前状态（XI）。这个块在内存中的行为类似于任何单实例（非 RAC）环境。不同的是，在 RAC 环境下 GCS 会跟踪该块（即使该块在本地角色下）。实例中的多个事务（本地实例中的多个事务）可以访问这些数据块，但是它的角色不会从本地变为全局类型。一旦另一个实例请求了相同的块，那么 GCS 进程将更新 GRD，将数据块的角色从本地更改为全局。

当请求其他节点传送数据块时，其影响取决于究竟是块的一致性读拷贝还是当前块。如果想要的是块的当前版本，则其他的节点就必须以独占模式钉住相应缓冲区并将日志缓冲区的当前内容刷出到磁盘，之后再传送块。该事件可以从系统统计量 gc current block pin time 和 gc current block flush time 看出。一旦其他节点将块传送给了我们，它的缓冲区的拷贝就不再是当前块（我们得到了当前块），但是要比一致性读拷贝好一点，因为它作为块的当前版本存在了一段时间，所以 Oracle 将它的状态标记为 PI（Past Image）。如果实例获得当前块之后修改了它，然后进程崩溃了，那么恢复进程就可以利用 PI 块来缩短时间。

图 11-13 显示了 GRD 的内容。GRD 包含数据块级别的信息，特别是集群中不同实例修改的块的当前（XI）和过去（PI）镜像。

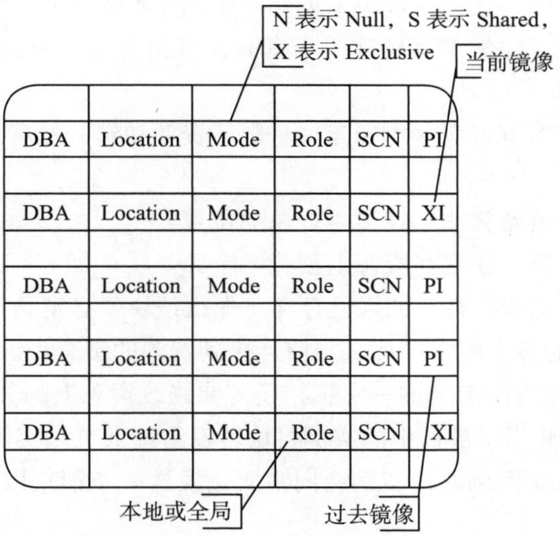

图 11-13 GRD 组成示意图

对于 RAC，缓冲区缓存中的 Buffer 以及磁盘数据文件上的块，都是分布式锁管理的对象之一，这种锁称为 "BL 锁"，单实例的数据库上没有这种类型的锁。对 Buffer 和磁盘数据文件上数据块进行修改或访问都要先得到它的主实例的 "Protected Read" 授权（简称为 PR 授权，锁状态为 KJUSERPR）。PR 授权就是获得 BL 锁的过程，BL 锁和被其锁住的信息合在一起就是一个 BL 锁资源。下面列出查看 BL 锁和 PR 请求的 SQL 语句。

```
Select * from v$ges_resource where resource_name like '%BL%';
Select * from v$ges_enqueue where resource_name like '%BL%';
```

11.3.5 RAC 数据块读取

RAC 集群中的每台物理服务器均对应一个数据库实例，每个实例都有自己的 SGA，所有实例的缓存组合在一起就形成了缓存融合技术。由于每个实例之间的集群中存在高速互联网络，每个实例都使用高速互联网络连接到统一集群中的其他实例，这样就可以在两个或更多服务器之间共享内存。高速互联网络的引入实现了高速缓存的共享。

当 RAC 实例从磁盘读入块到内存时，它必须创建一个表示这个块状态的资源。因此，一个实例从磁盘读入块之前，根据块地址通过哈希算法找到相对应的资源位置，并询问这个资源的主实例即将要读取的块是否已经在其他某个实例的缓存中。如果在缓存中存在，它就能请求块的当前持有者将该块通过节点间网络发送过来。当一个进程需要访问一个或者多个块时，数据块有两种可能的读取过程。第一种可能如下。

1）根据块地址通过哈希算法计算出主资源（可以理解为 DLM 中的 Root-Block）的位置。

2）发送消息到主实例，让它在资源上创建一个锁（或队列锁，即 Enqueue Lock）。

3）如果资源不存在，主实例就新建一个资源，将锁连接到资源上，然后告诉请求节点实例（读取的实例）继续。

4）请求节点实例在本节点缓存中新建一个影子资源和锁，然后将块从磁盘读入内存。

第二种可能如下。

1）根据块地址通过哈希算法计算出主资源的位置。

2）发送消息到主实例，让它在资源上创建一个锁。

3）主实例判断资源是否存在。如果已存在，那么该块就必定会在集群中的某块内存中。如果块存在不同节点上的多个副本，那么当前连接到资源的锁会告诉主实例应该由哪个实例来提供这个块。主实例在资源上增加一个锁，还需要修改资源上的其他锁（这会导致向其他某些实例也发送消息），并指示被选中的实例将块转发给请求节点实例（读取的实例）。

4）当块到达请求节点实例时，实例会向主实例发送一条消息以确认传输已经完成，并创建一个影子资源和锁。

从以上读取过程可看出，当一个资源被第一次访问的时候，会对它做哈希计算得到主节点的实例编号，然后把该资源的定义信息和对应锁信息保存在主节点上。本地实例也就会保存一份资源的副本和锁信息。这样设计有利于减少分布式锁在各节点之间频繁通信所需的信息量。无论有多少实例，集群中最多有 3 个节点完成资源操作，它们分别是资源申请节点、主节点和资源持有节点。这说明 Oracle RAC 采用的分布式锁技术对我们在第 11.3.2 节所讨论的 VAX/VMS 分布式操作系统中锁的设计进行了不少改进。

11.3.6 RAC 集群并发控制

由于 Oracle RAC 要解决多个节点的并发，所以引入了 DLM 组件。在 RAC 的分布式锁管理中，以数据块作为粒度单位进行协调。根据资源数量、活动密集程度，资源可以分成两类：Cache Fusion Resource 和 Non-Cache Fusion Resource。

❑ Cache Fusion Resource 指数据块这种资源，包括普通数据块、索引数据块、段头块、UNDO 数据块。

❑ Non-Cache Fusion Resource 是所有的非数据库块资源，包括数据文件、控制文件、数据字典、库缓存、字典缓存等。

RAC 有 GCS 和 GES 两种类型的服务，它们协同 GRD 维护每个数据文件和每个缓存块的锁状态记录。

GCS 主要服务于数据块。GCS 负责维护全局缓冲区内的缓存一致性，包括数据块的状态、数据块的位置、数据块的传输等。GCS 确保一个实例在任何时刻想修改一个数据块时，都可获得一个全局锁资源，从而避免另一个实例同时修改该块的可能性。进行修改的实例将拥有块的当前版本（包括已提交和未提交的事务更改）以及块的一致性拷贝。如果另一个实例也请求该块，那么 GCS 要负责跟踪拥有该块的实例，明确拥有块的实例版本是什么以及该块处于何种模式。GCS 的这些功能具体由一个叫作 LMS 的进程来实现。

GES 跟踪所有 Oracle 队列（锁）机制的状态，它主要负责维护数据字典缓存和库缓存的一致性，维护事务并发执行的一致性。数据字典信息存储在内存中，因而在某个节点上对数据字典进行的修改（如 DDL）必须立即被传播至所有节点上的数据字段缓存中。GES 负责处理这些情况，并消除实例间出现的差异。同时，为了不影响依赖这些对象的 SQL 语句的解析，数据库内对象上的库缓存锁会被去掉。这些锁必须在实例间进行维护，而 GES 必须确保请求访问相同对象的多个实例间不会出现死锁。LMON、LCK 和 LMD 进程会联合工作来实现 GES 的功能。GES 除了负责数据块本身的维护和管理（由 GCS 完成）之外，还在 RAC 环境中负责协调节点间其他资源的重要服务。

每个节点都有自己的后台进程和内存结构，在 RAC 环境下有更多的进程来管理共享资源，这些新增的进程就是用来协调节点间缓存的一致性的，Oracle RAC 中 DLM 的构成如图 11-14 所示。

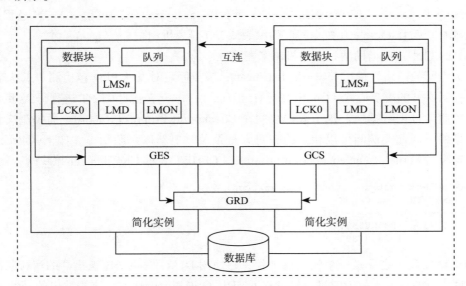

图 11-14 Oracle RAC 中 DLM 的构成

接下来我们对几个主要进程进行简要说明。

1）LMS*n* 进程对应 GCS，负责数据块在实例间的传递，是缓存融合的主要进程。这个进程的数据通过参数 GCS_SERVER_PROCESSES 来控制，默认为 2，取值范围为 0 ~ 9，以下为例。

```
[oracle@DBserver-1 ~ ]$ ps -ef |grep lms
grid       6858     1  0  2019 ?         12:56:13 asm_lms0_+ASM1
oracle     7993     1  5  2019 ?         5-14:43:43 ora_lms0_orcl1
oracle     7997     1  5  2019 ?         6-00:56:21 ora_lms1_orcl1
oracle     8001     1  5  2019 ?         5-21:24:05 ora_lms2_orcl1
oracle     8005     1  5  2019 ?         5-18:14:18 ora_lms3_orcl1
```

2）LMD 进程对应 GES，负责协调多个实例之间对数据块的访问顺序，保证数据的一致性访问。该进程和 LMS*n* 进程的 GCS 以及 GRD 共同构成 RAC 最核心的缓存融合技术。

3）LCK 进程主要负责实例锁，它主要处理在本实例层的锁（字典缓存、库缓存等），这些实例级锁的 owner、waiter 是 LCK0 进程。RAC 环境中如果本地的实例没有这个锁，那么就需要申请这个锁，前台进程的等待事件是 DFS Lock Handle。实例级别的锁是由 LCK 进程通过广播的方式进行管理的。

4）LMON 进程对应的服务是 CGS。各个实例的 LMON 进程会定期通信，以检查集群中各节点的健康状态。当某个节点出现故障时，负责集群重构、GRD 恢复等操作。

LMON 可以和下层的 Clusterware 合作，也可以单独工作。当 LMON 检测到实例级别的"脑裂"时，LMON 会选择通知下层的 Clusterware，期待借助 Clusterware 解决脑裂问题，但是 RAC 并不假设 Clusterware 肯定能够解决问题。因此，LMON 进程不会一直等待 Clusterware 层的处理结果。如果发生等待超时，LMON 进程会自动触发 IMR（Instance Membership Recovery，或 Instance Membership Reconfiguration）功能。LMON 进程提供的 IMR 功能可以看作 Oracle 在数据库层的脑裂或 I/O 隔离机制。

LMON 进程主要借助两种心跳机制来完成健康监测。

❑ 节点间的网络心跳（Network Heartbeat）：节点间定时发送 Ping 包检测节点状态。

❑ 控制文件的磁盘心跳（Controlfile Heartbeat）：每个节点的 CKPT 进程每 3s 更新一次控制文件的数据块。这个数据块叫作 Checkpoint Progress Record。而控制文件是共享的，因此实例间可以相互检查对方是否及时更新以判断状态。如下 x$kcccp 顾名思义为 kernel cache checkpoint progress，CPHBT 表示 CKPT 进程的心跳点。

```
SQL> select inst_id, cphbt from x$kcccp;
    INST_ID      CPHBT
---------- ----------
         1 1033085585
         1 1033084892
```

5）DIAG 守护进程是一个轻量级进程，它使用 DIAG 框架来监视集群的运行状况。它捕获信息，以便在发生故障时进行后续诊断。DIAG 进程会响应别的进程发出的 dump 请求，将相关的诊断信息写到 diag trace 文件中。在 RAC 上，当 global oradebug 请求被发出时，会由每个实例的 DIAG 进程打印诊断信息到 diag trace 中。

```
$ ps -ef |grep diag
grid      6842      1   0  2019 ?           06:36:30 asm_diag_+ASM1
oracle    7977      1   0  2019 ?           06:38:30 ora_diag_orcl1
```

6）ping 进程用来检查集群中各个实例间的私网通信状况。每个实例每隔几秒会发送给其他实例一些消息，这些消息会由其他实例的 Ping 进程收到。发送和接收信息花费的时间会被记录下来并判断是否正常。

```
$ ps -ef |grep ping
grid      6844      1   0  2019 ?           00:30:30 asm_ping_+ASM1
oracle    7981      1   0  2019 ?           00:28:56 ora_ping_orcl1
```

7）LMHB 进程会监控本地的 LMON、LMD、LCK0、RMS0、LMS*n* 等进程是否运行正常，以及是否被阻塞或者已经"挂起"了。

```
[oracle@DBserver-1 ~ ]$ ps -ef |grep lmhb
grid      6862      1   0  2019 ?           00:13:44 asm_lmhb_+ASM1
oracle    8011      1   0  2019 ?           00:13:40 ora_lmhb_orcl1
```

11.3.7　RAC 缓存融合技术案例

11.3.6 节介绍了 Oracle 为实现缓存融合技术而引入的各种新的服务及进程。本节我们通过 RAC 环境中读写数据块时可能经历的步骤进一步讨论缓存融合技术的原理。

（1）从磁盘中读取一个块

如图 11-15 所示，实例 C 希望读取块，这就要通过主实例 D 获得共享模式锁。

1）实例 C 的前台进程向实例 D 的 LMS 进程发送数据块请求（需要共享锁）来获得块的访问权限。

2）实例 D 通过查看 GRD 发现块从未被读取到集群中任何实例的缓冲区缓存中，并且未被锁定。实例 D 的 LMS 进程将由 PR 锁（x$kjbl 的 kjblgrant 列显示 KJUSERPR）授予实例 C，授予的锁为 sl0（Shared-Local-noPI）。

3）实例 C 将块从共享磁盘读取到它的缓冲区缓存中，假设这时块的 SCN 为 1000。

4）实例 C 在共享模式下获取该块，这时全局缓存等待事件为 gc cr grant 2-way，最后锁管理器更新 GRD。

（2）从内存中读取一个块

继续以第一个场景为例，实例 B 希望读取缓存在实例 C 缓冲区中的数据块，如图 11-16 所示。

1）实例 B 的 FG 进程向主实例 D 的 LMS 进程发送数据块请求。

2）实例 D 的 LMS 进程知道该块在实例 C 上以共享模式持有，紧接着实例 D 的 LMS 进程向实例 C 的 LMS 进程转发这个请求（gc cr grant 3-way）。

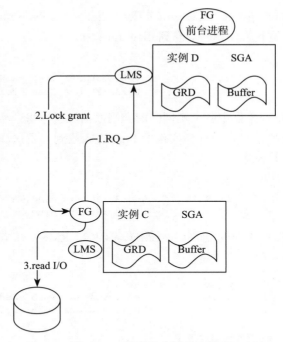

图 11-15 从磁盘中读一个块

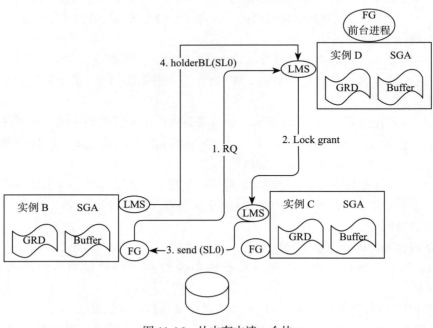

图 11-16 从内存中读一个块

3）实例 C 的 LMS 进程通过私网将块发送到实例 B 的前台进程，同时实例 C 通知实例 B 采用与实例 C 一样的锁定模式和角色，而实例 C 保留块的副本（CR Block）。

4）实例 B 向实例 D 发送一条消息，表明它现在持有该块的 SL 锁。因为这条消息对于锁管理器来说不是必要信息，所以这条消息可以异步发送。

（3）获取缓存块进行更新

在上述场景中，实例 A 想要修改实例 B 和 C 中的同一缓存块，如图 11-17 所示。

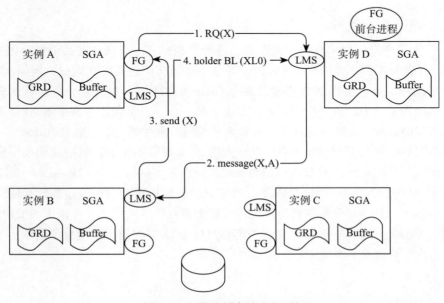

图 11-17　获取缓存块进行更新

1）实例 A 向块的主实例 D 发送独占锁请求。

2）主实例 D 知道块在实例 B 的内存中以 SCUR 模式持有，以及在实例 C 中以 CR 模式持有。这时 LM 实例 D 向共享锁持有者实例 B 发送 ping 消息。

3）实例 B 通过私网将块发送给实例 A，并且释放它持有的共享锁。块仍在实例 B 的缓冲区中以 CR 形式存在，只是所持有的锁都被释放了。

4）现在实例 A 在该块上持有独占锁，并向实例 D 发送一条消息，表明它现在持有了该块的 XL0（exclusive-LOCAL-noPI）锁。

5）实例 A 修改缓冲区缓存中的块但是未提交更改，因此块未写入磁盘，SCN 保持在 1000。

（4）获取缓存中已经被修改的块以进行更新和提交

继续上面的场景，现在实例 C 想要修改相同块的不同行。

1）实例 C 向 LM 实例 D 发送独占锁请求。

2）实例 D 知道实例 A 持有请求块的独占锁，因此实例 D 向实例 A 发送 ping 消息。

3）实例 A 通过私网将脏块发送到实例 C，并且实例 A 将锁从 XCR 降级为空。但是它会保留块的 PI 版本。在发送块之前，实例 A 必须创建一个 PI 镜像，并将块更改的任何操作条目都刷入重做日志中，实例 A 上的块模式现在是 NG1（null-GLobal-1PI）。

4）实例 C 向实例 D 发送一条消息，表明它持有的块处于独占模式。如果需要将块写入磁盘，则它必须与具有该块的过去镜像（PI）的其他实例进行协调。实例 C 负责修改块并发出提交，SCN 现在是 1001。

11.3.8 RAC 实例恢复

RAC 的实例恢复过程中有两个关键点需要特别注意。一方面，它是全自动化的，即使一个实例（或者是实例所在的机器）失败，其他节点或实例也能继续运行。例如，在上述 4 个节点的场景中，如果主实例 D 崩溃，那么 GRD 将被冻结，主实例 D 所持有的资源将重新分布在幸存的节点中，该过程称为重新平衡。另一方面，重建和重新平衡 GRD 的过程会短暂地冻结实例，并且无法知道冻结会持续多长时间，理想情况下一般只有几秒。

不同的实例之间一直保持着联络，因此如果一个实例不在了，其他实例很快就会发现这一点。此时各个正常运行的节点实例会争取优先获取实例恢复锁（IR lock），以对失败实例进行恢复。恢复工作的一部分是恢复失败实例的数据块缓存中更改过的数据块，然后回滚未提交的更改；另一部分是重新构建实例失败之前持有的主资源，并清理 GRD 中所有与失败实例相关的项；还有一部分是重新平衡 GRD，因为集群的大小发生了改变，实例用于查找资源的哈希算法便不再适用。

11.4 多租户

在第 1 章讲解 Oracle 的进程组织方案时曾经介绍过 2N 方案和"N+M"方案，Oracle 从 12c 版本开始，在容器数据库模式下采用多线索方案，主要为了在云计算环境中将数据库按租户方式提供给客户。如果按之前的专用服务器模式通过单实例或 RAC 架构方案来为每个用户分配相应的独立实例（进程和内存的组合），那么需要分配的内存资源就会太多，没法在多租户之间充分利用或共享。如果按之前的用户模式方式提供，则每个租户进行安全隔离并各管各自的租用数据库，很难实现灵活配置和独立性。

11.4.1 多租户体系结构

Oracle 12c 版本引入了容器数据库（Container Database，CDB）的概念，同时 Oracle 数据库的体系结构也发生了较大的变化。从 Oracle 12c 开始，数据库设计为多租户容器数据库或非容器数据库（non-CDB），到 Oracle 20c 时变得只支持多租户结构。容器数据库原理上与云计算领域的容器技术有很多类似之处。

接下来先介绍 Oracle 12c 的新结构，然后逐步说明这样设计及实现的思想。典型的多租户容器数据库体系结构如图 11-18 所示。

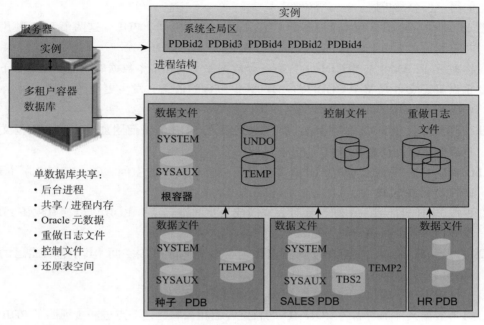

图 11-18　多租户容器数据库体系结构

CDB 由一个 CDB 根容器、唯一的种子可插拔数据库（种子 PDB）、零个或多个用户创建的可插拔数据库（PDB）以及零个或多个应用程序容器组成。整个 CDB 称为系统容器。

对于用户或应用程序而言，PDB 在逻辑上显示为单独的数据库。

CDB 根容器名为 CDB$ROOT，包含多个数据文件、控制文件、重做日志文件、闪回日志和归档的重做日志文件。其中数据文件存储了由所有 PDB 共享的元数据和普通用户（每个容器中已知的用户）信息。

种子 PDB 名为 PDB$SEED，是系统提供的 PDB 模板，其中包含可用于创建新 PDB 的多个数据文件。常规 PDB 包含多个数据文件，这些文件包含支持应用程序所需的数据和代码，如人力资源应用程序。用户仅与 PDB 交互，而不与种子 PDB 或根容器交互。在 CDB 中可以创建多个 PDB。多租户体系结构的目标之一就是使每个 PDB 与应用程序具有一对一的关系。

如果我们仔细观察就会发现，CDB 实际上对数据文件进行了再次封装。之前 Oracle 数据库通过表空间的逻辑概念来对多个数据文件做了封装，通过用户文件（Schema）来进行隔离或建立独立实例。而有了 CDB 后，在表空间的基础上，Oracle 容器数据库对数据文件进行了另一个层次的逻辑封装。在这个层次封装的数据文件的组合就是 PDB。为了 PDB 在共享实例的基础上有自己独立的用户和租户隔离特性（即元数据），在 PDB 数据库普通数据文件中增加了 system、sysaux、temp、undo 等文件。可以说，PDB 就是数据文件在表空间层次上的另一层分类扩展。

图 11-18 中显示了具有 4 个容器的 CDB：根、种子和两个 PDB。这两个 PDB 使用单个实例，并单独进行维护。

在物理级别，CDB 与非 CDB 一样有一个数据库实例和多个数据库文件，具体如下。

❑ 重做日志文件是整个 CDB 共有的。其中包含的信息有发生更改的 PDB 标识。CDB 中的所有 PDB 都共享 CDB 的 ARCHIVELOG 模式。

❑ 控制文件是整个 CDB 共有的。插入或变更的 PDB 的任何附加表空间和数据文件信息都会更新到控制文件中。

❑ Oracle 12.2 版本之前每个 CDB 实例仅有一个 UNDO 表空间，Oracle 12.2 版本开始，UNDO 可在 PDB 中。

❑ 根或 PDB 只能有一个默认临时表空间或表空间组。每个 PDB 可以拥有供该 PDB 中本地用户或公用用户使用的临时表空间。

❑ 每个容器都将自己的数据字典存储在相应的 SYSTEM 表空间（其中包含自己的元数据）和一个 SYSAUX 表空间中。

❑ 根据应用程序的需要，可以在 PDB 中创建新的表空间。

❑ 每个数据文件都与名为 CON_ID 的特定容器相关联，这一点进一步证明了 PDB 为数据文件在表空间上层的另一层封装或分类。

这些容器的信息可以通过 V$CONTAINERS 视图查看，容器 V$CONTAINERS 中有以下两种类型的容器。

1）根容器：该容器是必须的，而且是在创建 CDB 时创建的第一个容器，负责存储及管理 Oracle 系统的公用对象和元数据、公用用户和角色。

2）可插拔数据库容器（PDB）具体如下。

❑ 特定种子 PDB（模板数据库）：也叫作 PDB$SEED，用于提供新 PDB 的快速预配。

❑ 用户自定义 PDB（应用程序容器）：在非 CDB 模式下，我们通过多个用户或方案的组合来满足复杂应用，而有了 PDB 后，一个简单的应用只需一个 PDB 即可，如果是复杂的应用，则除了之前的多个用户或方案方式外，也可以采用多个 PDB 组合。因此应用程序容器可能由表空间（永久和临时）、方案 / 对象 / 权限、多个 PDB（已创建 / 已克隆 / 已移走 / 已插入）组合。应用程序容器是 CDB 中用于存储应用程序数据的 PDB 的可选集合。创建应用程序容器的目的是拥有独立的主应用程序定义。

总之，CDB 是一个包含根容器的 Oracle DB，并最终包含多个可插拔数据库。根容器存在时，我们可以创建其他类型的容器，即 PDB。CDB 中仅有一个种子 PDB，即 PDB$SEED，Oracle 12.2 版本可包含 4098 个 PDB（包括 PDB$SEED）。多租户数据库的体系架构如图 11-19 所示。

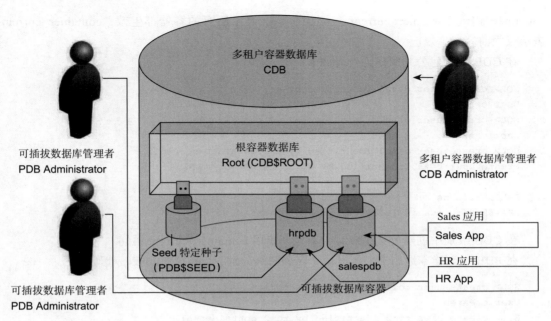

图 11-19 多租户数据库的体系架构

11.4.2 多租户用户管理

引入 CDB 租户模式后，就有了公用用户的概念。公用用户在 CDB$ROOT 的数据字典中定义，只能在根中定义。通过创建公用用户，CDB 管理员可以一次性创建将在每个 PDB 中选用（不必新建）的用户。公用用户可以执行特定于根或 PDB 的管理任务，例如插入和移走 PDB、启动 CDB，或者在授予正确的权限时打开 PDB。

相对于新引入的公用用户，在非 CDB 中的用户叫作本地用户。原来非 CDB 模式的数据库的用户映射到 PDB 中的本地用户。本地用户在 PDB 自己的数据字典中定义，所以在该 PDB 之外没法识别该用户。本地用户仅可连接并定义该用户的 PDB。本地用户对应特定 PDB，在该 PDB 中拥有方案，而且不能在根中定义。接下来将通过具体的例子进行说明，示例代码如下。

```
$export ORACLE_SID=CDB1
$sqlplus / as sysdba
SQL>show pdbs
SQL> show parameter common_user_pref
NAME                       TYPE          VALUE
--------------------       -----------   ----------------
common_user_prefix string                C##
```

其中，创建用户的语句为 create user c##kuqlan identified by kuqlan。两个子句包括

container=all 与 container=current。container=all 表示所有的容器都生效，container=current 表示仅当前容器生效。

在 CDB 中创建公共用户，代码如下。

```
SQL> create user c##a1 identified by a1;
User created.
SQL> create user c##a2 identified by a2 container=all;
User created.
SQL> create user c##a3 identified by a3 container=current;
create user c##a3 identified by a3 container=current
              *
ERROR at line 1:
ORA-65094: invalid local user or role name
```

在 CDB 级别中创建公共用户时，不允许使用 container=current 语句。

在 PDB 中创建本地用户，假设用户名和密码分别为 tom1 和 tom2，代码如下。

```
SQL> create user tom1 identified by tom1;
User created.
SQL> create user tom2 identified by tom2 container=all;
create user tom2 identified by tom2 container=all
*
ERROR at line 1:
ORA-65050: Common DDLs only allowed in root.
SQL> create user tom2 identified by tom2 container=current;
User created.
```

在 PDB 级别中创建本地用户时，不允许使用 container=all 语句。在 CDB 和 PDB 中创建角色所要遵循的规则也与以上的用户创建规则一致。

为支持 CDB 管理员的工作职责，在 CDB 数据库中增加了对具有类似 CDB_xxx 名称的一系列新数据字典视图的支持。每个 DBA_xxx 视图具有相应的 CDB_xxx 视图，其中还额外包含 Con_ID，用于显示所属的容器。

根以及任何 PDB 都可以查询 CDB_xxx 视图。从根中查询时 CDB_xxx 视图非常有用，因为针对特定 CDB_xxx 视图的结果是来自根以及当前所有打开的 PDB 上的相应 DBA_xxx 视图的结果的集合。从 PDB 中查询 CDB_xxx 视图时，仅显示它在相应 DBA_xxx 视图中显示的信息。

如果连接到根并查询 CDB_USERS，则将得到每个容器的公用用户和本地用户的列表。如果查询 DBA_USERS，则将得到公用用户的列表（在根中仅存在公用用户）。如果连接到 PDB 并查询 CDB_USERS 或 DBA_USERS，则将分别得到 PDB 的公用用户和本地用户的列表，具体如图 11-20 所示。

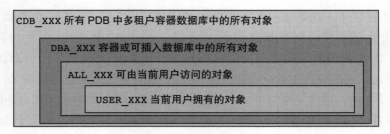

图 11-20 容器数据块数据字典视图

11.4.3 容器数据库的创建与管理

与传统非 CDB 数据库创建语句 CREATE DATABASE 相比，创建容器数据库所需的重要子句是 ENABLE PLUGGABLE DATABASE。而声明种子数据文件目录的方法是使用 SEED FILE_NAME_CONVERT 子句。

一个 CDB 容器数据库至少包含 CDB$root 和 PDB$SEED，因此在 FILE_NAME_CONVERT 参数中需要指定根数据库（CDB$ROOT）文件目录和种子数据库（PDB$SEED）文件目录。手工创建 CDB 的 SQL 语句文本如下所示。

```
CREATE DATABASE cdb1
USER SYS IDENTIFIED BY oracle USER SYSTEM IDENTIFIED BY oracle
LOGFILE GROUP 1 ('/u01/app/oracle/oradata/cdb1/redo1.log') SIZE 50M BLOCKSIZE
    512,
        GROUP 2 ('/u01/app/oracle/oradata/cdb1/redo2.log') SIZE 50M BLOCKSIZE
            512,
        GROUP 3 ('/u01/app/oracle/oradata/cdb1/redo3.log') SIZE 50M BLOCKSIZE
            512
CHARACTER SET AL32UTF8   NATIONAL CHARACTER SET AL16UTF16
EXTENT MANAGEMENT LOCAL  DATAFILE '/u01/app/oracle/oradata/cdb1/system01.dbf'
    SIZE 325M REUSE
SYSAUX DATAFILE '/u01/app/oracle/oradata/cdb1/sysaux01.dbf' SIZE 325M REUSE
DEFAULT TABLESPACE users
    DATAFILE '/u01/app/oracle/oradata/cdb1/users01.dbf'   SIZE 500M REUSE
        AUTOEXTEND ON
DEFAULT TEMPORARY TABLESPACE tempts1
    TEMPFILE '/u01/app/oracle/oradata/cdb1/temp01.dbf'   SIZE 20M REUSE
UNDO TABLESPACE undotbs1
    DATAFILE '/u01/app/oracle/oradata/cdb1/undotbs01.dbf'   SIZE 200M REUSE
ENABLE PLUGGABLE DATABASE
SEED FILE_NAME_CONVERT = ('/u01/app/oracle/oradata/cdb1','/u01/app/oracle/
    oradata/cdb1/pdbseed');
```

在建库语句中，如下根目录和种子目录必须存在如下文件。

❑ /u01/app/oracle/oradata/cdb1

❑ /u01/app/oracle/oradata/cdb1/pdbseed

创建完根容器库 CDB$ROOT 和模板库 PDB$SEED 后，用种子创建新的 PDB 很快就能完成。此操作不仅会将数据文件从只读模式种子 PDB$SEED 中复制到在 CREATE PLUGGABLE DATABASE 语句中定义的目标目录，还会为 PDB 创建新的默认服务。在非 CDB 系统中访问数据库要使用 SID 或服务名，在 RAC 环境中一般就用服务名，而针对 PDB 是通过服务名访问的，也就是说每个 PDB 至少有一个服务名与之对应才能对外提供服务。

如果数据库不是由 Oracle Restart 或 Oracle Clusterware 管理的，则可以使用 DBMS_SERVICE 程序包为每个 PDB 创建或修改服务。在这种情况下，PDB 属性应设置为当前执行操作的 PDB。

```
SQL> CONNECT system@salespdb
SQL> EXEC DBMS_SERVICE.CREATE_SERVICE('salesrep', 'salesrep')
SQL> EXEC DBMS_SERVICE.START_SERVICE('salesrep')
```

要连接到 CDB，即根数据库，需要本地操作系统验证或使用根服务名。连接到根数据库后，如何切换到指定的 PDB 呢？用 alter session set container 子句。假设目前在 CDB 的根容器中 (CDB$ROOT) 要切换到 PDB2，则具体的实现命令如下。

```
[oracle@DBserver ~ ]$ sqlplus / as sysdba
SQL>show pdbs        即查看当前所在的容器
SQL>alter session set container=pdb2;
SQL>show con_name
```

为了将任意 PDB 切换到 CDB，在当前会话里面可以直接用 conn / as sysdba 语句，也可以采用 alter session set container 语句。

```
SQL>alter session set container=cdb$root;
```

也就是说，不管是进行 CDB 与 PDB 之间的切换，还是 PDB 与 PDB，直接指定名字即可。根容器的名字为 CDB$ROOT，种子容器的名字为 PDB$SEED，从 con_id=3 开始都为用户自定义的容器。

从 CDB 根容器切换到 PDB2。

```
SQL>alter session set container=pdb2;
```

从 PDB2 切换到 PDB$SEED。

```
SQL>alter session set container=pdb$seed;
```

从 PDB$SEED 切换到根容器的命令如下，或直接使用 conn/as sysdba 语句重新连接。

```
SQL>alter session set container=cdb$root;
```

在非 CDB 中，所有表空间都属于一个数据库。在 CDB 中，一组表空间属于根容器，并且每个 PDB 都有一组自己的表空间。CREATE DATABASE 命令中有了新的子句。使用 DBCA 创建数据库时，可通过 USER_DATA TABLESPACE 指定 USERS 以外的默认表空间。

Oracle 12.1 版本中 UNDO 表空间对于所有 PDB 都是公用的，即每个 CDB 实例只有一个活动 UNDO 表空间，称为共享 UNDO。Oracle 12.2 版本中 UNDO 表空间可以应用到每个 PDB 中，所以每个 PDB 也可以有自己的 UNDO 表空间，称为本地 UNDO。

CREATE TABLESPACE 命令在 CDB 中已更改为在执行该命令的容器中创建表空间。通过 PDB 将数据文件分隔成不同的目录有利于确定哪些文件属于哪个 PDB，但这不是必需的。根中不应存在任何应用程序数据（类似于在 SYSTEM 表空间中不建议存放与业务用户数据相关的表），所有应用程序数据都应位于 PDB 中。在 PDB 中创建永久表空间的示例代码如下。

```
SQL> CONNECT system@PDB1
SQL> CREATE TABLESPACE PDB1_users
DATAFILE'/ul/app/oracle/oradata/cdb/pdb1/users01.dbf'SIZE 100M;
```

在根容器中创建永久表空间的代码如下。

```
SQL> CONNECT system@cdb1
SQL> CREATE TABLESPACE CDB_users
DATAFILE '/ul/app/oracle/oradata/cdb1/cdb_users01.dbf'SIZE 100M;
```

数据库的默认表空间是一个数据库属性。要更改 CDB 根容器的默认表空间，必须使具有适当权限的用户连接到根容器，并发出 ALTER DATABASE 命令。该操作不会更改 PDB 的默认永久表空间。

要更改 PDB 的默认表空间，必须使具有适当权限的用户连接到 PDB，并发出 ALTER PLUGGABLE DATABASE 命令。连接到 PDB 后，ALTER DATABASE 和 ALTER PLUGGABLE DATABASE 命令对 PDB 具有相同的效果，所以 PDB 内也可以使用 ALTER DATABASE 命令更改其默认表空间。

11.4.4 容器数据库的启动与关闭

容器数据库的启动步骤、关闭模式与之前版本是一致的，即在根容器里面可以直接执行非 CDB 模式的所有与启动 / 关闭相关的命令。在非 RAC 环境中，CDB 通过一个实例运行。此实例的启动方式与非 CDB 数据库的实例启动方式完全相同，需要以 SYSDBA 的身份连接到 CDB 的根，才能启动实例。可使用 V$PDBS 视图中的 open_mode 列查看所有 PDB 的打开状态。

```
SQL> select name,open_mode   from v$pdbs;
NAME                    OPEN_MODE
--------------------    --------------------
PDB$SEED                READ ONLY
PDB1                    READ WRITE
```

CDB 的整个打开过程如图 11-21 所示。

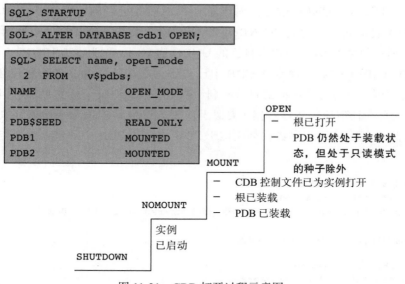

图 11-21　CDB 打开过程示意图

要打开一个 PDB（打开部分或全部 PDB），就需要以 SYSOPER 或 SYSDBA 的身份连接到根，然后执行 ALTER PLUGGABLE DATABASE … OPEN 语句，以指定一个 / 多个 PDB 名称或指定 ALL EXCEPT 及 ALL。此操作将打开指定的 PDB 的数据文件。

也可以在以 SYSDBA 身份连接的 PDB 中打开 PDB。在这种情况下，不必为要打开的 PDB 命名。如果本身位于某个 PDB 里面，则启动方式和 CDB 一致。因为控制文件是整个 CDB 共享的，所以 PDB 关闭后的状态为 mount。

要关闭一个 PDB 或关闭部分 / 全部 PDB，就可以以 SYSOPER 或 SYSDBA 的身份连接到根，然后发出 alter pluggable database close 语句，以指定一个 / 多个 PDB 名称或指定 ALL EXCEPT 及 ALL。如果使用 close immediate 子句，则所选 PDB 中的事务处理将回退，且会话将断开。如果省略 immediate 子句，则语句将会挂起，直到所有会话全部断开为止。此操作将关闭所指定 PDB 的数据文件，使其不可被用户使用。

尽管所有 PDB 都已关闭，但依然可以从根处执行操作，例如删除 PDB 或从种子中创建新的 PDB。连接到 PDB 时，语句 shutdown immediate 的作用等同于 alter pluggable database close，将关闭 PDB，示例代码如下所示。

```
SQL> show pdbs
    CON_ID CON_NAME                        OPEN MODE  RESTRICTED
---------- ------------------------------- ---------- ----------
     2     PDB$SEED                        READ ONLY  NO
     3     PDB1                            READ WRITE NO
SQL> alter session set container=pdb1;
Session altered.
SQL> show pdbs;
```

```
   CON_ID CON_NAME         OPEN MODE   RESTRICTED
---------- ---------  ----------  ----------
   3       PDB1        READ WRITE  NO
SQL> shutdown immediate;
Pluggable Database closed.
SQL> show pdbs;
   CON_ID  CON_NAME           OPEN MODE  RESTRICTED
----------  ----------  ---------- ----------
   3       PDB1               MOUNTED
SQL> alter session set container=cdb$root;
Session altered.
SQL> alter pluggable database pdb1 close;
alter pluggable database pdb1 close
ERROR at line 1:
ORA-65020: pluggable database PDB1 already closed
```

说明此时 PDB 已经关闭。通过 alter pluggable 命令开启后再关闭，代码如下。

```
SQL> alter pluggable database pdb1 open;
Pluggable database altered.
SQL> show pdbs;
    CON_ID CON_NAME          OPEN MODE  RESTRICTED
------  -------------  ---------- ----------
  2      PDB$SEED          READ ONLY    NO
  3      PDB1              READ WRITE   NO
SQL> alter pluggable database pdb1 close;
Pluggable database altered.
SQL> show pdbs;
    CON_ID CON_NAME          OPEN MODE  RESTRICTED
---------- --------  ---------- ----------
  2      PDB$SEED          READ ONLY    NO
  3      PDB1              MOUNTED
```

关闭所有 PDB 如下。

```
SQL> alter pluggable database all close;
```

关闭除了某个 PDB 以外的所有 PDB。

```
SQL> atler pluggable database all except pdb1 close;
```

重新启动 CDB 实例后，默认情况下 PDB 会一直保持在装载（mount）模式下。如果希望 PDB 在 CDB 重新启动后自动打开，则可以使用含有 alter pluggable database 命令的 save state 子句，以便在 CDB 重新启动时保留 PDB 打开的模式。save state 子句可以保存 PDB 的最后打开状态，因此 PDB 将在 CDB 重新启动后打开，但前提条件是 PDB 在系统中使用 save state 子句保存最后状态时处于打开状态。要恢复默认行为，可使用 discard state 子句，具体代码如下。

```
SQL> Alter pluggable database all save state;
SQL> Alter pluggable database all discard state;
```

可以更改每个 PDB 的模式来执行特定的管理操作。通过如下语句，可以在 restricted 模式下打开 PDB。

```
SQL> alter pluggable database pdb1 open restricted;
Pluggable database altered.
```

此模式仅允许拥有 restricted session 权限的用户进行连接。而且，此模式允许 PDB 的本地管理员管理文件移动、备份以及阻止会话访问数据。利用同样的方法，我们也可以用只读模式打开所有 PDB，以使连接到 PDB 的所有会话都只能执行只读操作。

每个 CDB 有一个 spfile 用于存储参数。该参数值与根相关联，应用于根，并且可作为所有其他容器的默认值。可以在 PDB 中为该参数设置不同的值，前提是 V$PARAMETER 中的列 ISPDB_MODIFIABLE 为 TRUE。这些值应全部在 PDB 作用域内设置，当 PDB 关闭再打开后，以及在 CDB 实例关闭又启动后都会相应地保留下来，并且在执行克隆和移走 / 插入操作后也会保留。其他初始化参数只能针对根进行设置。通过如下 SQL 语句可以查看 PDB 的参数值，修改参数值的代码如下所示。

```
SQL> select PDB_UID,NAME,VALUE$ from pdb_spfile$;
no rows selected
SQL> alter session set container=pdb1;
Session altered.
SQL>  ALTER SYSTEM SET ddl_lock_timeout=20 scope=BOTH;
System altered.
SQL> select PDB_UID,NAME,VALUE$ from pdb_spfile$;
no rows selected
SQL> ALTER PLUGGABLE DATABASE CLOSE;
Pluggable database altered.
SQL>  ALTER PLUGGABLE DATABASE OPEN;
Pluggable database altered.
SQL> alter session set container=cdb$root;
Session altered.
SQL> select PDB_UID,NAME,VALUE$ from pdb_spfile$;
PDB_UID          NAME                    VALUE$
---------- ------------------  ----------
2697816131  ddl_lock_timeout        20
```

在本例中，在 PDB1 中为 DDL_LOCK_TIMEOUT 参数设置了不同的值。PDB 关闭再打开后，更改的值会保留。

11.4.5　容器数据库的备份与恢复

传统语法（如 backup database、restore database、recover database）对 CDB 的根及其所有 PDB 有效。因此，无论是对整个 CDB 执行操作还是对单个 PDB 执行操作，备份恢

复具体取决于数据库的连接方式和所连接的数据库。要备份、还原或恢复根，必须使用
CDB$ROOT。同时，容器数据库引入了新语法，如下所示。

```
$ rman target /
connected to target database: CDB1 (DBID=357991829)
RMAN> report schema;
===========================
File Size(MB) Tablespace          RB segs Datafile Name
---- -------- -----------------   ------- -----------------------
1    810      SYSTEM              YES     /u01/app/CDB1/system01.dbf
3    490      SYSAUX              NO      /u01/app/CDB1/sysaux01.dbf
4    65       UNDOTBS1            YES     /u01/app/CDB1/undotbs01.dbf
5    250      PDB$SEED:SYSTEM     NO      /u01/app/CDB1/pdbseed/system01.dbf
6    330      PDB$SEED:SYSAUX     NO      /u01/app/CDB1/pdbseed/sysaux01.dbf
7    5        USERS               NO      /u01/app/CDB1/users01.dbf
8    100      PDB$SEED:UNDOTBS1   NO      /u01/app/CDB1/pdbseed/undotbs01.dbf
9    250      PDB1:SYSTEM         YES     /u01/app/CDB1/PDB1/system01.dbf
10   350      PDB1:SYSAUX         NO      /u01/app/CDB1/PDB1/sysaux01.dbf
11   100      PDB1:UNDOTBS1       YES     /u01/app/CDB1/PDB1/undotbs01.dbf
12   5        PDB1:USERS          NO      /u01/app/CDB1/PDB1/users01.dbf
List of Temporary Files
=======================
File Size(MB) Tablespace          Maxsize(MB) Tempfile Name
---- -------- -----------------   ----------- --------------------
1    33       TEMP                32767       /u01/app/CDB1/temp01.dbf
2    64       PDB$SEED:TEMP       32767       /u01/app/CDB1/pdbseed/tempseed.dbf
3    64       PDB1:TEMP           32767       /u01/app/CDB1/PDB1/temp01.dbf
```

在非归档模式下，无法备份打开状态的 PDB，代码如下。

```
RMAN> backup pluggable database pdb1;
Starting backup at 2021-04-27 22:36:52
using target database control file instead of recovery catalog
allocated channel: ORA_DISK_1
RMAN-06817: Pluggable Database PDB1 cannot be backed up in NOARCHIVELOG mode.
```

仅关闭 PDB 也会报同样的错误。解决办法要么是开启数据的归档模式，要么将根容器
数据库关闭后重新打开为 mount 状态并进行备份，如下所示。

```
SQL> shutdown immediate;
SQL> startup mount;
```

在另一个终端重新连接 RMAN 并进行备份。

```
$ rman target /
RMAN> backup pluggable database pdb1;
Starting backup at 2021-04-27 22:49:26
using target database control file instead of recovery catalog
```

```
...
Starting Control File and SPFILE Autobackup at 2021-04-27 22:49:34
Finished Control File and SPFILE Autobackup at 2021-04-27 22:49:35
```

将数据库改为归档模式也会备份成功，在此不一一举例。使 pluggable database 子句对单个或多个 PDB 有效，当对多个 PDB 有效时在 PDB 数据库名之间用英文分号。对根数据库的备份恢复及还原要使用 CDB$ROOT 关键字。

```
RMAN>backup pluggable database "CDB$ROOT";
```

如果备份或恢复 PDB 时想限定其某个表空间（tbs_test1），则可以采用如下方式。

```
RMAN> backup pluggable database pdb1:tbs_test1,tbs_test2;
```

如果未使用 PDB 限定符，则默认使用根。要列出表空间及其关联的 PDB，可使用 Report Schema 语法。可以将相同的新子句应用至 duplicate、switch、report、convert、change、list、delete 等操作中。

RMAN 可以备份整个 CDB 及其包含的 PDB 或单独的 PDB。CDB 的整个数据库备份方式与非 CDB 相似。系统会自动备份服务器参数文件和控制文件，可以选择归档重做日志文件。示例代码如下。

```
$ rman target /
RMAN> backup database plus archivelog;
```

使用 RMAN 生成所有 CDB 文件的映像副本仅要求使用 SYSDBA 或 SYSBACKUP 权限装载或打开 CDB、启动 RMAN、连接到根，然后使用 backup database 命令。在备份归档日志文件时还有 delete input 选项。此外，可以使用 backup copy of database 命令，为 CDB 中所有数据文件和控制文件的原有映像副本创建备份（备份集或映像副本）。

在整个 PDB 备份过程中会备份单个 PDB 的所有数据文件集以及控制文件和参数文件。（在控制文件自动备份开启的情况下，无论 CDB 级别是否开启，只要备份 CDB 的 SYSTEM 表空间就会自动备份控制文件和参数文件）。

可以在连接到 PDB 目标后只对已连接的 PDB 进行备份。在这种情况下，使用 backup database 命令，而不是使用 backup pluggable database 命令，如下所示。

```
$ rman target sys@pdb1
RMAN> backup database;
```

CDB 支持对整个 CDB 的崩溃 / 实例恢复，因为根及其所有 PDB 均有一个实例。执行实例恢复所需的重做日志文件会存储在 CDB 的唯一重做日志文件集中。根和所有 PDB 存在一个共享重做流，用于执行实例恢复。CDB 在打开根时执行实例恢复，因为默认情况下 PDB 处于 mount 模式而无须进行实例恢复。等到 PDB 被打开后，在 PDB 数据文件上回退未提交的事务处理。

如果某实例要打开数据文件，那么数据文件头中包含的 SCN 必须与控制文件中存储的当前 SCN 匹配。如果 SCN 不匹配，则实例会应用在线重做日志中的 Redo 数据，并按顺序对 Redo 事务进行处理，直到数据文件处于最新状态为止。在所有数据文件与控制文件同步后，根会被打开，默认情况下所有 PDB 仍处于 mount 状态。

重做日志会应用到所有事务处理，使 CDB 返回到出现故障时的状态，通常包括正在进行但尚未提交的事务处理。根被打开后，实例会在根数据文件上回退未提交的事务处理。PDB 被打开后，实例会在 PDB 数据文件上回退未提交的事务处理。

打开 CDB 时，除了以前已配置并保存为"打开状态"的 PDB 会自动打开外，默认情况下所有 PDB 都将处于已装载状态。因此，PDB 必须执行 alter pluggable database all open 命令才能全部打开，具体如图 11-22 所示。

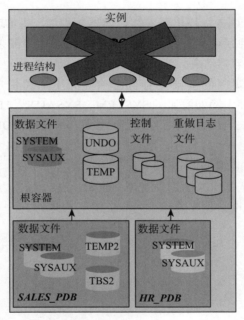

当无法执行 PDB 实例恢复时，处理实例发生故障后的操作如下。
1）连接根数据库实例。
2）打开根数据库。
3）如果 PDB 已配置自动保存状态，则自动执行 STARTUP 命令，如下。

```
SOL> STARTUP
```

否则，手动执行如下命令。

```
OL> STARTUP;
SOL> ALTER PLUGGABLE DATABASE
ALL OPEN;
```

图 11-22 手动打开所有 PDB

11.5 本章小结

作为并行计算的两大分支，集群和网格并行计算技术从 1995 年开始逐步成为主流。网格是用网络连接的一组远距离分布的异构计算机。集群是用网络连接的一组商业计算机。根据 Amdahl 定律，在 RAC 环境或并行计算环境下，一个并行程序可加速的程度是有限制的，并不可以无限地加速，也并非处理器越多越好。

Oracle RAC 的主要创新点是一项称为缓存融合的技术。本章对 Oracle 10g、11g、12c 这 3 个版本的 RAC 集群架构演进过程进行了讨论，从集群套件进程组织及日志、RAC 的正常关闭和启动等角度介绍了 Oracle 在集群实现方面的设计思想。为了加深理解，本章通过 RAC 环境中读写数据时可能发生的场景对缓存融合技术的实现进行了深入的案例说明及讨论。

为跟进云计算趋势，Oracle 提出了多租户容器数据库，即 CDB。CDB 由一个 CDB 根容器（根）、唯一的一个种子可插入数据库（种子 PDB）、零个或多个可插拔数据库（PDB）以及 0 个或多个应用程序容器组成，整个 CDB 称为系统容器。

为了使 PDB 在共享实例的基础上有自己独立的用户和租户隔离特性（即元数据），Oracle 在 PDB 的数据文件中额外增加了 SYSTEM、SYSAUX、TEMP、UNDO 等表空间及文件，但实例、控制文件、日志文件、根容器元数据等在多个 PDB 之间共享。这说明 PDB 就是数据文件在表空间层次上的另一个逻辑封装。因为每个数据文件都与名为 CON_ID 的特定容器相关联，就像之前的 rfile# 字段对应于特定表空间一样。

本章最后对 CDB 引入所带来的用户管理、建库、启动关闭、备份恢复等方面的基本变化及特性也进行了适当说明。这些操作进一步证明了 PDB 实际上是表空间上层新增的逻辑封装。

后　记

多年来，因对 Oracle 领域有浓厚的兴趣，且工作中经常接触 Oracle 运行环境，并亲身经历了几个数据迁移项目，笔者逐渐有了一些通过书面学习无法领悟的关于数据库概念及原理的心得。可能有些读者会遇到 Oracle 学习困境，也许他们正因为这些疑难而徘徊不前，甚至打算放弃对数据库的学习。希望本书能为这些读者带来启发。

本书除了总结笔者长期以来的学习心得和实践积累经验，还参考了盖国强、李轶楠、吕海波、李健等专家及李石君教授的知识与思想。同时，本书的编写内容得到了 ACE 总监周亮的认真审阅和纠错。笔者认为好的技术资料及思想应该分享给更多的技术爱好者或其他需要的人。在此再次感谢这些前辈和老师的培养、教导及陪伴。

数据库技术的涉及面广且深，我们只有养成学习、记录、实践、思考、重新梳理总结的习惯，才能让纸上的理论技术变为自己的真功夫。很多人会遇到这些情况：在某个阶段自己很熟悉的技术，若没有及时记录和总结，随着时间的推移会变得印象模糊；或者等有时间梳理的时候已经没有了当时的学习激情及灵感。因此建议广大 DBA 培养做笔记、亲自动手多做试验、思考和总结的良好习惯。这些过程看似浪费时间，实则是一种高效的学习方法。

最后，祝在数据库技术道路上拼搏向上的同人幸福安康、家庭和睦、学有所成！

推荐阅读